高等职业教育电力类“十四五”系列教材

新能源概论

（第2版）

主　编　任小勇
副主编　冯黎成

中国水利水电出版社
www.waterpub.com.cn
·北京·

内容提要

本书以新能源科学的基础知识、新技术前沿、新能源经济与政策等方面的内容为对象，结合多学科优势，力求兼顾科学素质教育要求，理论上简单介绍，文字叙述上通俗易懂，旨在为广大读者系统地介绍有关新能源科学的基本理论、技术进展和新能源经济与政策。

本书适合作为高等院校与新能源领域相关的本科和高职学生新能源概论方面的教材，也适合相关的科研与管理工作者阅读参考。

本书配有电子课件，请登录中国水利水电出版社“行水云课”平台下载查阅。

图书在版编目（CIP）数据

新能源概论 / 任小勇主编. -- 2版. -- 北京 : 中国水利水电出版社, 2021.5
高等职业教育电力类“十四五”系列教材
ISBN 978-7-5170-9530-9

Ⅰ. ①新… Ⅱ. ①任… Ⅲ. ①新能源－高等职业教育－教材 Ⅳ. ①TK01

中国版本图书馆CIP数据核字(2021)第060486号

书 名	高等职业教育电力类“十四五”系列教材 **新能源概论**（第2版） XIN NENGYUAN GAILUN (DI 2 BAN)
作 者	主 编 任小勇 副主编 冯黎成
出版发行	中国水利水电出版社 （北京市海淀区玉渊潭南路1号D座 100038） 网址：www.waterpub.com.cn E-mail：sales@waterpub.com.cn 电话：（010）68367658（营销中心）
经 售	北京科水图书销售中心（零售） 电话：（010）88383994、63202643、68545874 全国各地新华书店和相关出版物销售网点
排 版	中国水利水电出版社微机排版中心
印 刷	清淞永业（天津）印刷有限公司
规 格	184mm×260mm 16开本 12.75印张 310千字
版 次	2016年7月第1版第1次印刷 2021年5月第2版 2021年5月第1次印刷
印 数	0001—3500册
定 价	**42.00**元

第2版前言

能源是人类生活和社会发展的物质基础。煤炭、石油、天然气等常规能源曾极大地支撑和推动着人类社会的进步和发展，但是由于石化能源的大规模开采和应用，造成资源日益枯竭、环境不断恶化、气候反常逐年加剧。以优先发展可再生能源为特征的能源革命已成为必然趋势。德国、美国等国家均提出到2050年可再生能源满足80%以上电力需求的发展目标。

新能源又称非常规能源，是指传统能源之外的各种能源形式。目前，可待开发的新能源主要包括风能、太阳能、生物质能、地热能、水能、海洋能、核聚变能和氢能等，以上能源将逐渐由传统意义的补充能源转变为替代能源、主力能源。本书从新能源的研究出发，以目前新能源学科的发展为契机，对上述各种新能源进行了详尽的阐述和系统的讲解。本书适用于高等院校与新能源领域相关的本科、高职学生作为新能源概论方面的教材，也适用于相关的科研与管理工作者参考。

本书在第一版的基础上进行了部分内容的修改和充实，主要做了如下修改：

(1) 对每一章中有关数据进行了更新。

(2) 新增了国内外新能源发电最新发展技术和案例元素。

(3) 针对教师和学生在使用过程中提出的意见、建议等，进行了修改。

本书由酒泉职业技术学院任小勇和冯黎成执笔修改。第1章～第4章由任小勇改修改，第5章～第9章由冯黎成修改。全书由任小勇统稿。在修改过程中，参考了国内外的有关论文、专著、教材及其他文献资料，还从各网站上引用了部分数据及资料，在此一并表示衷心的感谢。

由于编者水平有限，不足之处在所难免，敬请广大读者批评指正。

编者

2021年3月

第2版前言

第1版前言

能源是人类生活和社会发展的物质基础。煤炭、石油、天然气等常规能源曾极大地支撑和推动着人类社会的进步和发展，但是由于石化能源的大规模开采和应用，造成资源日益枯竭、环境不断恶化、气候反常逐年加剧。以优先发展可再生能源为特征的能源革命已成为必然趋势。德国、美国等国家均提出到2050年可再生能源满足80%以上电力需求的发展目标。

新能源又称非常规能源，是指传统能源之外的各种能源形式。目前，可待开发的新能源主要包括风能、太阳能、生物质能、地热能、水能、海洋能、核聚变能和氢能等，以上能源将逐渐由传统意义的补充能源转变为替代能源、主力能源。本书从新能源的研究出发，以目前新能源学科的发展为契机，对上述各种新能源进行了详尽的阐述和系统的讲解。本书适合于高等院校与新能源领域相关的本科、高职学生作为新能源概论方面的教材，也适合于相关的科研与管理工作者参考。

本书由任小勇任主编，冯黎成任副主编。编写分工如下：第1章～第4章由任小勇编写，第5章～第9章由冯黎成编写。全书由任小勇统稿。

本书在编写过程中得到了甘肃省新能源职教集团、甘肃金风风电设备有限公司、酒泉正泰太阳能科技有限公司、酒泉市能源局等单位的工程技术人员的大力支持和帮助，他们在本书编写过程中提出了宝贵的意见，在此一并表示感谢！

由于编者水平有限，时间紧迫，书中难免有不足之处，敬请读者批评指正。

作者

2016年4月

目　录

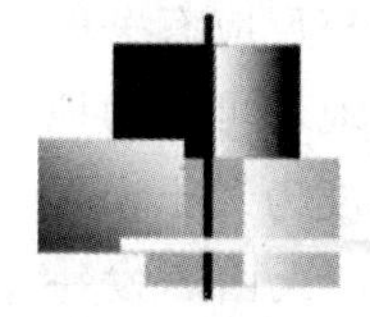

第 1 章

能 源 概 述

1.1 能源的概念和种类

人类社会的发展离不开优质能源的出现和先进能源技术的使用。能源的利用和环境问题，是全世界共同关心的问题，也是我国社会经济发展的重要问题。那么，什么是能源？能源又有哪些种类呢？

1.1.1 能源的概念

能源亦称能量资源或能源资源，是自然界中能为人类提供某种形式能量的物质资源。通常，凡是能被人类加以利用以获得有用能量的各种来源都可以称为能源。

换句话说，能源是指可产生各种能量（如热量、电能、光能和机械能等）或可做功的物质的统称，也指能够直接取得或者通过加工、转换而取得有用能的各种资源，包括煤炭、原油、天然气、煤层气、水能、核能、风能、太阳能、地热能、生物质能等一次能源和电力、热力、成品油等二次能源，以及其他新能源和可再生能源。

1.1.2 能源的分类

自然界的一些自然资源本身就具有某种形式的能量，这些能量在一定条件下能够转换成人们所需要的能量形式，这些自然资源就是能源，如煤炭、石油、天然气、风能、太阳能、水能等。在生产和生活中，为了便于使用或运输，常常将能源经过一定的加工、转换，使之成为符合要求的能量形式，如煤气、电力、蒸汽、焦炭等。经过人类不断的开发与研究，更多新型能源已经能满足人类生产、生活的需求。

由于能源形式多样，因此通常有多种不同的分类方法，如按能源的来源、形成、使用分类，或从技术、环保等角度进行分类。不同的分类方法，可以从不同的侧面反映各种能源的特征。

1. 按地球上的能量来源分类

(1) 来自地球外部天体的能源。人类现在使用的能量主要来自太阳能，故太阳有“能源之母”的称谓。人类所需能量的绝大部分都直接或间接地来自太阳。除直接利用太阳辐射的能源外，人类还大量间接地使用太阳能源。太阳能为风能、水能、生物能和矿物能源等的产生提供基础，如各种植物通过光合作用把太阳能转变成化学能在体内储存下来；煤炭、石油、天然气等化石燃料也是由古代埋在地下的动植物经过漫长的地质年代形成的，它们实质上是由古代生物积淀下来的太阳能。此外，水能、风能、波浪能、海流能等也都是由太阳能转换来的。

（2）地球本身蕴藏的能量。通常指与地球内部热能有关的能源和与原子核反应有关的能源，如原子核能、地热能等。温泉和火山爆发喷出的岩浆是地热的表现。地球可分为地壳、地幔和地核三层，它是一个大热库。地壳就是地球表面的一层，一般厚度为几千米至70km不等。地壳下面是地幔，它大部分是熔融状的岩浆，厚度为2900km，火山爆发一般是这部分岩浆的喷出。地球内部为地核，地核中心温度为2000℃。可见，地球上的地热资源储量很大。

（3）地球和其他天体相互作用而产生的能量。主要指地球和太阳、月球等天体间有规律运动而形成的潮汐能。海水每日潮起潮落各两次，这是月球引力对海水做功的结果。潮汐能蕴藏着极大的机械能，潮差常达十几米，非常壮观，是充足的发电原动力。

2. 按使用类型分类

（1）常规能源。又称为传统能源，常规能源开发利用时间长，技术成熟，能大量生产并被广泛使用，包括一次能源中可再生的水力资源和不可再生的煤炭、石油、天然气等资源。

（2）新能源。又称为非常规能源或替代能源，是相对于常规能源而言的。新能源开发利用较少或正在研究开发中，包括太阳能、风能、地热能、海洋能、生物质能以及用于核能发电的核燃料等能源。由于新能源的能量密度较小，或品位较低，或有间歇性，按已有的技术条件转换利用的经济性尚差，还处于研究、发展阶段，因此只能因地制宜地开发和利用。但新能源大多数是再生能源，资源丰富，分布广泛，是未来的主要能源之一。

3. 按能否再生分类

（1）可再生能源。凡是在自然界中可以不断得到补充或能在较短周期内再产生的能源称为可再生能源。如太阳能和由太阳能转换而成的水力、风能、生物质能等，它们都可以循环再生，不会因长期使用而减少。

（2）非再生能源。经过亿万年形成的、短期内无法恢复的能源称为非再生能源。如煤炭、石油、天然气等，随着大规模地开采利用，其储量越来越少，总有枯竭之时。

4. 按获得的方法分类

（1）一次能源。即天然能源，是指在自然界中以天然形式存在且没有经过加工或转换的能量资源，它又分为可再生能源和非再生能源。

可再生的水力资源和不可再生的煤炭、石油、天然气资源是一次能源的核心，它们是全球能源的基础。除此之外，太阳能、风能、地热能、海洋能、生物质能以及核能等可再生能源也被包括在一次能源的范围内。地热能基本上是非再生能源，但从地球内部巨大的蕴藏量来看，又具有再生的性质。核能的新发展将使核燃料循环利用。核聚变最合适的燃料重氢（氘）大量地存在于海水中，可谓“取之不尽，用之不竭”，因此，核能是未来能源系统的支柱之一。

（2）二次能源。即人工能源，是指由一次能源经过加工转换而成的能源产品。沼气、汽油、柴油、焦炭、煤气、蒸汽、火电、水电、核电、太阳能发电、潮汐发电、波浪发电等能源都属于二次能源。

5. 按能否作为燃料分类

（1）燃料型能源。包括煤炭、石油、天然气、泥炭、木材等。

（2）非燃料型能源。包括水能、风能、地热能、海洋能等。

人类利用自己体力以外的能源是从用火开始的，最早的燃料是木材，以后用各种矿物燃料（煤炭、石油、天然气）、生物燃料（薪柴、沼气、有机废物等）、化工燃料（甲醇、酒精、丙烷以及可燃原料铝、镁等）和核燃料（铀、钍、氘等）。当前矿物燃料消耗量很大，而地球上这些燃料的储量有限，因此太阳能、地热能、风能、潮汐能等新能源已成为很多国家重要的能源补充。未来铀和钍将提供世界所需的大部分能量。一旦控制核聚变的技术问题得到解决，人类将获得无尽的能源。

6. 按对环境的污染情况分类

（1）清洁能源。使用时对环境没有污染或污染小的能源是清洁能源，如太阳能、水能、风能以及核能等。

（2）非清洁能源。对环境污染较大的能源是非清洁能源，如煤炭、石油等。

7. 按能否进入商品流通领域分类

（1）商品能源。凡能进入市场作为商品销售的能源均为商品能源，如煤、石油、天然气和电等。国际上关于能源的统计数字均限于商品能源。

（2）非商品能源。主要指薪柴、秸秆等农业废料和人畜粪便等就地利用的能源。非商品能源在发展中国家农村地区的能源供应中占有很大比重。2005 年，我国农村居民生活能源有 53.9%是非商品能源。

8. 按形态特征或转换与应用的层次分类

世界能源委员会推荐的能源类型分为固体燃料、液体燃料、气体燃料、水能、电能、太阳能、生物能、风能、核能、海洋能和地热能。其中，前三类统称化石燃料或化石能源。

能源的分类见表 1.1。

表 1.1　　能源的分类

按使用类型	按性质分	按一、二次能源分	
		一次能源	二次能源
常规能源	燃料型能源	泥煤、褐煤、烟煤、无烟煤、石煤，油页岩、油砂、原油、天然气、生物燃料、天然汽水化合物	煤气、焦炭、汽油、煤油、柴油、重油、液化石油气、丙烷、甲醇、酒精、苯胺、火药
	非燃料型能源	水能	电、蒸汽、热水、遇热
新能源	燃料型能源	核能	沼气氢
	非燃料型能源	太阳能、风能、地热能、潮汐能、海洋温差能、海流能、波浪动能	激光（光能）

随着全球经济发展对能源需求的日益增加，现在许多发达国家都更加重视对可再生能源、环保能源以及新型能源的开发与研究。我们相信，随着人类科学技术的不断进步，科学家们会不断研究开发出更多新能源来替代现有能源，以满足全球经济发展与人类生存对能源的需求。我们也能够预计到，地球上还有很多尚未被人类发现的新能源正等待我们去

探寻与研究。

1.2 能源与经济发展

能源是国家的战略性资源，是一个国家经济增长和社会发展的重要物质基础，我们的日常生活也离不开能源。那么，能源的发展与国民经济和人民生活有什么关系呢？

1.2.1 能源的更迭

回顾人类的发展历史可以发现能源与人类社会发展之间的密切关系。近150年来能源的使用情况为：木质能源→煤→石油（含各种成品）→天然气。近代和现代世界能源发展与利用的趋势是三种能源不断发展和逐渐替代。也就是说，20世纪20年代是利用煤炭的高峰期；70—90年代是石油接替煤炭时代；21世纪初期是液化石油气及天然气逐步替代原油及其他成品油时代，同时核能和太阳能作为新能源的“主力”，利用率大幅度上升。

人类从学会用火开始，就以薪柴和动物的粪便等生物质燃料作为主要燃料，同时以人力、畜力和一小部分简单的风力和水力机械作为动力，从事生产活动。这个阶段持续了很长时间，生产和生活水平很低，社会发展迟缓。

第一次工业革命后，煤炭取代薪柴成为主要能源，蒸汽机成为生产的主要动力，工业得到迅速发展，劳动生产率有了很大的提高。特别是19世纪末，电力开始进入社会各个领域，电动机代替了蒸汽机，电灯代替了油灯和蜡烛，电力成为企业的主要动力，成为生产和生活照明的主要来源。电器产品、电影、电视等的出现，不但使得社会生产力有了大幅度的增长，而且极大地提高了人们的生活水平和文化水平，从根本上改变了人类社会的面貌。但是，发电的原料主要是煤炭。

石油资源的发展，开始了能源利用的新时期。特别是20世纪50年代，美国、中东、北非相继发现了大油田和气田，西方国家很快从以煤为主要能源转换到以石油和天然气为主要能源的阶段。汽车、飞机、内燃机车、远洋客货轮等迅猛发展，大大缩短了地区之间和国家之间的距离，极大地促进了世界经济的繁荣。近几十年来，许多国家依靠石油和天然气，创造了人类历史上空前的物质文明和精神文明。

1.2.2 能源与国民经济

能源与人类的关系非常密切，它既是同人们生活密切相关的重要资源，也是实现国民经济现代化的物质基础。能源的替代和变革是人类社会不断发展进步的标志，每一次变革的结果都必然促进人类社会产生质的飞跃，尤其是对工业的发展起到直接的促进作用。列宁曾说过：“煤是工业的粮食，石油是工业的血液。”能源为工业发展提供了原动力，所以它是促进国民经济发展的重要物质基础。

能源是一个国家或地区总发展战略的核心。一个国家或地区拥有能源的数量和分布以及开发利用能源的水平和程度都直接决定了这个国家或地区的国民经济发展水平及可持续发展能力。

长期以来，能源一直是促进或制约各国、各地区经济发展的主要因素。由于拥有丰富的能源资源和高度的综合开发能力，促成了一些国家和地区经济的高速发展，亦由于石油危机而导致了一些国家和地区经济危机。改革开放以来，我国经济的持续稳定发展也得益于有丰富稳定的能源保障。

世界各国经济发展的历史表明，能源消费与国民经济之间存在着明显的关系。一般来说，在同一时期中，能源消费量增长较快的国家，其国民经济的发展速度也较快；反之，能源消费量增长较慢的国家，其国民经济发展速度也较慢。例如，1965—1980年间，日本是发达国家中能源消费增长速度最快的国家，增加了129%，其国民经济年平均增长9.7%；同期，西欧国家的能源消费量几乎没有什么增长，其中英国的国民经济年平均增长只有1.8%。

尽管能源消费量的增长速度和整个国民经济的增长速度呈正相关，但二者并不是等速的，通常人们都用能源弹性系数（或称能源增长系数）来表示在同一时期这两种速度之间的关系：

能源弹性系数=能源消费量的年平均增长率（%）/国民生产总值的年平均增长率（%）

能源弹性系数越小越好。也就是说，人们希望每年国民生产总值多增长些，而能源消费量少增长些。但是能源弹性系数的大小有一定的客观规律，是不能随意选取的，它一方面受各种技术和经济条件的制约，另一方面又受产业结构、能源利用效率、国民经济能源消费的比例等因素的影响。利用能源弹性系数可以对一个国家或地区过去的能源消费与经济增长之间的关系进行分析，从中找出规律，并对今后较长时期内的能源需要量进行预测。通常一个国家在工业化初期，由于能耗少的农业生产比重逐渐下降，能耗大的工业生产比重逐步上升，因此能源消费量年平均增长速度都比国民经济年平均增长速度要快些，能源弹性系数一般大于1；随着经济的发展和科学技术的进步，能源的利用日益合理，而且利用效率不断提高，加上国民经济结构的改善和产品质量的提高，到工业成熟以后，能源弹性系数就会逐步下降，一般都小于1。

能源与国民经济之间的这种弹性关系，决定了在开发利用能源为国民经济发展服务的时候，一方面要适应国民经济发展的需要，广泛地挖掘和利用能源以提供社会发展的动力；另一方面又要在“开源”的同时全面“节流”。通过调整地区产业结构和改进技术设备等手段，努力提高能源使用效率，以最少的能源促进国民经济的最快发展。

1.2.3 能源消费与经济发展

人们的日常生活处处离不开能源。能源是国家的战略性资源，是一个国家经济增长和社会发展的重要物质基础。从世界经济发展经历来看，经济越发达，人均能源消费量越大。因此，从一个国家的能耗量就可以看出这个国家人民的生活水平。

一般来说，一个国家或地区国民经济的增长速度同其能源消费增长速度保持正比例关系，即随着国民经济的发展，能源消费量也相应增加。从世界各国能源消费情况来看，经济发达国家由于其经济总量大，居民生活水平较高，人均能源消费量也较大。高收入国家能源消费量占到世界能源消费总量的一半以上。从人均能源消费量状况看，高收入国家人均消费能源量是中等收入国家的4倍，是低收入国家的11倍。像美国、日本、欧洲等经济发达的国家和地区，人均收入水平较高，能源消费量也较大。韩国、新加坡、马来西亚等国家，人均能源消费量明显高于一般发展中国家，有的已达2000kg标准油以上。所以，中国要达到小康生活水平，必须努力提高人均商品能源消费量。

世界银行关于世界发展的报告统计显示，2006年世界平均能耗量为1700kg标准油，高收入国家人均能耗为5600kg标准油，其中美国为7800kg标准油，而我国为1400kg标准油，为高收入国家的25%、世界平均数量的82.4%。

目前我国一次能源消费量已超过俄罗斯，居世界第二位，但由于人口过多，人均能耗仍处于很低的水平。

改革开放以来，我国的能源工业得到迅速发展，但能源生产增长的速度相对落后于能源消费的增长，能源已成为制约我国国民经济发展的瓶颈。我国能源利用率低，单位产值能耗高，能源浪费大，意味着节能的潜力也大。到21世纪中叶，我国要实现第三步发展目标，国民经济要达到届时中等发达国家的水平，人均能源消费量必将有很大的增长。国际有关能源机构预测，到2050年，我国人均能源消费量至少是2900～3900kg标准油，约为我国1994年人均能源消费量的4.4～5.8倍；如果2050年时我国人口总数为14.5亿～15.8亿人，我国能源消费总量约为目前美国能源消费总量的1.5～2倍，为届时世界能源消费总量的16%～22%。到2020年，我国将实现经济翻两番，届时人均GDP将超过1万美元，这一时期是实现工业化的关键时期，也是经济结构、城市化水平、居民消费结构发生明显变化的阶段。反映到能源领域，我国面对的情况要比发达国家在同一历史时期经历的情况复杂得多。要在比发达国家复杂得多的情况下实现能源翻倍的增长，这是21世纪我国能源面临的一个严峻挑战。

习 题

1. 什么是能源？
2. 按使用类型来分，能源可以分为哪两大类？
3. 什么是一次能源？常用的一次能源包括哪些？
4. 什么是再生能源？
5. 什么是二次能源？
6. 哪些是燃料型能源？
7. 哪些是非燃料型能源？
8. 什么是常规能源？
9. 什么是新能源？
10. 能源与国民经济发展有什么关系？

第2章

风 能 及 其 利 用

2.1 风 能 资 源 概 述

2.1.1 风能利用状况与发展趋势

2.1.1.1 风能利用的意义

人类利用风能的历史可以追溯到公元前，但数千年来，风能技术发展缓慢，没有引起人们足够的重视。自1973年世界石油危机以来，在常规能源告急和全球生态环境恶化的双重压力下，风能作为新能源的一部分才重新有了长足的发展。风能作为一种无污染和可再生的新能源有着巨大的发展潜力，特别是对沿海岛屿、交通不便的边远山区、地广人稀的草原牧场以及远离电网和近期内电网还难以达到的农村、边疆，作为解决生产和生活能源的一种可靠途径，有着十分重要的意义。即使在发达国家，风能作为一种高效清洁的新能源也日益受到重视。

迄今为止，以石油、煤炭、天然气为主的一次性化石能源仍然是全球能源的主要来源。然而，资源是有限的，而对无限的经济增长，全球性的能源枯竭问题日益突现。全球化石能源已探明总储量约为16000亿toe（吨油当量），根据政府间气候变化专业委员会（IPCC）的统计，2030年能源需求量将达到165亿～214亿toe，2050年甚至可能突破300亿toe。这表明化石能源的静态储量不足以满足人类22世纪的使用。

能源的枯竭关系到一个国家的生死存亡，而中国的能源短缺更甚。中国探明石油、天然气和煤炭的储量分别为全球总量的1.4%、1.2%和11%，而中国人口密度为全球平均的3倍，中国人均拥有的能源总量仅为全球平均水平的40%，与此对应的是，目前中国依然是一个高能耗国家，资源利用水平低于全球平均水平。例如，2004年中国能源消费总量占全球的13.5%，而GDP仅占全球的4%，单位产值的能耗相当于全球平均值的3.4倍。同时，中国的能源对外依存度高。例如，预计到2030年，石油进口依存度将超过60%。解决能源问题的战略主要有扩大能源来源范围、提高开采和利用效率、开发新能源等措施。从长期的能源安全供给考虑，必须依靠包括太阳能、风能等可再生能源的开发，这些能源的供给量理论上可以满足全球对能源不断增长的需要。因此，可以说，可再生能源是缓解现有能源危机和解决能源问题的真正出路。可再生能源包括太阳能、风能、生物质能等。未来10年左右的时间里，在技术进步的推动下可再生能源的绝对成本将迅速降低，同时，化石能源的价格增长将使可再生能源有利可图。

在所有的可再生能源中，风能是近10多年来发展最快的可再生能源。目前，风能的综合社会成本已经低于化石能源。在世界各国重视环保、强调能源节约的今天，风能利用对改善地球生态环境、减少空气污染具有积极的作用。减少 CO_2 排放量是风能利用对环境做出的重要贡献。CO_2 是产生温室效应的主要因素，它会导致全球气候变化，引起灾难性气候的发生。风能资源的开发利用，已经成为世界利用可再生能源的主要成分。随着技术的进步，风力设备外观将更具观赏性，可以成为自然景观的补充。预计到2030年，风能将可提供世界电力需求的30%，并在全球范围内减少100多亿 m^3 的 CO_2。

2.1.1.2 国内、外风能利用状况

1. 国外风能利用状况

人类利用风能的历史可以追溯到公元前。公元前数世纪我国人民就利用风力提水、灌溉、磨面、碾米，用风帆推动船舶前进。甲骨文字中就有“帆”字存在。1800年前，东汉刘熙著作中有“随风张幔日帆”的叙述。唐代有“乘风破浪会有时，直挂云帆济沧海”的诗句。明代的《天工开物》书里有“扬郡以风帆数叶，俟风转车，风息则止”的记载。

公元前3000年，古埃及人就学会了驾驶帆船。公元前2世纪，古波斯人就利用垂直轴风车碾米。10世纪伊斯兰人用风车提水，11世纪风车在中东已获得广泛的应用。13世纪风车传至欧洲，14世纪已成为欧洲不可缺少的原动机。在随后的几个世纪中，风车在欧洲被广泛用于排水和研磨谷物。在荷兰，风车先用于莱茵河三角洲湖地和低湿地的汲水，以后又用于榨油和锯木。18世纪，风车在北美的垦荒过程中发挥了巨大的作用。1888年，美国人查尔斯·布鲁斯（Charles Brash）在克里夫兰建成第一座可以发电的风力发电机。1891年，丹麦物理学家 Poul La Cour 发现，叶片较少但旋转较快的风力发电机效率高于叶片多但转速慢的风力发电机。应用这一原理，他设计建造了一座4个叶片、功率为25kW的风力发电机，这奠定了现代风力发电机的基础。

由于蒸汽机的出现，煤炭和石油价格低廉，兴建大电网的工程迅速发展，风力发电被视为一种没有前途的产业而遭到冷落，风车数量急剧减少。1920—1950年，美国和许多欧洲国家使用风能为偏远地区供电，每台风力发电机的发电能力仅有2～3kW。

1973年世界石油危机以后，在常规能源告急和全球生态环境恶化的双重压力下，风能作为新能源的一部分开始了新发展。当时，风力发电研究者多数为大型军工企业、飞机制造商，研究资金由政府提供，研究重点是大型风力发电机。但随着能源危机的缓解，这期间的主要研究者后来基本上放弃了风力发电这一领域。1990年之后，空气污染和气候变化逐渐引起人们的关注，风力发电作为一种可持续清洁能源被许多国家加以推广，尤其是在欧洲。

美国早在1974年就开始实行联邦风能计划。其内容主要是：评估国家的风能资源；研究风能开发中的社会和环境问题；改进风力机的性能，降低造价；主要研究为农业和其用户用的小于100kW的风力机；为电力公司及工业用户设计的兆瓦级的风力发电机组。在瑞典、荷兰、英国、丹麦、德国、日本、西班牙等国，也根据各自国家的情况制订了相应的风力发电计划。

2. 我国风能利用概况

中国是世界上利用风能最早的国家之一。据考证用帆式风车提水已有1700多年的历史，这种传统的风车一直用到20世纪，在农用灌溉和盐地提水中起到过重要的作用。新中国成立后，风能开发利用大体可划分为下面几个阶段：

（1）20世纪50年代，在发展传统风车的同时，开始摸索研制风力发电机组。由于当时经济和技术条件的限制，大多数机组在试运行时就损坏了，虽然未能形成产品，但是为后来研制风力发电机组提供了宝贵的经验和教训。

（2）20世纪60年代开始，在传统风车的基础上，重点研制现代风力提水机组，在一些地区推广应用，取得了良好的效果。

（3）20世纪70年代末，国家科学技术委员会等有关部委组织全国力量重点对小型风力机组，特别是小型风力发电机组进行科技攻关，促进小型风力发电机组商品化，并在内蒙古等省（自治区）组织示范试验和推广应用。这一时期，还成立了全国性的风能学术组织和风能技术开发组织，一些省、自治区还组建了风能研究所和小型风力机组制造厂，对我国风能利用事业的发展起到了积极的促进作用。

（4）从20世纪80年代中期开始，在继续推广应用小型风力机组的同时，重点放在大中型风力发电机组的科技攻关。在消化吸收国外技术基础上自行研制百千瓦级大型风力发电机组。与此同时，开始着手规划风电场的建设，引进国外大型风力发电机组，进行试验示范。为了进一步加快风力机产业化的进程，成立了全国风力机械制造行业协会。一些省、自治区还调整了一些国有大中型企业，着手进行大型风力发电机组的生产。

（5）从20世纪90年代开始，以风力发电为主体的我国风能开发利用进入一个新的时期，风力发电作为一个产业在我国电力工业中逐步占有一席之地。这一时期，我国风电场的建设得到了迅速的发展，与此同时，以200kW为主体的大型风力发电机组的国产化亦迈开了新的步伐。

我国风力提水虽有悠久的历史，但直至20世纪70年代后，在风力提水机组的研制和应用技术方面才得以成熟的发展，并用于农田灌溉、海水制盐、水产养殖、滩涂改造、人畜饮水、草场改良等提水作业，取得了较好的经济效益和社会效益。我国已研制的风力提水机组大致可以分为两大类：一类是低扬程（小于5m）大流量（大于20t/h）型，用于南方抽提地表水；另一类是高扬程（大于10m）小流量（小于8.5t/h）型，用于北方抽提地下水。经过示范试验和推广应用表明，我国研制的风力提水机组结构设计合理，运行稳定可靠，操作维护简便，性能满足需要。其中由中国农业机械科学研究院研制的低扬程大流量风力提水机组和由呼和浩特牧机所研制的高扬程小流量风力提水机组已进入商品化生产。另外，与风力提水机配套的泵，包括旋转式泵和往复式泵，国内都能自行研制和生产。我国在风力提水技术方面的进步得到了国际同行的重视。

我国风力机的发展也取得了一定的成就。在20世纪50年代末是各种木结构的布篷式风车，到60年代中期主要是发展风力提水机。70年代中期以后风能开发利用被列入了“六五”国家重点项目，得到迅速发展。进入80年代中期以后，我国先后从丹麦、比利时、瑞典、美国、德国引进一批大、中型风力发电机组，在新疆、内蒙古、广东等省（自治区）建立了示范性风力发电场。目前我国已研制出上百种不同型式、不同容量的风力发电机组，并初步形成了风力机产业。我国风力发电起步较晚，但进展较快。小型风力发电机组得到推广应用，大型风力发电机组开始进入商品化，风电场已在电力行业中占有一席之地。风力发电在解决边远地区生活用电和缓解部分地区生产用电紧张方面已取得较好的社会效益、环境效益和经济效益。我国已研制的风力发电机组主要是水平轴风力发电机组。从国情出发，目前风力发电机组的研制重点是两头，一头是1kW以下独立运行的小型风力发电机组；另一头是100kW以上并网运行的大型风力发电机组。小型风力发电机组从20世纪70年代开始，经过科技攻关、研制开发、示范试验、商品生产和推广应用等阶段，目前已全部国产化。除满足国内需要外，还向国外出口。大型风力发电机组的研制开发是从20世纪80年代真正开始的。“八五”期间，国家将大型风力发电机组列入科技攻关项目。一方面，组织国内科研单位，对大型风力发电机组关键技术进行联合攻关，在此基础上自行研制开发；另一方面，组织国内企业单位引进国外大型风力发电机组，进行消化吸收，掌握大型风力发电机组制造技术，在此基础上进行组装或合作生产。经过几年的努力，我国大型风力发电机组的研制开发有了长足的进步。

从“六五”开始，国家就将风力发电技术列入重点科技攻关项目，经过“七五”“八五”和“九五”期间的努力，我国风力发电技术取得了较大的进步。主要反映在下面几个方面：

1）风能资源调查。从20世纪70年代末开始，国家气象局气象科学研究院同有关省区合作对我国风能资源做了几次全面的调查。1981年首次公布了我国第一张《全国风能资源分布和区划图》，1987年，又对我国在风能利用方面具有发展前景的东南沿海及三北等地区做了进一步的风能资源的详查，加密了选站的密度，完善了选取资料的代表性，给出了风能利用主要省、自治区的风能密度分布及各等级风速间的累积时数图。与此同时，一些重点的省市对本省市的风能资源亦做了详查，绘制了本地区的风能资源分布图。所有这些成果丰富了对我国风能资源状况的了解，为我国进一步开发和利用风能提供了可靠的依据。

2）风力机性能测试。我国风力机性能测试的主要手段有风洞测试和风场测试两种。中国空气动力研究与发展中心有一个大型低速风洞，可进行最大风轮直径为7m的全尺寸小型风力机组性能试验和大型风力发电机组风轮模型性能实验。风场测试主要在北京八达岭测试站中进行。此外，还有内蒙古赛汉塔拉等地亦建有相当规模的测试站，可对风力发电机运行状态、风速、风向、转速及输出电压、功率等10余个参数进行监测，获得风能利用效率和功率特性曲线。此外，还可以进行噪声、振动等非常规性能的测试。

3）风力机标准规范。1985年全国风力机标准化技术委员会成立以来，在呼和浩特畜牧机械研究所的组织下，制定风力机国家标准。目前，小型风力发电机组的有关标准已经完成，正在拟定大型风力发电机组和风电场的有关标准。这些标准对保证风力机质量起到了重要的作用。

4）风力机设计技术。风力机设计是一门综合技术，涉及空气动力学、结构动力学、气象学、机电工程、自动控制、计算机等专业技术。我国对风力设计技术主要进行了风力机空气动力设计和计算方法、风力机结构动力计算和分析方法、风力机玻璃钢叶片设计方法、风力机变速恒频发电机技术、风力机自动控制技术、风力机调（限）速特性、风力机调向特性、风力机计算机辅助设计和软件包开发等研究工作，取得了较快的进展。

5）风力机制造技术。随着大、中型风力发电机组国产化进程的加快，我国风力机制造技术也取得了较快的进步。目前，塔架、发电机和齿轮箱等部件的制造技术已基本掌握。叶片和控制系统的制造技术也取得进展和良好的运行效果。

6）风力机运行技术。随着风电场建设的发展，我国对大型风力发电机组并网运行技术进行了研究，重点放在大型风力发电机组并网后对电网运行的影响。并在《风力发电场并网运行管理规定》中明确，现阶段风电量控制在电网容量的5%以内。

7）新概念型风能转换装置。新概念型风能转换装置是从如何提高收集风的能量的角度提出来的。从20世纪80年代开始，我国曾先后对旋风型风能转换装置、风能太阳能综合发电装置和扩压引射型风能转换装置进行了可行性研究、概念设计和示范试验，新概念型风能转换装置较之常规的风能转换系统投资大、技术复杂，因此从总体上还处在科研探索阶段。

我国在小型风力发电机组推广应用中已取得了明显的社会效益。近年来，在风电场示范应用中也取得了较好的经济效益。在我国广大边远地区，有20%以上的农（牧）户没有用上电，由于推广了小型风力发电机组，特别是百瓦级的小型风力发电机组，逐步解决了有风无电地区农（牧）户生活用电的问题。使用独立运行的小型风力发电机组一般配以蓄电池输出直流电或加逆变器输出交流电。

我国风力发电并网运行的方式有三种形式。第一种是将单台中、大型风力发电机组并入电网运行；第二种是将单台或多台中、大型风力发电机组与柴油发电机组组成风/柴系统并入电网运行；第三种是将多台大型风力发电机组组成风电场并入电网运行。目前主要是第三种。

1983年，在山东荣成安装了3台丹麦 Vestas 55kW 风力发电机，建设起了我国第一个风电场。1989年，在新疆达坂城安装了13台丹麦 Bonus 150kW 风力发电机组，在内蒙古朱日和安装了5台美国 Windpower 100kW 风力发电机组，开始了风电场运行示范试验。从这以后，在全国各地陆续引进国外机组建设风电场，装机容量逐年增长，特别是原国家计划委员会提出的“乘风计划”、国家经济贸易委员会提出的“双加工程”和原电力部提出的到20世纪末装机容量达到100万 kW 的目标，对推动我国风电场建设起到了重要的作用。在国家发展和改革委员会、国家经济贸易委员会、国家电网公司的规划和组织下，风电场的建设正在稳步健康地发展，并取得了较好的经济效益，为改善我国电力工业的结构打下了良好的基础。

2.1.1.3　风能利用发展趋势

面对与全球气候变化进行斗争的紧迫性，也使风能开发利用的需求更为迫切。IPCC预测，在21世纪，全球平均温度将提高5.8℃，随之而来的将是洪水、干旱和气候巨变。大多数国家已经认识到，为了避免环境灾难的发生，必须大幅度降低温室气体的排放量。根据1997年《京都议定书》规定，2008—2012年间，全球温室气体排放量要比1990年减少5.2%。风电不像用化石燃料发电和原子能发电那样产生有害物质，也不排放CO_2这样的温室气体，这为提高风能在能源利用中的份额提供了良好的机遇。欧盟成员国等国家已经采取了一系列促进风力机市场成长的措施。在过去的10年里，全球风力发电总量增加了10倍。到2020年，将实现风能生产量占全球电力需求总量的12%。

随着技术的发展以及机器规模的增大，风力发电的成本将持续减少。在过去的20年里，风力发电成本从0.8美元/（kW・h）降至0.4美元/（kW・h）。风力发电与以煤为燃料的新建电厂相比，已具有竞争力。技术的进一步改进将使风力发电成本再降低30%。随着在经济方面的吸引力越来越突出，风能利用已成为一个很有前途的行业。

风力发电技术将得到进一步发展。为了保证风力产业的未来发展，研究人员正在设计适用于低风速地区的风力机，其塔架更高、材料更轻、转子直径更大、螺旋桨和发电机更有效、控制方案更优化。同时，致力于研究消除技术障碍，包括传输约束、运营政策以及缺乏风能对公共电网影响的认识等。其中关键的技术措施是增大风力机的尺寸和功率。现在一台2000kW风力机生产的电力相当于20世纪80年代200台老型风力机生产的电力。风力机的大型化，使风力机数量比以前少得多，但生产的电却没有减少，而且可以减少占用土地的面积。现代的风力机都具有持续工作、无人监控、少量维护并可以输出具有电网频率的高质量电能的特点。有的可以持续工作20年或者12万h。而一台汽车发动机通常的设计寿命是4000～6000h。

今后将生产供海上风力发电场使用的更大型的风力机。海上风力机具有新的技术要求。海上风力机必须牢牢地固定在海底，各风力机之间不但要有电缆相连，还要一直连接到陆地上，将电力输入公共电网。风电场的选址是一个将被更加重视的问题。不仅要对风力机安装地点的风速进行监控，还要注意避免将风力机安装在考古遗存地、飞机航线地区和候鸟迁徙经过的地区。施工机械的发展将使风力机的安装速度加快。巨型吊车能把风力机塔楼、机身和转子叶片方便地安装到坚固的混凝土基础。风电场一旦建成投产，可通过计算机对其性能和工作状况不间断地进行远程监控，对风力机的功率也可以控制和调整。

在我国，《可再生能源法》已于2006年1月1日正式生效。《国家中长期科学技术发展规划纲要（2006—2020）》以及国家“十一五”高新技术研究计划和国家科技支撑计划中，都专门设立了有关进行研究大型风力机和风能利用的项目。一系列的政策措施和国家科技支持政策的导向表明，中国的风能利用迎来了新的春天。在21世纪，高效清洁的风能将在我国能源的格局中占有重要的地位。

2.1.2 风能资源

2.1.2.1 风的形成

风是地球上的一种自然现象，它是由太阳辐射热引起的。太阳照射到地球表面，地球表面各处受热不同，产生温差，从而引起大气的对流运动形成风。据估计，到达地球的太阳能中虽然只有大约2%转化为风能，但其总量仍是十分可观的。全球的风能约为2.74GMW，其中可利用的风能为2×10^7MW，比地球上可开发利用的水能总量还要大10倍。

大气的流动也像水流一样是从压力高处往压力低处流。太阳能正是形成大气压差的原因。

由于地球自转轴与太阳的公转轴存在66.5°的夹角，因此对地球上的不同地点，太阳照射的角度是不同的，而且对同一地点1年中这个角度也是变化的。地球上某处所接受的太阳辐射能与该地点太阳能照射角的正弦成正比。地球南北极接受太阳辐射能少，所以温度低，气压高；而赤道接受热量多，温度高，气压低。如果地球表面情况是一样的，而且忽略地球转动的作用，则赤道附近空气受热膨胀向上，流向两极；而两极附近的冷空气沿表面流向赤道。另外地球又绕自转轴每24h旋转一周，温度、气压昼夜变化。这样由于地球表面各处的温度、气压变化，气流就会从压力高处向压力低处运动，而形成不同方向的风，并伴随不同的气象变化，气压差值越大，风也就越大。

地球上各处的地形地貌也会影响风的形成，如海边，由于海水的比热容大，接受太阳辐射能后，表面升温慢，陆地的比热容小，升温比较快。于是在白天，由于陆地空气温度高，空气上升而形成海面吹向陆地的海陆风；反之在夜晚，海水降温慢，海面空气温度高，空气上升而形成由陆地吹向海面的陆海风。

同样在山区，白天太阳使山上空气温度升高，随着热空气上升，山谷冷空气随之向上运动，形成“谷风”；相反到夜间，空气中的热量向高处散发，气体密度增加，空气沿山坡向下移动，又形成所谓“山风”。这些复杂因素造成了地球上不同地区、不同季节里空气的流动是变化多样，因而风向、风速是变化无常的。

2.1.2.2 风向

风是一种矢量，它通常用风向和风速两个要素来表示。

风向是指风吹来的方向，如果风是从东面吹来，则称为东风。观测陆地上的风向一般采用16个方位（海上的风向通常采用32个方位），即以正北为零，顺时针每转过22.5°为一个方位，如图2.1所示。

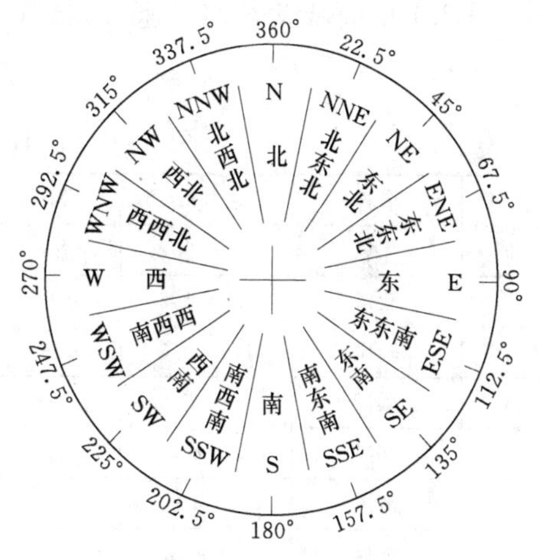

图2.1 风向的方位

在一定的时间范围内，某风向出现的次数占各风向出现的总次数的百分比，称为风向频率，即

$$某风向频率=\frac{某风向出现次数}{风向的总观测次数}\times 100\% \tag{2.1}$$

2.1.2.3 风速

风速是表示风的移动的速度，即风在单位时间内流过的距离称为风速，单位是m/s。

1. 瞬时风速与平均风速

风速是很不稳定的，即使在很短的时间内，它的变化也很大。在某一瞬间（几秒内）测得的风速称为瞬时风速；在某一段时间内，瞬时风速的算术平均值称为平均风速。

假如把一昼夜中每24h所测得的风速相加，再除以24，就得到了一天的平均风速。同理，可求得月平均风速和年平均风速。

2. 风速频率与风速变幅

在一定的时间内，相同风速出现的时数占测量总时数的百分比称作风速频率，即

$$某风速频率=\frac{某相同风速时数}{测量风速总时数}\times 100\% \tag{2.2}$$

在求得平均风速的限定时间内，最大风速与最小风速之差称为风速变幅。对风能利用来说，既希望平均风速较高，又希望风速变幅越小越好，以保证风力机平稳运行和便于控制。

3. 启动风速、切除风速、有效风速

可使风力机启动运行的风速称为启动风速，风力机超速运行的上限风速称为切除风速，大于这个风速时风力机必须停转，否则将有因超速旋转而损坏的危险。风力机常取3m/s为启动风速，25m/s为切除风速，所以把3～25m/s的风速称为有效风速。据此计算出来的风速频率和风能分别称为有效风频和有效风能。

4. 风速级别

世界气象组织将风力分为13个等级，见表2.1，在没有风速计时可以根据它来粗略估计风速。

表2.1中的风级B与风速v（m/s）的关系为

$$v=0.86B^{\frac{3}{2}} \tag{2.3}$$

表2.1 风速级别及其特征

风级	名称	风速/(m/s)	风移动的速度/(km/h)	陆地地面物象	海面波浪	浪高/m
0	无风	0.0～0.2	<1	静，烟直上	平静	0.0
1	软风	0.3～1.5	1～5	烟示风向	微波峰无飞沫	0.1
2	轻风	1.6～3.3	6～11	感觉有风	小波峰未破碎	0.2
3	微风	3.4～5.4	12～19	旌旗展开	小波峰顶破裂	0.6
4	和风	5.5～7.9	20～28	吹起尘土	小浪白沫波峰	1.0
5	清风	8.0～10.7	29～38	小树摇摆	中浪折沫峰群	2.0
6	强风	10.8～13.8	39～49	电线有声	大浪白沫离峰	3.0
7	劲风（疾风）	13.9～17.1	50～61	步行困难	破峰白沫成条	4.0
8	大风	17.2～20.7	62～74	折毁树枝	浪长高有浪花	5.5
9	烈风	20.8～24.4	75～88	小损房屋	浪峰倒卷	7.0
10	狂风	24.5～28.4	89～102	拔起树木	海浪翻滚咆哮	9.0
11	暴风	28.5～32.6	103～117	损毁重大	波峰全呈飞沫	11.5
12	台风（飓风）	>32.6	>117	摧毁极大	海浪滔天	14.0

注：本表所列风速是指平地上离地10m处的风速值。

5. 影响风速的主要因素

(1) 垂直高度。从空气运动的角度，通常将1km以下的大气层分为三个区域：离地面2m以内的区域称为底层；2～100m的区域称为下部摩擦层，二者总称为地面境界层；从100～1000m区域称为上部摩擦层，以上三区域总称为摩擦层（大气境界层）。摩擦层之上是自由大气。

地面境界层内，空气的运动因受紊流黏性和地面摩擦的影响，风向大体一致，而风速则随着垂直高度的增加而增大。关于风速随高度变化的经验公式很多，在离地面100m的高度范围内，风速在垂直高度上的变化通常为

$$v=v_0\left(\frac{H}{H_0}\right)^n \tag{2.4}$$

式中 v——高度H处风速；

v_0——高度 H_0 处风速（气象站风速仪的安装高度一般为10m，所以 H_0 一般为10m）；

n ——地表面摩擦系数，其数值常在0.1～0.4之间，n 的典型数值可由表2.2查出。

表2.2 地表面典型摩擦系数

地表状态	摩擦系数 n
平坦坚硬的地面、湖面或海面	0.1
长满短草的未耕土地	0.14
长有30cm左右高的草，偶尔有树，平坦的田野	0.16
高大的一行行庄稼，矮树墙，有一些树	0.20
许多树，间杂着建筑物	0.22～0.24
乡间树林、小城镇和郊区	0.28～0.30
有高大建筑物的城区	0.4

（2）地形地貌。风速受地形地貌的影响见表2.3和表2.4。根据我国几个站得出的山顶、山麓风速比与高差关系的经验公式为

$$k_s = 2 - e^{-a\sqrt{\Delta h}} \tag{2.5}$$

式中 k_s——山顶山麓风速比；

Δh——山顶山麓相对高差，m；

$a=0.007$。

表2.3 不同地形与平坦地面的风速比值

不同地形	平坦地面的平均风速/(m/s)	
	3～5	6～8
山间盆地	0.95～0.85	0.85～0.80
弯曲的河谷底	0.80～0.70	0.70～0.60
山北风坡	0.90～0.80	0.80～0.70
山迎风坡	1.10～1.20	1.10
峡谷口或山口	1.30～1.40	1.20

表2.4 山顶与山麓的风速比值

相对高度/m	50	100	200	300	500	700	1000
比值	1.30	1.50	1.60	1.70	1.80	1.84	1.90

（3）地理位置。由于陆地表面和海面对风的摩擦阻力不同，造成了海面上的风比岸上的风大，沿海的风比内陆的风大。变化情况见表2.5和表2.6。

表 2.5 **台风登陆后与登陆时的风速比值**

与海岸线距离/km	0	10	25	50	100
比值	1.00	0.97	0.86	0.72	0.55

表 2.6 **海岸线外和海岸的风速比值**

与海岸线距离/km	平坦地面的平均风速/(m/s)	
	4～6	7～9
25～30	1.4～1.5	1.2
50	1.5～1.6	1.4
>70	1.6～1.7	

(4) 障碍物。风流经障碍物时，会在其后面产生不规则的涡流，致使流速降低，这种涡流随着远离障碍物而逐渐消失。当距离大于障碍物高度10倍以上时，涡流可完全消失。所以在障碍物下设置风力机时，应远离其高度10倍以上。

6. 瑞利分布公式

当某一地点的年平均风速已知，可用瑞利分布公式求得在1年内任意风速下的小时数。瑞利分布公式为

$$t=8760\times\frac{\pi}{2}\frac{v}{\overline{v}^{2}}e^{-k} \tag{2.6}$$

其中

$$k=\frac{\pi}{4}\left(\frac{v}{\overline{v}}\right)^{2}$$

式中 t——1年内某一风速的小时数；

v——某一风速；

$\overline{v}$——该处年平均风速；

8760h=365d×24h/d，即全年小时数。

要说明的是，当年平均风速低于4.5m/s时，计算的结果有较大的误差；而当年平均风速低于3.5m/s时，此公式则不适用了。

2.1.2.4 风的能量

1. 风能

风能就是空气流动的动能。风和其他运动的物体一样，它所具有的动能用式(2.7)计算：

$$W=\frac{1}{2}mv^{3} \tag{2.7}$$

式中 m——流动空气的质量；

v——空气流动速度。

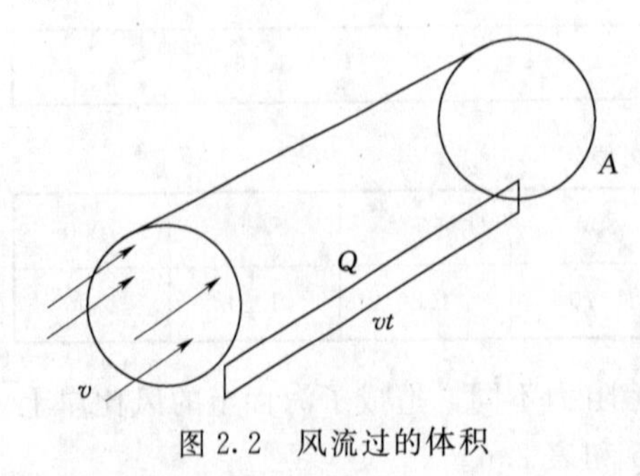

图2.2 风流过的体积

如图2.2所示，当风速为v，通过的面积为A，经过的时间为t(s)，流过的体积为Q，则

$$Q=Avt$$

设ρ为空气的密度，流过的风所具有的动

能为

$$W=\frac{1}{2}Q\rho v^2=\frac{1}{2}Avt\ \rho v^2=\frac{1}{2}\rho v^3At \tag{2.8}$$

1s 通过面积为 A 的空气所具有的动能，称为风所具有的功率，以 N_v 表示，则

$$N_v=\frac{1}{2}\rho v^3A \tag{2.9}$$

式（2.8）和式（2.9）包含了三种意义：①风能与空气的密度成正比。②风能与通过的面积成正比。③风能与风速的立方成正比。

1s 通过 $1m^2$ 面积的空气所具有的动能，称为风能密度，以 E_0 表示，则

$$E_0=\frac{1}{2}\rho v^3 \tag{2.10}$$

风能密度是评价风能资源的重要参数。

2. 有效风能

计算某地 1 年内风能的大小，不能简单地用年平均风速，还要考虑风速的分布情况。年平均风速相同，而风速频率不一样时，计算出来的风能量常常相差很大。年有效风能用式（2.11）计算

$$E=0.6125\times10^3\left(\sum_{3}^{25}v^3t\right) \tag{2.11}$$

式中 E——年有效风能，$kW\cdot h/m^2$；

0.6125——空气密度的 1/2，kg/m^3；

v——3.0～25m/s 之间的某一风速，m/s；

t——对应风速为 1 年内出现的小时数，h。

将有效风能除以年有效风速持续的小时数，即得到有效风能密度（kW/m^2 或 W/m^2）。例如，某地年有效风速为 $2647kW\cdot h/m^2$，而该地年有效风速持续时间为 7541h，则此地的有效风能密度为 2647/7541=0.351(W/m^2)。

3. 风能玫瑰图

风能玫瑰图（图 2.3）反映风能资源的特性。它是各方位风向频率的百分数与相应风向平均风速立方数的乘积。按一定比例尺做出线段，分别绘制在 16 个方位上，再将线段端点连接起来。根据风能玫瑰图即可看出哪个方向的风具有能量的优势。

2.1.2.5 风能资源特点

风能就是空气流动所产生的动能。大风所具有的能量是很大的。风速 9～10m/s 的 5 级风，吹到物体表面上的力，每平方米面积上约有 10kg。风速 20m/s 的 9 级风，吹到物体表面上的力，每平方米面积可达 50kg 左右。台风的风速可达 50～60m/s，它对每平方米物体表面上的压力，竟可高达 200kg 以上。汹涌澎湃的海浪，是被风激起的，它对海岸的冲击力是相当大的，有时可达每平方米 20～30t 的压力，最大时甚至可达每平方米 60t 左右的压力。

风不仅能量很大，而且它在自然界中所起的作用也是很大的。它可使山岩发生侵蚀，造成沙漠，形成风海流，它还可在地面作输送水分的工作，水汽主要是由强大的空气流输

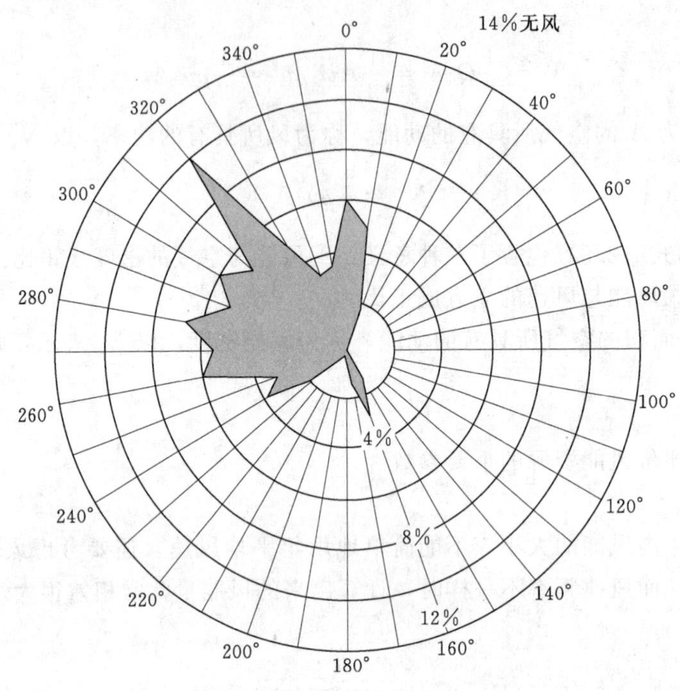

图 2.3 风能玫瑰图（70m）

送的，从而影响气候，造成雨季和旱季。专家们估计，风中含有的能量，比人类迄今为止所能控制的能量高得多。全世界每年燃烧煤炭得到的能量，还不到风力在同一时间内所提供给我们的能量的1%。可见，风能是地球上重要的能源之一。

合理利用风能，既可减少环境污染，又可减轻越来越大的能源短缺的压力。自然界中的风能资源是极其巨大的。据世界气象组织估计，整个地球上可以利用的风能为 2×10^7MW。为地球上可资利用的水能总量的10倍。风能与其他能源相比，既有其明显的优点，又有其突出的局限性。

1. 风能资源的优点

（1）蕴藏量巨大，可以再生，风能是可再生能源，取之不尽，用之不竭。

（2）一般来说，在偏远山区、海滨、居民分散的无电或少电地区，风能资源比较丰富，值得开发利用。

（3）开发利用风能，不污染环境，不影响生态平衡。

（4）把风能转换成机械能，办法比较简单，容易实现。

2. 风能资源的缺点

（1）不稳定。由于气流瞬息万变，因此风的脉动、日变化、季变化以至年际的变化都十分明显，波动很大，极不稳定。风能常随季节、昼夜变化，当小风或无风时还想利用它，则涉及能量储存问题，就需要储能设备。

（2）密度。这是风能的一个重要缺陷。由于风能来源于空气的流动，而空气的密度是很小的，因此风力的能量密度也很小，只有水力的1/816。从表2.7可以看出，在各种能源中，风能的含能量是极低的，给其利用带来一定的困难。因此，要获得较大的功率，势必得把风力机的风轮做得很大。

表 2.7 各种能源的能流密度值

能源类别	风能（3m/s）	水能（流速 3m/s）	波浪能（波高 2m）	潮汐能（潮差 10m）	太阳能	
					晴天平均	昼夜平均
能流密度/(kW/m^2)	0.02	20	30	100	1.0	0.16

（3）地区差异大。风能受地形地貌的影响较大，即使在同一个区域，有利地形处的风力往往是不利地形处的几倍乃至更多。

2.1.3 我国的风能资源

2.1.3.1 影响我国风能资源的因素

1. 大气环流对中国风能分布的影响

东南沿海及东海、南海诸岛，因受台风的影响，最大年平均风速在 5m/s 以上。东南沿海有效风能密度不小于 200W/m^2，有效风能出现时间百分率可达 80%～90%。风速不小于 3m/s 的风全年出现累积小时数为 7000～8000h；风速不小于 6m/s 的风有 4000h。岛屿上的有效风能密度为 200～500W/ m^2，风能可以集中利用。福建的台山、东山，台湾的澎湖湾等，有效风能密度都在 500W/m^2 左右，风速不小于 3m/s 的风累积为 8000h，换言之，平均每天可以有 21h 以上的风速不小于 3m/s。但在一些大岛，如台湾和海南，又具有独特的风能分布特点。台湾风能南北两端大，中间小；海南西部大于东部。

2. 海陆和水体对风能分布的影响

中国沿海风能都比内陆大，湖泊都比周围湖滨大。这是由于气流流经海面或湖面摩擦力较小，风速较大。由沿海向内陆或由湖面向湖滨，动能很快消耗，风速急剧减小，风速不小于 3m/s 和风速不小于 6m/s 的风的全年累积小时数的等值线不但平行于海岸线和湖岸线，而且数值相差很大。福建海滨是中国风能分布丰富地带，而距海 50km 处，风能反变为贫乏地带。若台风登陆时在海岸上的风速为 100%，而在离海岸 50km 处，台风风速为海岸风速的 68%左右。

3. 地形对风能分布的影响

地形影响风速，可分山脉、海拔高度和中小地形等几个方面。山脉对风能的影响。气流在运行中遇到地形阻碍的影响，不但会改变大形势下的风速，还会改变方向。其变化的特点与地形形状有密切关系。一般范围较大的地形，对气流有屏障作用，使气流出现爬绕运动。所以在天山、祁连山、秦岭、大小兴安岭、太行山和武夷山等的风能密度线和可利用小时数曲线大都平行于这些山脉，特别明显的是东南沿海的几条北东—南西走向的山脉，如武夷山等。所谓华夏式山脉，山的迎风面风能是丰富的，风能密度为 200W/m^2，风速不小于 3m/s 的风出现的小时数为 7000～8000h。而在山区及其背风面风能密度在 50W/m^2 以下，风速不小于 3m/s 的风出现的小时数为 1000～2000h，风能是不能利用的。四川盆地和塔里木盆地由于天山和秦岭山脉的阻挡为风能不能利用区。雅鲁藏布江河谷，也是由于喜马拉雅山脉和冈底斯山的屏障，风能很小，不值得利用。

4. 海拔高度对风能的影响

由于地面摩擦消耗运动气流的能量，在山地风速是随着海拔高度增加而增加的。事实上，在复杂山地，很难分清地形和海拔高度的影响，二者往往交织在一起，如北京市区和八达岭风力发电试验站同时观测的平均风速分别2.8m/s和5.8m/s，相差3m/s。后者风大，一是由于它位于燕山山脉的一个南北向的低地，二是由于它海拔比北京高500多m，是二者共同作用的结果。青藏高原海拔在4000m以上，所以这里的风速比周围大，但其有效风能密度却较小，在150W/m^{2}左右。这是由于青藏高原海拔高，但空气密度较小，因此风能也小，如在4000m的空气密度大致为地面的67%。也就是说，同样是8m/s的风速，在平地海拔500m以下为313.6W/m^2，而在4000m只有209.9W/m^2。

5. 中小地形的影响

蔽风地形风速减小，狭管地形风速增大。即使在平原上的河谷，风能也较周围地区大。

海峡也是一种狭管地形，与盛行风方向一致时，风速较大，如台湾海峡中的澎湖列岛，年平均风速为6.5m/s。

局地风对风能的影响是不可低估的。在一个小山丘前，气流受阻，强迫抬升，所以在山顶流线密集，风速加强。山的背风面，由于流线辐散，风速减小。有时气流过一个障碍，如小山包等，其产生的影响在下方5～10km的范围。有些地方风是由于地面粗糙度的变化形成的。

2.1.3.2 我国风能资源特点

我国风能资源分布有以下特点。

1. 季节性的变化

我国位于亚洲大陆东部，濒临太平洋，季风强盛，内陆还有许多山系，地形复杂，加之青藏高原耸立我国西部，改变了海陆影响所引起的气压分布和大气环流，增加了我国季风的复杂性。冬季风来自西伯利亚和蒙古等中高纬度的内陆，那里空气十分严寒干燥，冷空气积累到一定程度，在有利高空环流引导下，就会爆发南下，俗称寒潮。在此频频南下的强冷空气控制和影响下，形成寒冷干燥的西北风侵袭我国北方各省（自治区、直辖市）。每年冬季总有多次大幅度降温的强冷空气南下，主要影响我国西北、东北和华北，直到次年春夏之交才会消失。

夏季风是来自太平洋的东南风、印度洋和南海的西南风，东南季风影响遍及我国东半部，西南季风则影响西南各省和南部沿海，但风速远不及东南季风大。热带风暴是太平洋西部和南海热带海洋上形成的空气涡旋，是破坏力极大的海洋风暴，每年夏秋两季频繁侵袭我国，登陆我国南海之滨和东南沿海，热带风暴也能在上海以北登陆，但次数很少。

2. 地域性的变化

中国地域辽阔，风能资源比较丰富。特别是东南沿海及其附近岛屿，不仅风能密度大，年平均风速也高，发展风能的潜力很大。在内陆地区，从东北、内蒙古，到甘肃走廊及新疆一带的广阔地区，风能资源也很好。华北和青藏高原有些地方也能利用风能。

东南沿海的风能密度一般在200W/m^2，有些岛屿达300W/m^{2}以上，年平均风速7m/s左右，全年有效风时6000多h。内蒙古和西北地区的风能密度也在150～200W/m^2，年平均风速6m/s左右，全年有效风时5000～6000h。青藏高原的北部和中部，风能密度也有150W/m^2，全年3m/s以上风速出现时间5000h以上，有的可达6500h。

青藏高原地势高亢开阔，冬季东南部盛行偏南风，东北部多为东北风，其他地区一般为偏西风，冬季大约以唐古拉山为界，以南盛行东南风，以北为东至东南风。

我国幅员辽阔，陆疆总长达2万多km，还有18000多km的海岸线，边缘海中有岛屿5000多个，风能资源丰富。我国现有风电场场址的年平均风速均达到6m/s以上。一般认为，可将风电场分为三类：年平均风速6m/s以上时为较好；7m/s以上为好；8m/s以上为很好。可按风速频率曲线和机组功率曲线，估算标准大气状态下该机组的年发电量。我国相当于6m/s以上的地区，在全国范围内仅仅限于较少数几个地带。就内陆而言，大约仅占全国总面积的1%，主要分布在长江到南澳岛之间的东南沿海及其岛屿，这些地区是我国最大的风能资源区以及风能资源丰富区，包括山东、辽东半岛、黄海之滨，南澳岛以西的南海沿海、海南岛和南海诸岛，内蒙古从阴山山脉以北到大兴安岭以北，新疆达坂城，阿拉山口，河西走廊，松花江下游，张家口北部等地区以及分布各地的高山山口和山顶。

中国沿海水深在2～10m的海域面积很大，而且风能资源好，靠近我国东部主要用电负荷区域，适宜建设海上风电场。

我国风能丰富的地区主要分布在西北、华北和东北的草原或戈壁，以及东部和东南沿海及岛屿，这些地区一般都缺少煤炭等常规能源。在时间上，冬春季风大、降雨量小，夏季风小、降雨量大。与水电的枯水期和丰水期有较好的互补性（表2.8）。

表2.8　风能资源比较丰富的省区

省（自治区）	风力资源/万kW	省（自治区）	风力资源/万kW
内蒙古	6178	山东	394
新疆	3433	江西	293
黑龙江	1723	江苏	238
甘肃	1143	广东	195
吉林	638	浙江	164
河北	612	福建	137
辽宁	606	海南	64

2.1.3.3　我国风能资源区划

风能分布具有明显的地域性的规律，这种规律反映了大型天气系统的活动和地形作用的综合影响。而划分风能区划的目的，是为了了解各地风能资源的差异，以便合理地开发利用。

1. 区划标准

第一级区划选用能反映风能资源多寡的指标，即利用年有效风能密度和年风速不小于3m/s风的年累积小时数的多少将全国分为4个区，见表2.9。

表 2.9　　风能区划标准

区 指标	丰富区	较丰富区	可利用区	贫乏区
年有效风能密度/(W/m^2)	≥200	200～150	150～50	≤50
风速不小于 3m/s 的年小时数/h	≥5000	5000～4000	4000～2000	≤2000
占全国面积/%	8	18	50	24

第二级区划指标，选用一年四季中各季风能大小和有效风速出现的小时数。利用1961—1970 年间每日 4 次定时观测的风速资料，先将 483 个站风速大于等于 3m/s 的有效风速小时数化成年变化曲线。然后，将变化趋势一致的归在一起，作为一个区。再将各季有效风速累积小时数相加，按大小次序排列。这里，春季指 3—5 月，夏季指 6—8 月，秋季指 9—11 月，冬季指 12 月、1 月、2 月。分别以 1、2、3、4 表示春、夏、秋、冬四季。如果春季有效风速（包括有效风能）出现小时数最多，冬季次多，则用“14”表示；如果秋季最多，夏季次多，则用“32”表示；其余依此类推。

第三级区划指标，风力机最大设计风速一般取当地最大风速。在此风速下，要求风力机能抵抗垂直于风的平面上所受到的压强，使风力机保持稳定、安全，不致产生倾斜或被破坏。由于风力机寿命一般为 20～30 年，为了安全，取 30 年一遇的最大风速值作为最大设计风速。按照风速，将全国划分为 4 级：风速在 35～40m/s 以上（瞬时风速为 50～60m/s)，为特强最大设计风速，称特强压型；风速 30～35m/s（顺时风速为 40～50m/s)，为强设计风速，称强压型；风速 2～30m/s（瞬时风速为 30～40m/s)，为中等最大设计风速，称中压型；风速 25m/s 以下，为弱最大设计风速，称弱压型。4 个等级分别以字母 a、b、c、d 表示。

一般，按照一级指标划分就可以粗略地了解风能区划的大的分布趋势。

2. 中国风能分区及各区气候特征

按表 2.9 的指标将全国划分为风能丰富区、风能较丰富区、风能可利用区、风能贫乏区共 4 个区。

(1) 风能丰富区。

1) 东南沿海、山东半岛和辽东半岛沿海区。这一地区由于面临海洋，风力较大，越向内陆，风速越小。在我国，除了高山气象站——长白山、天池、五台山、贺兰山等外，全国气象站风速不小于 7m/s 的地方，都集中在东南沿海。平潭年平均风速为 8.7m/s，是全国平地上最大的。该区有效风能密度在 200W/m^2 以上，海岛上可达 300W/m^2 以上，其中平潭最大。风速大于 13m/s 的小时数全年有 6000h 以上，风速不小于 6m/s 的小时数在 3500h 以上。而平潭分别可达 7939h 和 6395h。也就是说，风速不小于 3m/s 的风每天平均有 21.75h。这里的风能潜力是十分可观的。这一区风能大主要是由于海面比起伏不平的陆地表面摩擦阻力小。在气压梯度力相同的条件下，海面上风速比陆地要大。风能的季节分配，山东、辽东半岛春季最大，冬季次之，这里 30 年一遇 10min 平均最大风速为 35～40m/s，瞬时风速可达 50～60m/s，为全国最大风速的最大区域。而东南沿海、台湾及南海诸岛都是秋季风能最大，冬季次之，这与秋季台风活动频繁有关。

2）三北地区（西北、华北、东北）。本区是内陆风能资源最好的区域，年平均风能密度在 200W/m^2 以上，个别地区可达 300W/m^2。风速不小于 3m/s 的时间 1 年有 5000～6000h，风速不小于 6m/s 的时间 1 年在 3000h 以上，个别地区在 4000h 以上。本区地面受蒙古高压控制，每次冷空气南下都可造成较强风力，而且地面平坦，风速梯度较小，春季风能最大，冬季次之。30 年一遇 10min 平均最大风速可达 30～35m/s，瞬时风速为 45～50m/s，本区地域远较沿海为广。

3）松花江下游区。本区风能密度在 200W/m^2 以上，风速不小于 3m/s 的时间有 5000h，每年风速不小于 6～20m/s 的时间在 3000h 以上。本区的大风多数是由东北低压造成的。东北低压春季最易发展，秋季次之，所以春季风力最大，秋季次之。同时，这一地区又处于峡谷中，北为小兴安岭，南有长白山，这一区正好在喇叭口处，风速加大。30 年一遇 10min 平均最大风速 25～30m/s，瞬时风速为 40～50m/s。

（2）风能较丰富区。

1）东南沿海内陆和渤海沿海区。从汕头沿海岸向北，沿东南沿海经江苏、山东、辽宁沿海到东北丹东。实际上是丰富区向内陆的扩展。这一区的风能密度为 150～200W/m^2，风速不小于 3m/s 的时间有 4000～5000h，风速不小于 6m/s 的有 2000～3500h。长江口以南，大致秋季风能大，冬季次之；长江口以北，大致春季风能大，冬季次之。30 年一遇 10min 平均最大风速为 30m/s 左右，瞬时风速为 50m/s。

2）三北的南部区。从东北图们江口区向西，沿燕山北麓经河套穿河西走廊，过天山到新疆阿拉山口南，横穿三北中北部。这一区的风能密度为 150～200W/m^2，风速不小于 3m/s 的时间有 4000～4500h。这一区的东部也是丰富区向南向东扩展的地区。在西部北疆是冷空气的通道，风速较大也形成了风能较丰富区。30 年一遇 10min 平均最大风速为 30～32m/s，瞬时风速为 45～50m/s。

3）青藏高原区。本区的风能密度在 150W/m^2 以上，个别地区可达 180W/m^2。而 3～20m/s 的风速出现时间却比较多，一般在 5000h 以上。所以，若不考虑风能密度，仅以风速不小于 3m/s 出现时间来进行区划，那么该地区应为风能丰富区。但是，由于这里海拔为 3000～5000m，空气密度较小。在风速相同的情况下，这里的风能较海拔低的地区为小，若风速同样是 8m/s，上海的风能密度为 313.3W/m^2，而呼和浩特的为 286.0W/m^2，两地高度相差 1000m，风能密度则相差 10%。因此，计算青藏高原的风能时，必须考虑空气密度的影响，否则计算值会大大地偏高。青藏高原海拔较高，离高空西风带较近，春季随着地面增热，对流加强，上下冷热空气交换，使西风急流动量下传，风力变大，故这一地区春季风能最大，夏季次之。这是由于此区里夏季转为东风急流控制，西南季风爆发，雨季来临，但由于热力作用强大，对流活动频繁且旺盛，所以风力也较大。30 年一遇 10min 平均最大风速为 30m/s，虽然这里极端风速可达 11～12 级，但由于空气密度小，风压却只能相当于平原的 10 级。

（3）风能可利用区。

1）两广沿海区。这一区在南岭以南，包括福建海岸向内陆 50～100km 的地带。风能密度为 50～100W/m^2，每年风速不小于 3m/s 的时间为 2000～4000h，基本上从东向西逐渐减小。本区位于大陆的南端，但冬季仍有强大冷空气南下，其冷风可越过本区到达南海，使本区风力增大。所以，本区的冬季风力最大；秋季受台风的影响，风力次之。由广东沿海的阳江以西沿海，包括雷州半岛，春季风能最大。这是由于冷空气在春季被南岭山地阻挡，一股股冷空气沿漓江河谷南下，使这一地区的春季风力变大。秋季，台风对这里虽有影响，但台风西行路径仅占所有台风的19%，台风影响不如冬季冷空气影响的次数多，故本区的冬季风能较秋季为大。30年一遇10min平均风速可达37m/s，瞬时风速可达58m/s。

2）大、小兴安岭山地区。大、小兴安岭山地的风能密度在100W/m^{2}左右，每年风速不小于3m/s的时间为3000～4000h。冷空气只有偏北时才能影响到这里，本区的风力主要受东北低压影响较大，故春、秋季风能大。30年一遇最大10min平均风速为30～32m/s，瞬时风速可达45～50m/s。

3）中部地区。东北长白山开始向西过华北平原，经西北到中国最西端，贯穿中国东西的广大地区。由于本区有风能欠缺区（即以四川为中心）在中间隔开，这一区的形状与希腊字母π很相像，它约占全国面积50%。在π字形的前一半，包括西北各省的一部分、川西和青藏高原的东部和南部，风能密度为100～150W/m^2，一年风速不小于3m/s的时间有4000h左右。这一区春季风能最大，夏季次之。π字形的后一半分布在黄河和长江中下游。这一地区风力主要是冷空气南下造成的，每当冷空气过境，风速明显加大，所以这一地区的春、冬季节风能大。由于冷空气南移的过程中，地面气温较高，冷空气很快变性分裂，很少有明显的冷空气到达长江以南。但这时台风活跃，所以这里秋季风能相对较大，春季次之。30年一遇最大10min平均风速为25m/s左右，瞬时风速可达40m/s。

（4）风能贫乏区。

1）川云贵和南岭山地区。本区以四川为中心，西为青藏高原，北为秦岭，南为大娄山，东面为巫山和武陵山等。这一地区冬半年处于高空西风带“死水区”内，四周的高山，使冷空气很难入侵。夏半年台风也很难影响到这里，所以，这一地区为全国最小风能区，风能密度在50W/m^{2}以下。成都仅为35W/m^{2}左右。风速不小于3m/s的时间在2000h以下，成都仅有400h。南岭山地风能欠缺，由于春、秋季冷空气南下，受到南岭阻挡，往往停留在这里，冬季弱空气到此也形成南岭准静止风，故风力较小。南岭北侧受冷空气影响相对比较明显，所以冬、春季风力最大。南岭南侧多为台风影响，故风力最大的在冬、秋两季。30年一遇10min平均最大风速20～25m/s，瞬时风速可达30～38m/s。

2）雅鲁藏布江和昌都。雅鲁藏布江河谷两侧为高山。昌都地区，也在横断山脉河谷中。这两地区由于山脉屏障，冷暖空气都很难侵入，所以风力很小。有效风能密度在50W/m^{2}以下，风速不小于3m/s的时间在2000h以下。雅鲁藏布江风能是春季最大，冬季次之，而昌都是春季最大，夏季次之。30年一遇10min平均最大风速25m/s，瞬时风速为38m/s。

3）塔里木盆地西部区。本区四面亦为高山环抱，冷空气偶尔越过天山，但为数不多，所以风力较小。塔里木盆地东部由于是C字的开口，冷空气可以从东灌入，风力较大。

根据风能分区原则，可将全国风能资源具体划分为以下4个大区、30个小区，各区的地理位置如下。

Ⅰ区：风能富丰区。

Ⅰ A34a——东南沿海及台湾岛屿和南海群岛秋冬特强压型。

Ⅰ A21b——海南岛南部夏春强压型。

Ⅰ A14b——山东、辽东沿海春冬强压型。

Ⅰ B12b——内蒙古北部西端和锡林郭勒盟春夏强压型。

Ⅰ B14b——内蒙古阴山到大兴安岭以北春冬强压型。

Ⅰ C13b——松花江下游春秋强中压型。

Ⅱ区：风能较丰富区。

ⅡD34b——东南沿海（离海岸20～50km）秋冬强压型。

ⅡD14a——海南岛东部春冬特强压型。

ⅡD14b——渤海沿海春冬强压型。

ⅡD34a——台湾东部秋冬特强压型。

ⅡE13b——东北平原春秋强压型。

ⅡE14b——内蒙古南部春冬强压型。

ⅡE12b——河西走廊及其邻近春夏强压型。

ⅡE21b——新疆北部夏春强压型。

ⅡF12b——青藏高原春夏强压型。

Ⅲ区：风能可利用区。

ⅢG43b——福建沿海（离海岸50～100km）和广东沿海冬秋强压型。

ⅢG14a——广西沿海及雷州牛岛春冬特强压型。

ⅢH13b——大、小兴安岭山地春秋强压型。

ⅢI12C——辽河流域和苏北春夏中压型。

Ⅲ114c——黄河、长江中下游春冬中压型。

Ⅲ131c——湖南、湖北和江西秋春中压型。

Ⅲ112c——西北五省的一部分以及青藏的东部和南部春夏中压型。

Ⅲ114c——川西南和云贵的北部春冬中压型。

Ⅳ区：风能贫乏区。

ⅣJ12d——四川、甘南、陕西、鄂西、湘西和贵北春夏弱压型。

ⅣJ14d——南岭山地以北冬春弱压型。

ⅣJ43d——南岭山地以南冬秋弱压型。

ⅣJ14L——云贵南部春冬弱压型。

IVKl4d——雅鲁藏布江河谷春冬弱压型。

ⅣK12c——昌都地区春夏中压型。

ⅣL12c——塔里木盆地西部春夏中压型。

2.2 风力机的种类

近年来，一般将用作原动机的风车称为风力机。世界各国研制成功的风力机种类繁多，类型各异。各种类型的风力机都至少包括叶片（有些称为桨叶）、轮毂、转轴、支架（有些称为塔架）等部分。其中由叶片和轮毂等构成的旋转部分又称为风轮。

按转轴与风向的关系，风力机大体上可分为两类：一类是水平轴风力机（风轮的旋转轴与风向平行）；另一类是垂直轴风力机（风轮的旋转轴垂直于地面或气流方向）。

2.2.1 水平轴风力机

水平轴的应用比较广泛。为了使风向正对风轮的回转平面，一般需要有调向装置进行对风控制。

1. 荷兰式风力机

该风力机于12世纪初由荷兰人发明，因此被称为“荷兰式风车”。曾在欧洲（特别是荷兰、比利时、西班牙等国）广泛使用，其最大直径超过20m。这可能是出现最早的水平轴风力机。

荷兰式风车有两种：一种是风车小屋能跟随风向一起转动，如图2.4（a）所示；另一种是安装风车的屋顶能跟随风向转动，如图2.4（b）所示。

(a)

(b)

图2.4 荷兰式风车

2. 螺旋桨式风力机

螺旋桨式风力机是目前技术最成熟、生产量最多的一种。这种风力机的翼型与飞机的翼型类似，一般多为双叶片或三叶片，也有少量用单叶片或四叶片以上的。

风力发电使用最多的就是螺旋桨式风力机，其外观如图2.5所示。

3. 多翼式风力机

多翼式风力机（也称多叶式风力机），其外观如图2.6所示，一般装有20枚左右的叶片，是典型的低转速扭矩风力机。

美国中、西部的牧场多用它来提水，在墨西哥、澳大利亚、阿根廷等地也有相当数量的应用。19世纪曾经多达数百万台。

美国风力涡轮公司最近研究的自行车车轮式风力机，也是一种多翼式的风力机，48枚中空的叶片做放射状配置，性能比过去的多翼式风力机大有提高。

图 2.5 螺旋桨式风力机

图 2.6 多翼式风力机

4. 离心甩出式风力机

图 2.7 为离心甩出式风力机的原理图，这种风力机采用空心叶片，当风轮在气流的作用下旋转时，叶片空腔内的空气因受离心力作用而从叶片尖端甩出，并“吸”来气流从塔架底部流入。与风力发电机耦合的空气涡轮机安装在塔底内部，利用风轮旋转在塔底造成的加速气流推动空气涡轮机，驱动发电机发电。

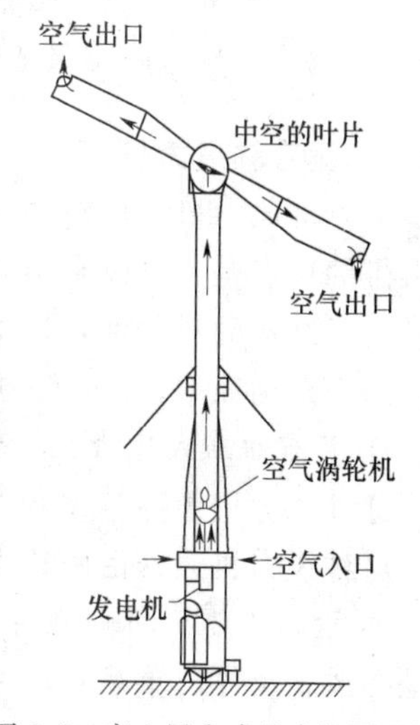

图 2.7 离心甩出式风力机原理图

这个设计是由法国人安东略（Andreau）发明的，因此也称 Andreau 式风力机。这是一种不直接利用自然风的独特设计，因结构比较复杂，通道内空气流动的摩擦损失大，所以装置的总体效率很低。第二次世界大战后，英国的弗里特电缆公司 1953 年曾经建造过这种风力机，它由一个高 26m 的空心塔和一个直径 24.4m 的开孔风轮组成。

以后再没有人制造。

5. 涡轮式风力机

透平式风力机也称涡轮式风力机，如图 2.8 所示，其结构型式与燃气轮机和蒸汽轮机类似，由静叶片和动叶片组成。由于这种风力机的叶片短，强度高，尤其适用于强风场合，例如南极和北极地区。

6. 压缩风能型风力机

这是一种特殊设计的风力机，根据设计特点，又可分为集风式（在迎风面加装喇叭状的集风器，通过收紧的喇叭口将风能聚集起来送给风轮）、扩散式（在背风面加装喇叭状的扩散器，通过逐渐放开的喇叭口降低风轮后面的气压）和集风扩散式（同时具有前两种结构）。

该装置利用装在风力机叶轮外面的集风器或扩散筒（图 2.9），提高经过风轮的空气密度，或者增加风轮两侧的气压控，从而提高风能吸收的效果。但这种结构的风力机还有安装和成本上的问题需要解决。

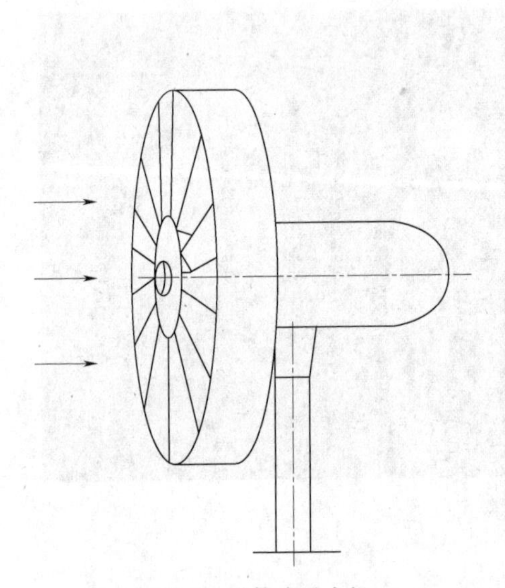

图 2.8 涡轮式风力机

图 2.9 压缩风能型风力机

2.2.2 垂直轴风力机

垂直轴风力机，风轮的旋转轴垂直于地面或气流方向。与水平轴风力机相比，垂直轴风力机的优点是，可以利用来自各个方向的风，而不需要随着风向的变化而改变风轮的方向。由于结构的对称性，这类风力机一般不需要对风装置，而且传动系统可以更接近地面，因而结构简单，便于维护，同时也减少了风轮对风时的陀螺力。

1. 萨布纽斯式风力机（S式风力机）

这种风力机由芬兰工程师萨布纽斯（Savonius）于 1924 年发明，在我国常简称为 S 式。这种风力机通常由两枚半圆筒形的叶片所构成，也有用 3～4 枚的。其基本结构如图 2.10 所示，主要靠两侧叶片的阻力差驱动，具有较大的启动力矩，能产生很大的扭矩。但是在风轮尺寸、重量和成本一定的情况下，S 式风力机能够提供的功率输出较低，效率最大不超过 10%。为提高功率，这种风力机往往上下重叠多层，如图 2.11 所示。在发展中国家有人用它来提水、发电等。

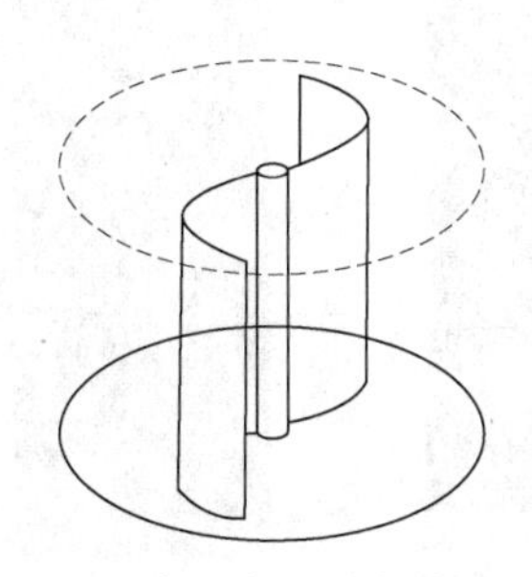
图 2.10 S式风力机基本结构示意图

图 2.11 多层 S式风力机

2. 达里厄式风力机（D式风力机）

这是法国工程师达里厄（G. Darrieus）于 1925 年发明的一种垂直轴型风力机。常见的为 Φ 型结构，如图 2.12（a）所示，看起来像一个巨大的打蛋机，2～3 枚叶片弯曲成弓形，两端分别与垂直轴的顶部和底部相连。现在也有 H 形结构等其他样式的 D 式风力机，如图 2.12（b）所示。

(a) Φ型

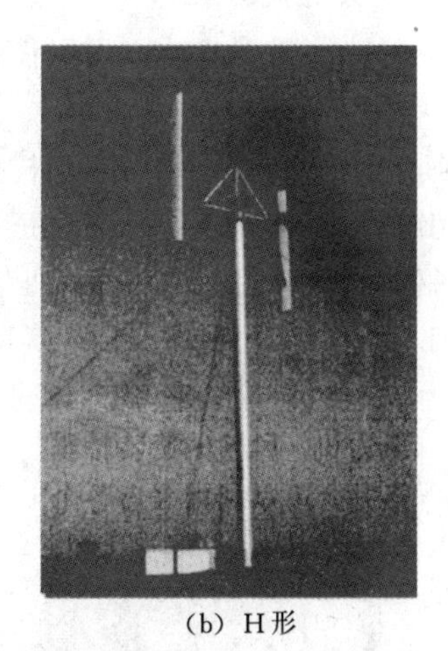
(b) H形

图 2.12 达里厄式风力机（D式风力机）

达里厄式风力机是现代垂直轴型风力机中最先进的，对于给定的风轮重量和成本，有较高的功率输出，不过它的启动性能差。目前 D 式风力机是水平轴风力机的主要竞争者。

3. S式和D式组合式

达里厄式风力机装置简单，成本也比较低，但启动性能差，因此有人把输出性能好的 D 式风力机和启动性能好的 S 式风力机组合在一起使用，如图 2.13 所示。

4. Gorlov 垂直轴风力机

Gorlov 垂直轴风力机的结构和原理与 D 式风力机类似，不过它采用扭曲式设计，如图 2.14 所示。

(a)

(b)

图 2.13 D式和S式组合式风力机

图 2.14 Gorlov垂直轴风力机

5. *旋转涡轮式风力机*

该式风力机由法国人 Lafond 提出，是一种靠压差推动的横流式风力机。其原理受通风机的启发演变而得。结构复杂，价格也较高，有些能改变桨距，启动性能好，能保持一定的转速，效率极高。多叶型旋转涡轮式风力机如图 2.15 所示。

6. *美格劳斯效应风力机*

在气流中回转的圆筒或球，可以使该物体周围的压力发生变化而产生升力，这就是美格劳斯效应。

美格劳斯效应风力机由自旋的圆柱体组成，在气流中工作时，产生的移动力正是由美格劳斯效应引起的，其大小与风速成正比。在大的圆形轨道上移动的小车上装上回转的圆筒，由风力驱动小车，用装在小车轴上的发电机发电。如图 2.16 所示，这种装置是 1931 年由美国的 J. 马达拉斯发明的，并实际制造了重 15t、高 27m 的巨大模型进行了试验。现在这种风力机装置又受到重视，美国的笛顿大学在重新进行开发和试验。

图 2.15 多叶型旋转涡轮式风力机

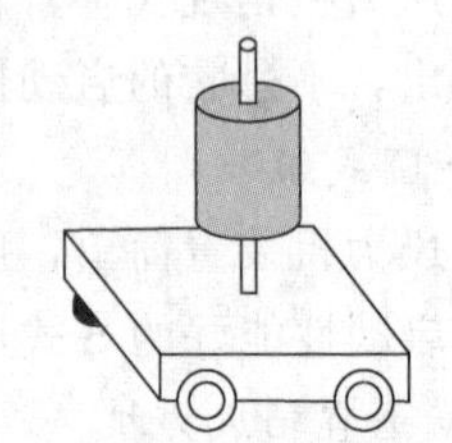

图 2.16 美格劳斯效应风力机

2.3　水平轴风力机的结构和原理

2.3.1　水平轴风力机的基本结构

目前，在风力机中应用较多的是水平轴风力机，而且多采用螺旋桨式的叶片。例如，风力发电所用的风力机就大多为螺旋桨式的水平轴风力机。

常见的螺旋桨式风力机多为双叶片或三叶片，也有少量用单叶片或四叶片以上。为了提高启动性能，尽量减少空气动力损失，多采用叶根强度高、叶尖强度低、带有螺旋角的结构。这种风力机的叶片与飞机的螺旋桨类似，因此也称桨叶。

风力机主要包括风轮、塔架、机舱等部分，如图 2.17 所示。风轮是由轮毂及安装于轮毂上的若干叶片（桨叶）组成，是风力机捕获风能的部件；塔架是风力机的支撑结构，保证风轮能在地面上方具有较高风速的位置运行，为了使风向正对风轮的回转平面，水平轴风力机需要装有调向装置进行方向控制。调向装置、控制装置、传动机构以及发电机等都集中放置在机舱内。

图 2.17　风力机的结构

一般来说，设计功率越大的风力机，其风轮直径也越大。例如，GE 公司不同功率等级风力机的风轮直径如图 2.18 所示。

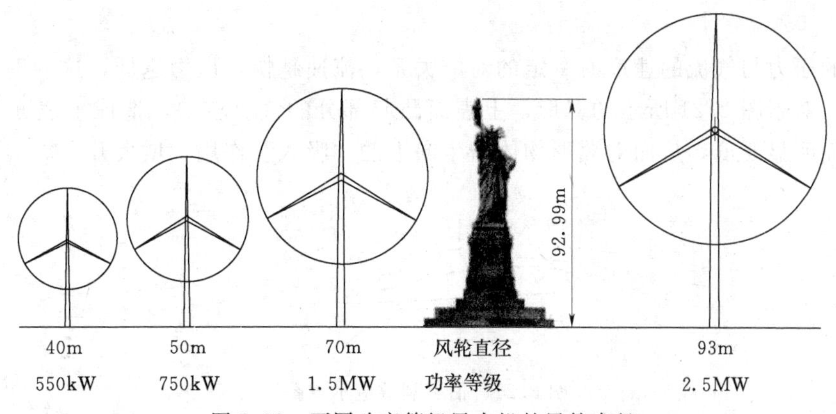

图 2.18　不同功率等级风力机的风轮直径

2.3.2　水平轴风力机的原理

1. 翼形和受力

现代风力机的叶片类似飞机机翼的形式，称为翼形。翼形有两种主要类型：对称翼形（截面为对称形状）和不对称翼形。翼形的形状特点包括：明显凸起的上表面；面对来流方向的圆形头部，称为机翼前缘；尖形或锋利的尾部，称为机翼后缘。一种常见的不对称翼形的截面如图 2.19 所示。

由于翼形大多不是直板形状，而是有一定的弯曲或凸起，通常采用翼弦线作为测量用的准线。气流方向与翼形准线的夹角，称为攻角（图 2.20 中的 α）。当来流朝着翼形的下侧时，攻角是正的。

叶片在气流中受到的力来源于空气对它的作用。可以把叶片受到的来自气流的作用力，等价地分解到两个方向：与气流方向一致的分量称为阻力，与气流方向垂直的分量称为升力。

在图 2.20 中，v 所指的方向为气流方向，阴影部分表示叶片的横截面，叶片会受到来自气流的作用力 F，将 F 分解为如图 2.20 所示的两个分量，则与气流方向相同的分量 F_D 就是阻力，与气流方向垂直的分量 F_L 就是升力。

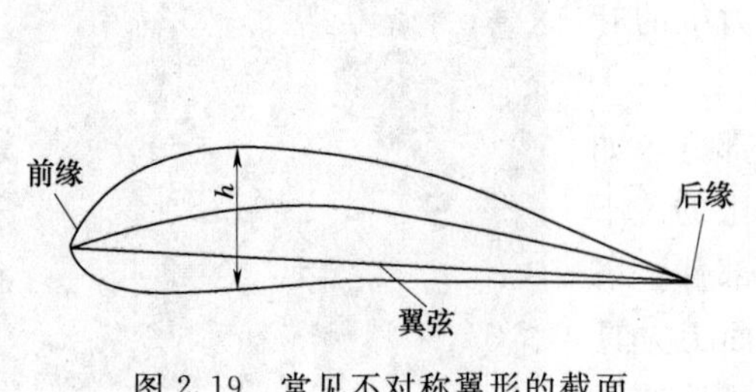

图 2.19 常见不对称翼形的截面

h—最大厚度

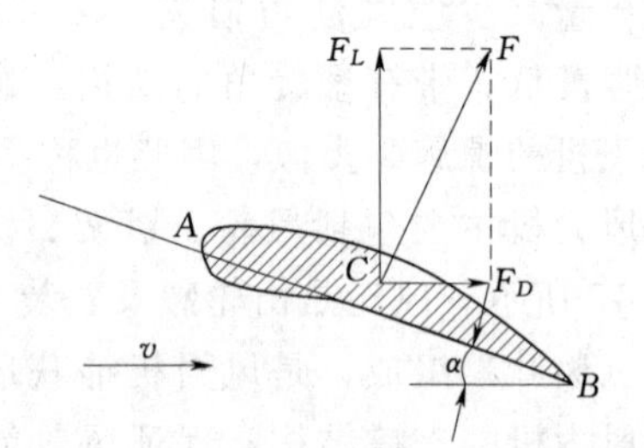

图 2.20 气流作用在翼形上的力

在与飞行器设计有关的空气动力学中，升力是促使飞行器飞离地面的力，因而称为升力。在实际的应用中，升力也有可能是侧向力（如在帆船上）或者是向下的力（如在赛车的限流板上）。当攻角为 0°时，升力最小。当气流方向与物体表面垂直时，物体受到的阻力最大。

空气的压力与气流的速度有一定的对应关系，流速越快，压力越低，这种现象称为伯努利效应。对于图 2.21 所示的翼形，上表面凸起部分的气流较快，造成上表面的空气压力比下表面明显要低，从而对冀形物体产生向上的“吸入”作用，增大升力。

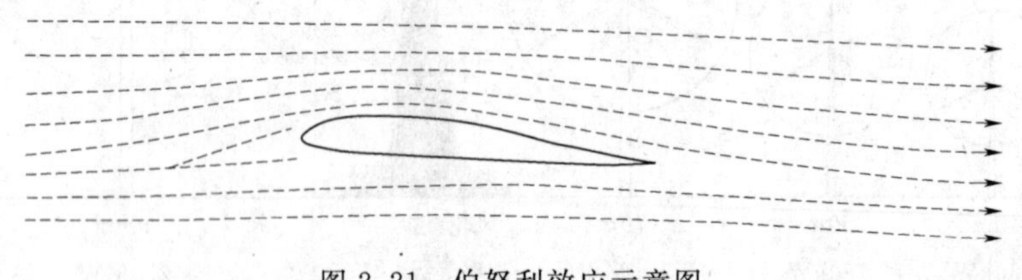

图 2.21 伯努利效应示意图

翼形设计的目的，就是为了获得适当的升力或阻力，推进风力机旋转。升力和阻力都正比于风能强度。处于风中的风力机的叶片，在升力、阻力或者二者共同作用下，使风轮发生旋转，在其轴上输出机械功率。

攻角与叶片的安装角度有关。叶片的安装角称为节距角，有时也称为桨距，常用字母 θ 表示。当风轮旋转时，叶片在垂直于气流运动的方向上也与气流有相对运动，因而实际的攻角 α 与叶片静止时的攻角不一样。

如图 2.22 所示，x 轴表示气流运动方向，y 轴以坐标原点为中心形成的旋转面代表风轮的旋转面，叶片的准线与风轮旋转面之间的夹角 θ 称为叶片安装角，即桨距或节距角。y 轴方向表示风轮旋转时叶片某横截面的移动方向。若以旋转的叶片为参考系，则气流与叶片之间存在与 y 轴方向相反的相对运动，考虑到气流沿着 x 轴方向的实际运动，于是气流相对于运动叶片的作用方向如图 2.22 中 W_r 所示。因此，对于同样的水平方向的风，叶片旋转时的攻角和叶片静止时的攻角有所不同。

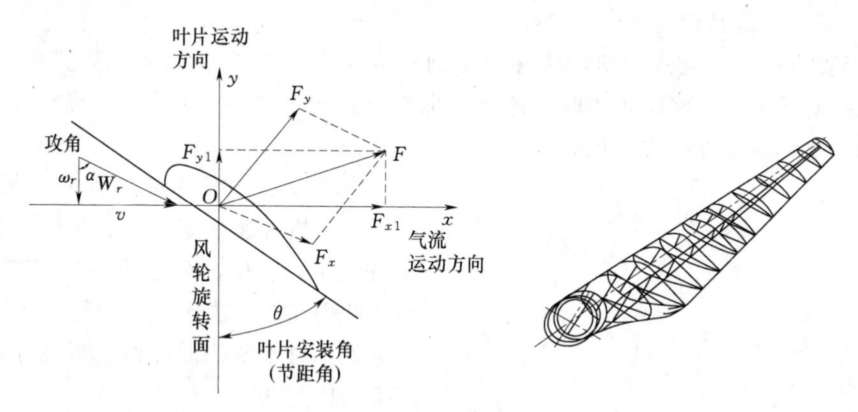

图 2.22　旋转叶片的受力

风力机可以是升力装置（即升力驱动风轮），也可以是阻力装置（阻力驱动风轮）。设计者一般喜欢利用升力装置，因为升力比阻力大得多。

2. 风能利用系数和风力机的效率

如果吹到风轮的风，其全部动能都被叶片吸收，那么空气经过风轮之后就静止不动了。众所周知，这是不可能的。即使垂直通过风轮旋转面的风能也不会全部被风轮吸收，所以任何类型风力机都不可能将接触的风能全部转化为机械能，风能捕获效率总是小于 1。

风力机能够从风中吸取的能量，与风轮扫过面积内的全部风能（气流未受风轮干扰时所具有的能量）之比，称为风能利用系数。风能利用系数 C_p 为

$$C_p=\frac{P}{0.5\rho Sv^3} \tag{2.12}$$

式中　P——风力机实际获得的轴功率，W；

ρ——空气密度，kg/m^3；

S——风轮扫风面积，m^2；

v——上游风速，m/s。

德国科学家贝茨（Betz）于 1926 年建立了著名的风能转化理论，即贝茨理论。根据贝茨理论，风力机的风能利用系数的理论最大值为 0.593。

C_p 值越大，表示风力机能够从风中获取的能量比例越大，风力机的风能利用率也就越高。风能利用系数主要取决于风轮叶片的设计（如攻角、桨距角、叶片翼形）以及制造水平，还和风力机的转速有关。高性能的螺旋桨式风力机，C_p 值一般在 0.45 左右。

风力机的效率，还要考虑风力机本身的机械损耗，与风能利用系数不是一个概念。

3. 叶尖速比与容积比

叶片的叶尖旋转速率与上游未受干扰的风速之比，称为叶尖速比，常用字母 λ 表示，

即
$$\lambda = \frac{2\pi Rn}{v} = \frac{\omega R}{v} \tag{2.13}$$

式中 n——风轮的转速，r/min；

R——叶尖的半径，m；

v——上游风速，m/s；

ω——风轮旋转角速度，rad/s。

风能利用系数 C_p 与风力机叶尖速比 λ 的对应关系，如图 2.23 所示，其中 β 为桨距角。可见，对于给定的桨距角当叶尖速比 λ 取某一特定值时 C_p 值最大，与 C_p 最大值对应的叶尖速比称为最佳叶尖速比。

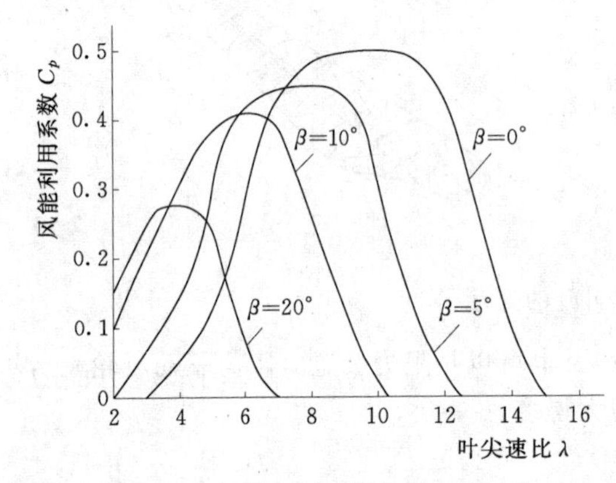

图 2.23 风能利用系数与风力机叶尖速比的对应关系

为了使 C_p 维持最大值，当风速变化时，风力机转速也需要随之变化，使之运行于最佳叶尖速比。对于任一给定的风力机，最佳叶尖速比取决于叶片的数目和每片叶片的宽度。对于现代低容积比的风力机，最佳叶尖速比为 6～20。

“容积比”（solidity，有时也称实度）表示“实体”在扫掠面积中所占的百分数。多叶片的风力机具有很高的容积比，因而被称为高容积比风力机；具有少数几个窄叶片的风力机则被称为低容积比风力机。

为了有效地吸收能量，叶片必须尽可能地与穿过转子扫掠面积的风相互作用。高容积比、多叶片的风力机叶片以很低的叶尖速比与几乎所有的风作用；而低容积比的风力机叶片为了与所有穿过的风相互作用，就必须以很高的速度“填满”扫掠面积。如果叶尖速比太低，有些风会直接吹过转子的扫掠面积而不与叶片发生作用；如果叶尖速比太高，风力机会对风产生过大的阻力，一些气流将绕开风力机流过。

多个叶片会互相干扰，因此总体上高容积比的风力机比低容积比的风力机效率低。在低容积比的风力机中，三叶片的风轮效率最高，其次是双叶片的转子，最后是单叶片的转子。不过，多叶片的风力机一般要比少叶片的风力机产生更少的空气动力学噪声。

风力机从风中吸收的机械能，在数值上等于叶片的角速度与风作用于风轮的力矩之乘积。对于一定的风能，角速度小，则力矩大；反之角速度大，则力矩小。例如，低速风力机的输出功率小，扭矩系数大，因此用于磨面和提水的风力机，常采用多叶片风力机。而高速风力机效率高、输出功率大，因此风力发电常采用 2～3 个叶片的低容积比高速风力机。

4. 工作风速和功率的关系

风力机捕获风能转变为机械功率输出的表达式为
$$P_m = C_p P_w = 0.5 C_p \rho A v_w^3 \tag{2.14}$$

其中
$$A = \pi R^2$$

式中 P_m——风轮输出功率，W；

P_w——风的功率，W；

C_p——风能利用系数；

ρ——空气密度，kg/m^3；

A——风力机叶片扫掠面积，m^2；

R——风轮旋转面的半径，m；

v_w——风速，m/s。

风力机输出功率与空气密度 ρ、风速 v_w、叶片半径及和风能利用系数 C_p 都有关。由于无法对空气密度、风速、叶片半径等进行实时控制，为了实现风能捕获最大化，唯一的控制参数就是风能利用系数 C_p。

实际上，风力机并不是在所有风速下都能正常工作。各种型号的风力机通常都有一个设计风速，或称额定工作风速。在该风速下，风力机的工况最为理想。

当风力机启动时，有一个最低扭矩要求，启动扭矩小于这一最低扭矩，就无法启动。启动扭矩主要与叶轮安装角和风速有关，因此风力机就有一个启动风速，称为切入风速。

风力机达到标称功率输出时的风速称为额定风速。在该风速下风力机提供额定功率或正常功率。风速提高时，可利用调节系统，使风力机的输出功率保持恒定。

当风速超过技术上规定的最高允许值时，风力机就有损坏的危险，基于安全方面的考虑（主要是塔架安全和风轮强度），风力机应立即停转。该停机风速称为切出风速。

世界各国根据各自的风能资源情况和风力机的运行经验，制定了不同的有效风速范围及不同的风力机切入风速、额定风速和切出风速。

对于风能转换装置而言，可利用的风能是在切入风速到切出风速之间的有效风速范围内，这个范围的风能即有效风能，在该风速范围内的平均风功率密度称为有效风功率密度。中国有效风能所对应的风速范围是 3～25m/s。

2.3.3 风力机的功率调节方式

对应于不同的风速，如果能够适当调节风力机的叶尖速比，就可以保证风力机具有较高的风能利用系数，即最大限度地捕捉风能，进而使整个风力发电系统尽可能获得最大的功率输出。当风速超过额定风速太多时，还应该采取适当的保护措施，防止风力机的过载和破坏。

风力机的功率调节方式主要有以下两种类型。

1. *定桨距风力机功率调节*

定桨距指的是风轮叶片的桨距角固定不变，根据风力机叶片的失速特性来调节风力机的输出功率。定桨距失速型风力机的叶片有一定的扭角。在额定风速以下，空气沿叶片表面稳定流动，叶轮吸收的能量随空气流速的上升而增加；当风速超过额定风速后，风力机叶片翼形发生变化，在叶片后侧，空气气流发生分离，产生湍流，叶片吸收能量的效率急剧下降，保证风力机输出功率不随风速上升而增加。由于失速叶片自身存在扭角，因此叶片的失速从叶片的局部开始，随风速的上升而逐步向叶片全长发展，从而保证了叶轮吸收的总功率低于额定值，起到了功率调节的作用。定桨距失速功率调节型风力机依靠叶片外形完成功率的调节，机组结构相对简单，但机组结构受力较大。

定桨距风力机其风功率捕获控制完全依靠叶片的气动性能，优点是结构简单、造价低，同时具有较好的安全系数。缺点是难以对风功率的捕获进行精确地控制。

2. 变桨距风力机功率调节

变桨距风力机是通过调节风力机桨距角来改变叶片的风能捕获能力的输出功率，依靠叶片攻角的改变来保持叶轮的吸收功率在额定功率以下。

风力机启动时，调节风力机的桨距角，限制风力机的风能捕获以维持风力机转速恒定，为发电机组的软并网创造条件。当风速低于额定风速时，保持风力机桨距角恒定，通过发电机调速控制使风力机运行于最佳叶尖速比，维持风力机组在最佳风能捕获效率下运行。当风速高于额定风速时，调节风力机桨距角，使风轮叶片的失速效应加深，从而限制风能的捕获。

与定桨距失速型功率调节相比较，变桨距功率调节可以使风力发电机组在高于额定风速的情况下保持稳定的功率输出，可提高机组的发电量3%～10%，并且机组结构受力相对较小。但是，变桨距功率调节需要增加一套桨距调节装置，控制系统较为复杂，设备价格较高，而且对风速的跟踪有一定的延时，可能导致风力机的瞬间超载。同时，风速的不断变化会导致变桨机构频繁动作，使机构中的关键部件变桨轴承承受各种复杂负载，其寿命一般仅为4～5年，使得维修费用昂贵，机组可靠性大大降低。

随着风电技术的成熟和设备成本降低，变桨距风力机将得到广泛的应用。

2.4　风力发电机组

2.4.1　风力发电机组及其构成

实现风力发电的成套设备称为风力发电系统，或者风力发电机组（简称风力电机组）。

风力发电机组完成的是“风能—机械能—电能”的二级转换。风力机将风能转换成机械能，发电机将机械能转换成电能输出。因此，从功能上说，风力发电机组由两个子系统组成，即风力机及其控制系统、发电机及其控制系统。

目前世界上比较成熟的风力发电机组多采用螺旋桨式水平轴风力机。能够从外部看到的风力发电机组，主要包括三个部分，即风轮、机舱和塔架。另外，机舱底盘和塔架之间有回转体，使机舱可以水平转动。

实际上，除了外部可见的风轮、机舱、塔架以外，风力发电机组还有对风装置（也称调向装置、偏航装置）、调速装置、传动装置、制动装置、发电机、控制器等部分，都集中放在机舱内。

如图2.24所示为NORDEX公司生产的兆瓦级双馈风力发电机组的结构。

此外，塔架和风力机都有遭受雷击的可能性。尤其是布置在山顶或耸立在空旷平地的风力机，最容易成为雷击的目标。避雷针等防雷措施也是风力发电机组应该包括的部分。

2.4.2　风力发电机

发电机是风力发电的核心设备，利用电磁感应现象把由风轮输出的机械能转变为电能。

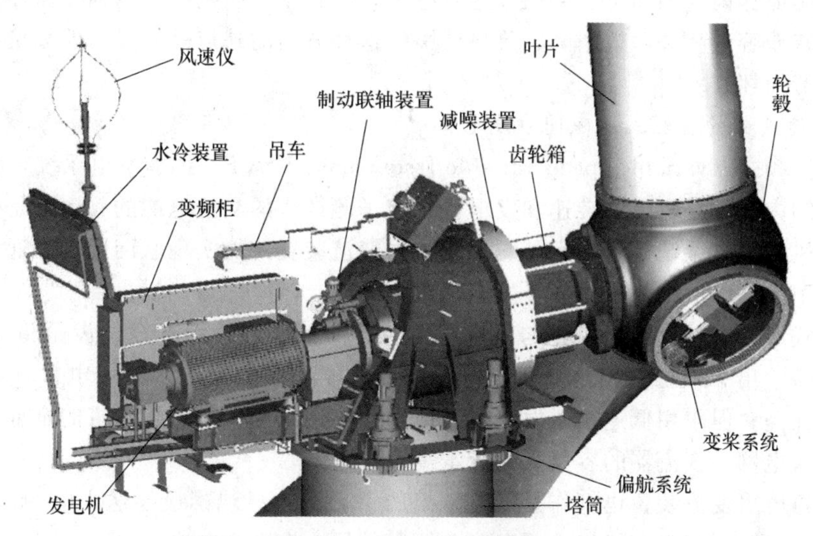

图 2.24 兆瓦级双馈风力发电机组的结构

小功率风力发电，过去普遍采用直流发电机，现在已逐步被交流发电机所取代。大中型风力发电机，大多数均采用交流发电机。

送给用户或送入电网的电能，一般要求是频率固定的交流电（我国规定为 50Hz 的工频）。由于风能本身的波动性和随机性，传统风力发电机输出的电压频率很难一直满足频率要求。

如今，风力发电机大多通过基于电力电子技术的换流器并网，并且衍生出一些新型的风力发电机结构。

目前，主流的大中型风力发电机包括以下类型。

1. 恒速恒频的笼式感应发电机

恒速恒频式（constant speed constant frequency，CSCF）风力发电系统，特点是在有效风速范围内，发电机组的运行转速变化范围很小，近似恒定；发电机输出的交流电能频率恒定。通常该类风力发电系统中的发电机组为鼠笼式感应发电机组。

恒速恒频式风力发电机组都是定桨距失速调节型。通过定桨距失速控制的风力机使发电机的转速保持在恒定的数值，继而使发电机并网后定子磁场旋转频率等于电网频率，因而转子、风轮的速度变化范围小，不能保持在最佳叶尖速比，捕获风能的效率低。

2. 变速恒频的双馈感应式发电机

变速恒频式（variable speed constant frequency，VSCF）风力发电系统，特点是在有效风速范围内，允许发电机组的运行转速变化，而发电机定子发出的交流电能的频率恒定。通常该类风力发电系统中的发电机组为双馈感应式异步发电机组。

双馈感应式发电机结合了同步发电机和异步发电机的特点。这种发电机的定子和转子都可以和电网交换功率，双馈因此而得名。

双馈感应式发电机，一般都采用升速齿轮箱将风轮的转速增加若干倍，传递给发电机转子转速明显提高，因而可以采用高速发电机，体积小，质量轻。双馈变流器的容量仅与发电机的转差容量相关，效率高、价格低廉。这种方案的缺点是升速齿轮箱价格贵，噪声大、易疲劳损坏。

3. 变速变频的直驱式永磁同步发电机

变速变频式（variable speed variable frequency，VSVF）风力发电系统，特点是在有效风速范围内，发电机组的转速和发电机组定子侧产生的交流电能的频率都是变化的。因此，此类风力发电系统需要在定子侧串联电力变流装置才能实现联网运行。通常该类风力发电系统中的发电机组为永磁同步发电机组。

直驱式风力发电机组，风轮与发电机的转子直接耦合，而不经过齿轮箱，“直驱式”因此而得名。出于风轮的转速一般较低，因此只能采用低速的永磁发电机，因为无齿轮箱，可靠性高；但采用低速永磁发电机，体积大，造价高；而且发电机的全部功率都需要变流器送入电网，变流器的容量大，成本高。

如果将电力变流装置也算作是发电机组的一部分，只观察最终送入电网的电能特征，那么直驱式永磁同步发电机组也属于变速恒频的风力发电系统。

变速恒频的风力发电机组（包括双馈感应式发电机组和直驱式永磁同步发电机组）都是变速变距型的。通过调速器和变桨距控制相结合的方法使风轮转速可以跟随风速的变化，保持最佳叶尖速比运行，从而使风能利用系数在很大的风速变化范围内均能保持最大值，能量捕获效率最大，据说可以提高机组的发电量3%～10%，并且机组结构受力相对较小。发电机发出的电能通过变流器调节，变成与电网同频、同相、同幅的电能输送到电网。从性能上来讲，变速型风力发电机组具有明显的优势。

2.4.3 传动和控制机构

除了风轮和发电机这两个核心部分，风力发电机组还包括一些辅助部件，用来安全、高效地利用风能，输出高质量的电能。

1. 传动机构

虽说用于风力发电的现代水平轴风力机大多采用高速风轮，但相对于发电的要求而言，风轮的转速其实并没有那么高。考虑到叶片材料的强度和最佳叶尖速比的要求，风轮的转速大约是18～33r/min。而常规发电机的转速多为800r/min或1500r/min。

对于容量较大的风力发电机组，由于风轮的转速很低，远达不到发电机发电的要求，因而可以通过齿轮箱的增速作用来实现。风力发电机组中的齿轮箱也称增速箱。在双馈式风力发电机组中，齿轮箱就是一个不可缺少的重要部件。大型风力发电机的传动装置，增速比一般为40～50。这样，可以减轻发电机质量，从而节省成本。

也有一些采用永磁同步发电机的风力发电系统，在设计时由风轮直接驱动发电机的转子，而省去齿轮箱，以减轻质量和噪声。

对于小型的风力发电机组，由于风轮的转速和发电机的额定转速比较接近，通常可以将发电机的轴直接连到风轮的轮毂。

2. 对风系统（偏航系统）

自然界的风，方向多变。只有让风垂直地吹向风轮转动面，风力机才能最大限度地获得风能。为此，常见的水平轴的风力机需要配备调向系统，使风轮的旋转面经常对准风向（简称对风）。

对于小容量风力发电机组，往往在风轮后面装一个类似风向标的尾舵（也称尾翼），来实现对风功能。

对于容量较大的风力发电机组，通常配有专门的对风装置——偏航系统，一般由风向传感器和伺服电动机组合而成。大型机组都采用主动偏航系统，即采用电力或液压拖动来完成对风动作，偏航方式通常采用齿轮驱动。

一般大型风力机在机舱后面的顶部（机舱外）有两个互相独立的传感器（风速计和风向标）。当风向发生改变时，风向标登记这个方位，并传递信号到控制器，然后控制器控制偏航系统转动机舱。

3. 限速和制动装置

风轮转速和功率随着风速的提高而增加，风速过高会导致风轮转速过高和发电机超负荷，危及风力发电机组的运行安全。限速安全机构的作用是使风轮的转速在一定的风速范围内基本保持不变。

风力发电机一般还设有专门的制动装置，当风速过高时使风轮停转，保证强风下风力发电机组的安全。

2.4.4 塔架和机舱

机舱除了用于容纳所有机械部件外，还承受所有外力。

塔架是支承风轮和机舱的构架，目的是把风力发电装置架设在不受周围障碍物影响的高空中，其高度视地面障碍物对风速影响的情况，以及风轮的直径大小而定（图 2.25）。现代大型风力发电机组，塔架高度有的已达 100m。

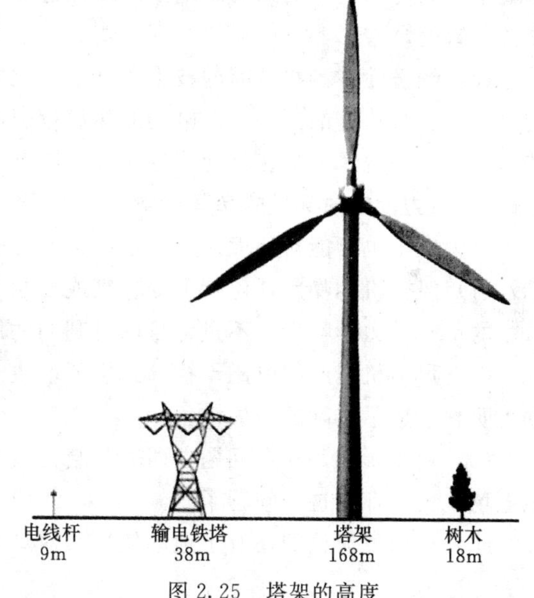

图 2.25 塔架的高度

塔架除了起支撑作用，还要承受吹向风力机和塔架的风压，以及风力机运行中的动荷载。此外，塔架还能吸收风中机组的震动。

2.5 风 电 场

风电场的概念于 20 世纪 70 年代在美国提出，很快在世界各地普及。如今，风电场已经成为大规模利用风能的有效方式之一。

风电场是在某一特定区域内建设的所有风力发电设备及配套设施的总称。在风力资源丰富的地区，将数十至数千台单机容量较大的风力发电机组集中安装在特定场地，按照地形和主风向排成阵列，组成发电机群，产生数量较大的电力并送入电网，这种风力发电的场所就是风电场。

风电场具有单机容量小、机组数目多的特点。例如，建设一个装机容量5万kW的风电场，若采用目前技术比较成熟的1.5MW“大容量”机组，也需要33台风力发电机组。

与陆上风电场相比，海上风电场建设的技术难度较大，所发电能需要铺设海底电缆输送。海上风电场的优点主要是不占用宝贵的土地资源，基本不受地形地貌影响，风速更高，风能资源更为丰富，风力发电机组单机容量更大，年利用小时数更高。

2.5.1 风力发电的优点

风力发电具有很多优点，具体如下：

(1) 没有直接的污染物排放。风力发电不涉及燃料的燃烧，因而不会释放二氧化碳，不会形成酸雨，也不会造成水资源的污染。

(2) 不需要水参与发电过程。水力发电和海洋能发电需要以水为动力。火力发电、核电、太阳能热发电、地热发电、生物质燃烧发电等形式，需要以水蒸气作为工作物质，也需要水作为冷却剂；而风力发电不涉及热过程，因而不需要消耗水。这个优点对于目前水资源短缺的严峻形势来说显得极其重要。

(3) 经济性好。在当前的技术条件下，大力发展风力发电，可能是减少二氧化碳排放的最经济、最快速的方法。风电场的建设投资虽然较高，但一旦建成，后续的运行和维护费用较低。一台风力机在其使用寿命中，所产生的能量大约是它所消耗能量的80倍。

2.5.2 风力发电对环境的负面影响

风力发电也可能对环境造成一定的负面影响，具体如下：

(1) 风力机的噪声，包括由变速箱或控制电机引起的机械噪声和叶片与空气相互作用产生的空气动力学噪声。不过，目前可利用的风力机基本都符合噪声的环保标准。

(2) 风力机引起的电磁干扰，这主要取决于叶片和培架的材料与形状。不过尚未有证据表明它造成了实际的损失。

(3) 视觉影响。这个问题在西方社会比较关注，存在一定的争议。在远离人类居住的风电场，就不存在这个问题了。

此外，引发讨论的还有土地的使用、对鸟类的影响等。

2.6 风力发电的发展

2.6.1 风力发电的发展历史

19世纪末，丹麦人首先研制出了风力发电机，并对风道进行了研究。1890年，丹麦政府制订了一项风力发电计划。到1908年，丹麦就设计制造出了72台5～25kW的风力发电机，1918年发展到120台。

世界第一座发电站于1891年在丹麦建成。PoullA Cour先前建造的实验风机至今仍保留在丹麦的Askov。

第一次世界大战后，随战争发展起来的螺旋桨式飞机以及近代空气动力学理论，为现代螺旋桨式叶片风轮的设计奠定了理论基础。

世界第一台螺旋桨式大型风力发电机，于1931年在苏联建成，风能利用系数达0.32。

到20世纪30年代，已有十几家公司生产和出售风力发电机，单机容量都在5kW以下。

第二次世界大战前后，燃煤和石油的短缺使人们对风电的需求逐渐增长，一些工业国家开始研究大中型风力发电机，多用高速螺旋桨式水平轴风力机。丹麦研制的12kW、45kW和200kW风力发电机，相继投入运行且并入公用电网。法国于1950年和1958年分别制造过130kW和800kW的风力发电机，后来叶片折断，终止发电。

美国和欧洲一些国家还相继建造了一批大型风力发电机组。

世界第一台兆瓦级风力发电机于1941年在美国建成，容量为1.25MW，风轮直径53.3m，塔架高45m。到1945年3月叶片被大风吹断而停止运转，运行了4年多。

英国于1953年建造了一台离心甩出式（andreau）风力机，在14m/s风速时，发电功率为100kW，但效率比较低。

1957年，Johannes Juul建造的Geder风力机，由一个发电机和三个旋转叶片组成，已经初步具有现代风力机的样子，是现代风力机的雏形。

20世纪70年代以来，随着世界性能源危机和环境污染日趋严重，曾因石油的发现和煤的大规模开采而受冷落的风能开发，又在世界各国崛起。德国、丹麦、西班牙、英国、荷兰等国，在风力发电技术研究和应用上投入了相当大的人力及资金，研制出了高效、可靠的风力发电机，为风电的大规模发展提供了条件。

荷兰重新成为世界风车的王国。丹麦成为世界最大风车生产国，曾经制造出当时世界最大的57m高2MW风力发电装置，并在日德兰半岛西岸投入运行。英国对风能也寄予很大的期望，近年，英国的风力发电至少能满足本国20%的电力需要。美国也自1974年开始执行联邦风能规划。

1979年，Vestas公司为其客户交付了第一批风力机，并开始致力于在可再生能源领域的投资。2004年初，Vestas公司与NEG Micon公司合并，无可争议地成为风电行业的全球领导者。

近年来，近海风能资源的开发进一步加快了大容量风力发电机组的发展。世界上已运行的最大风力发电机组单机容量已达到5MW，而6MW风力发电机组也已研制成功。发展大功率、大容量风力机是今后风力机发展的一个趋势。

2.6.2 世界风电发展状况

2.6.2.1 陆上风电

1. 全球风电新增、累计装机容量统计

根据GWEC的统计，截至2019年年底，全球风电累计装机容量为651GW，较2001年年底增长超过26倍，年均复合增长率为20.12%。

从新增装机容量来看，2019年全球风电新增装机容量为60.4GW，较2001年增长超过8倍，年均复合增长率为13.18%。风电作为现阶段发展最快的可再生能源之一，在全球电力生产结构中的占比正在逐年上升，拥有广阔的发展前景。根据GWEC的预测，未来5年全球将新增超过355GW装机容量，在2020—2024年间每年新增装机容量均超过

65GW。2011—2019 年全球风电新增、累计装机容量统计如图 2.26 所示。

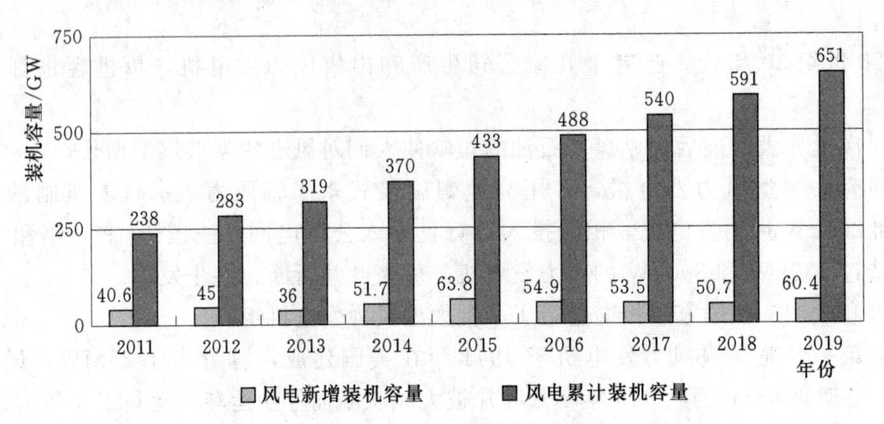

图 2.26 2011—2019 年全球风电新增、累计装机容量统计

2. 全球陆地风电累计装机容量统计表

目前，全球已有 90 多个国家建设了风电项目，主要集中在亚洲、欧洲、美洲。从各国分布来了看，截至 2019 年年底，中国、美国、印度、西班牙和瑞典为全球陆地风电累计装机容量排名前五的国家，陆地风电累计装机容量占全球陆地风电装机容量的 37%、17%、9%、6%和 4%，合计占比为 73%。2019 年全球各个国家陆地风电装机容量分布如图 2.27 所示。

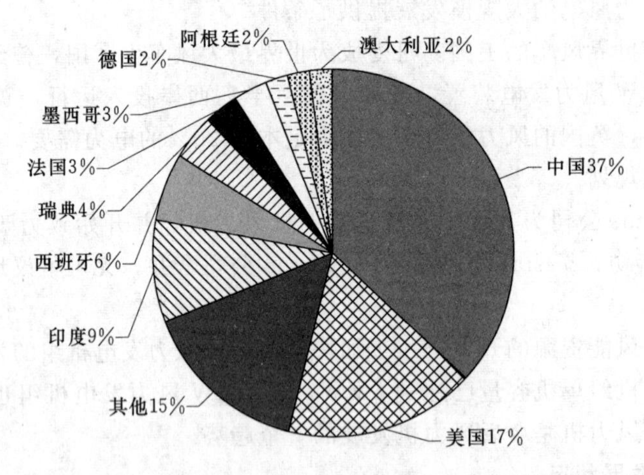

图 2.27 2019 年全球各个国家陆地风电装机容量分布

从新增装机容量来看，2019 年，全球陆地新增装机容量排名前五的国家为中国、美国、印度、西班牙和瑞典。陆地新增装机容量占 2019 年全球陆地风电新增装机容量的比例分别为 44%、17%、4%、4%和 3%，合计占比为 72%。2019 年全球各个国家陆地风电新增装机容量分布如图 2.28 所示。

3. 中国风电新增、累计装机容量统计

无论是累计装机容量还是新增装机容量，中国都已经成为世界规模最大的风电市场。根据中国风能协会的统计，截至 2019 年年底，全国风电累计装机容量为 21 亿 kW，其中

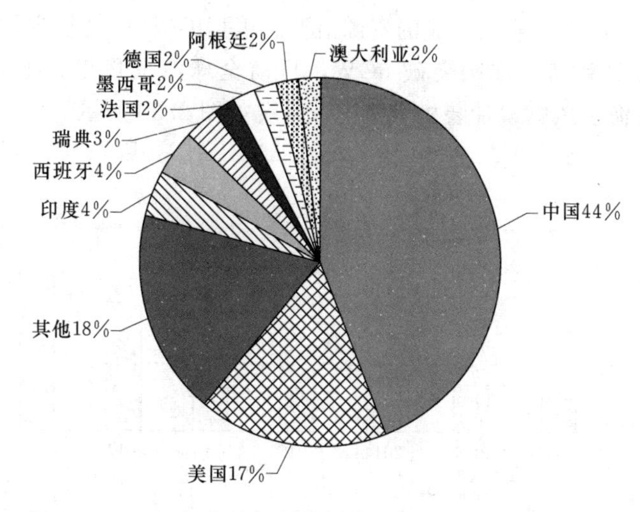

图 2.28 2019 年全球各个国家陆地风电新增装机容量分布

陆上风电累计装机 2.04 亿 kW、海上风电累计装机 593 万 kW，风电装机占全部发电装机的 10.4%。

从新增装机容量来看，2019 年，全国风电新增并网装机 2574 万 kW，其中陆上风电新增装机 2376 万 kW、海上风电新增装机 198 万 kW（图 2.29）。

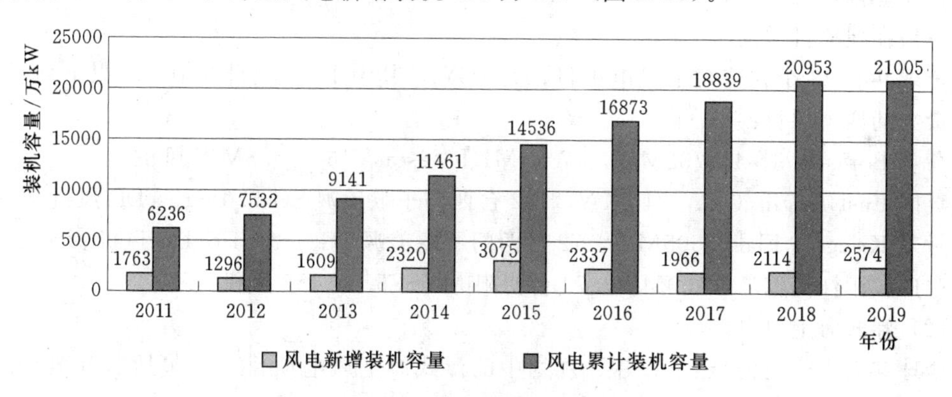

图 2.29 2011—2019 年中国风电新增、累计装机容量统计

从中国近年来的电力能源看，风电已经成为仅次于火电和水电的第三大电力来源。2019 年风电发电量为 4057 亿 kW·h，占全国发电量的 5.54%。2010 年和 2019 年中国风电来源构成如下。

2.6.2.2 海上风电

1. 全球海上风电累计装机统计

作为风电的重要组成部分，海上风电在技术和政策的支持下快速发展，并大力加快全球风电开发进程。因海上风力资源丰富且风源稳定，将风电场从陆地向海上发展在全球已经成为一种新趋势。

海上风电的优势主要是风速较陆上更大，风垂直切变更小，湍流强度小，有稳定的信号主导方向，年利用小时长。此外，海上风电不占用土地资源，且接近沿海用电负荷中心，就地消纳避免了远距离输电造成的资源浪费。根据 GWEC 的统计，2019 年全球海上风电新增装机创历史新高，首次突破 6GW，目前全球海上风电总装机量超过 29GW。2011—2019 年全球海上风电累计装机容量统计情况如图 2.30 所示。

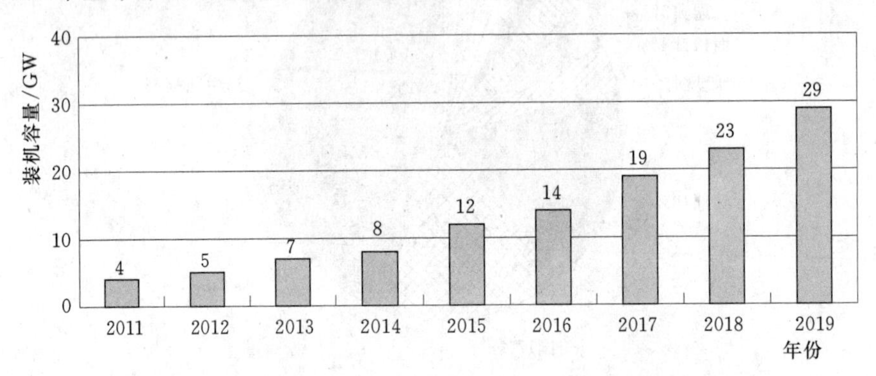

图 2.30 2011—2019 年全球海上风电累计装机容量统计情况

已投运项目装机容量（所有风机全部投运）：英国依然是全球海上风电的老大，累计装机容量 9.7GW；德国排名第二，为 7.5GW；中国首次登上前三位置，为 4.9GW。

在建项目装机容量（未全部投运，至少安装了一台风机基础）：中国以 3.7GW 遥遥领先；荷兰排名第二，为 1.5GW。

（1）在建项目举例。

全球共有 23 个在建海上风电项目，共 7GW，其中 13 个项目在中国，以下列举装机容量最大的四个项目：

荷兰 Borssele 3&4，732MW，77 台 MHI VestasV164 - 9.5MW 风机。

英国 East Anglia One，714MW，102 台西门子歌美飒 SG 7.0 - 154 DD 风机。

丹麦 Kriegers Flak，605MW，72 台西门子歌美飒 SG 8.0 - 167 DD 风机。

中广核阳江南鹏岛，400MW，73 台明阳 MYSE5.5 - 155 风机。

（2）浮式海上风电。

全球共有 10 个已投运、在建、规划中的浮式海上风电项目（不包括示范项目），超过 1GW。

已投运项目（所有风机全部投运）1 个：苏格兰 Hywind Scotland，30MW。

在建项目（未全部投运，至少安装了一台风机）2 个：葡萄牙 Windfloat Atlantic，25MW；英国 Kincardine，50MW。

规划中项目 7 个，分布在法国、挪威、韩国。

2. 中国海上风电快速发展

与全球风电行业发展趋势保持一致，在中国风电行业整体快速发展的情况下，海上风电发展速度快于风电行业整体发展速度。截至 2019 年年底，海上风电累计装机容量 593 万千瓦。2011—2019 年中国海上风电累计装机容量统计如图 2.31 所示。

由于我国风电建设在一定时期内保持高速增长，而由于电源调峰能力有限、配套电网规划建设存在滞后，弃风限电现象一度较为严重。

2016 年 7 月，国家能源局下发《关于建立监测预警机制促进风电产业持续健康发展

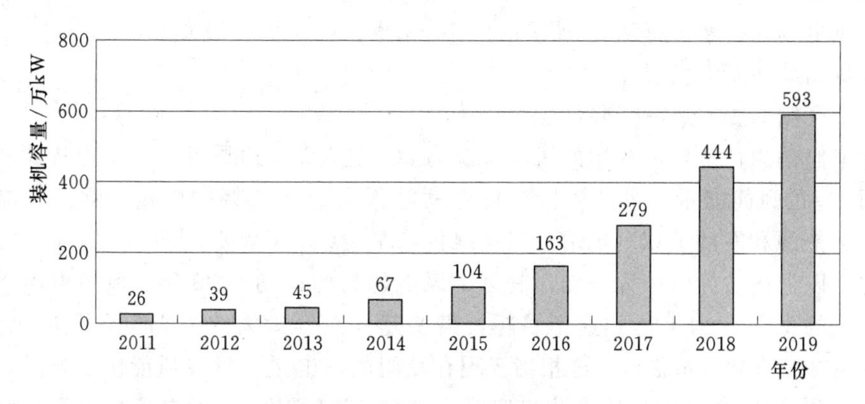

图 2.31 2011—2019 年中国海上风电累计装机容量统计

的通知》，建立了风电投资监测预警机制。预警程度由高到低分为红色、橙色、绿色三个等级，风电投资监测预警结果用于指导各省（自治区、直辖市）风电开发投资。

随通知同时公示的第一批全国风电投资监测预警结果中，吉林、黑龙江、甘肃、宁夏、新疆即为红色，对于该等地区，国家能源局在当年不下达年度开发建设规模、地方暂缓核准新的风电项目（含已纳入年度开发建设规模的项目）、电网企业不再办理新的接网手续。

此后，在一系列针对可再生能源消纳、特高压输电线路建设等政策推动下，弃风限电情况逐步好转。根据国家能源局发布的《2019 年风电并网运行情况》，2019 年全国风电平均利用小时数为 2082 小时，全年弃风电量 169 亿 kW·h，同比减少 108 亿 kW·h，平均弃风率 4%，同比下降 3 个百分点，弃风限电状况进一步得到缓解。2013—2019 年中国风电平均弃风变化率情况如图 2.32 所示。

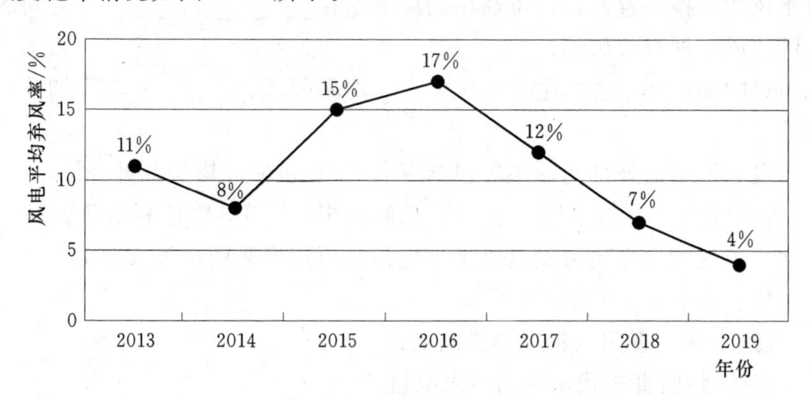

图 2.32 2013—2019 年中国风电平均弃风率变化情况

2.6.3 风电的发展前景

风力发电技术是目前可再生能源利用中技术最成熟的、最具商业化发展前景的利用方式，也是 21 世纪最具规模开发前景的新能源之一。合理利用风能，既可减少环境污染，又可减轻目前越来越大的能源短缺给人类带来的压力。

未来风力发电技术将向着以下几个方向发展：

（1）单机容量增大。

(2) 风电场规模增大将从20MW级向100MW、1000MW级发展。

(3) 从陆地向海上发展。

(4) 生产制造成本进一步降低。

据专家们估测，全球可利用的风能资源为200亿kW，约是可利用水力资源的10倍。如果利用1%的风能能量，可产生世界现有发电总量8%～9%的电量。欧洲风能联合会(EWEA)、能源和发展论坛(FED)以反绿色和平组织(EWEA)于2002年联合发表了一篇报告，以上述估计值作为基础，制订了风能的目标；到2020年，风力发电将占到全球发电总量的12%。为了达到这个目标，需要建立总容量大约为1260GW的风能装置，每年可发电3000TW·h左右。这相当于现在欧盟的用电量。世界风能协会预计，从世界范围来看，预计到2020年，风电装机容量会达到1231GW，年发电量相当于届时世界电力需求的12%，与上述报告的结论一致。风电会满足世界20%电力需求的方向发展，相当于今天的水电，有研究显示到2040年大致可实现这一目标标。届时将创造179万个就业机会，风电成本下降40%，减少排放100多亿t二氧化碳。因此，在建设资源节约型社会的国度里，风力发电已不再是无足轻重的补充能源，而是最具有发展前景的新兴能源产业。

习 题

1. 填空题

(1) 常用________、________和________等来描述风的情况。

(2) 叶尖速比是指________与________之比。

(3) 对于风能转换装置而言，可利用的风能是在________到________之间的有效风速范围这个范围的风能即有效风能。

(4) 风力机的功率调节方式主要有________功率调节、________功率调节两种类型。

2. 选择题

(1) 风力发电机组的外部构造主要包括(　　)、机舱和塔架几部分。

A. 传动机构　　B. 风轮　　C. 偏航系统　　D. 限速和制动装置

(2) 目前，主流的大型风力发电机类型包括：恒速恒频的鼠笼式感应发电机，变速恒因感应式发电机，和(　　)三类。

A. 变速变频的直驱式永磁同步发电机

B. 空速恒频曲直驱式永磁同步发电机

C. 变速变频的双馈感应式发电机

D. 变速恒频的鼠笼式感应发电机

(3) 目前大型风力发电机的传动装置，增速比一般为(　　)。

A. 10～20　　B. 20～30　　C. 30～40

3. 分析设计题

(1) 想一想，在你的家乡或者你所熟悉的其他地区，建设了多大规模的风电场，并安装了什么类型的风机。

（2）比较各种类型风力机的特点和适用场合。

（3）尝试设计一种新型的风力机，并说明其优点。或者为现有风力机安排一种新的应用场景。

（4）试比较永磁同步直驱式和双馈感应式风电机组的结构、造价、适用场合和工作特性。

（5）调研国外或者国内典型风电场的情况，如世界最大的风电场，我国第一个风电场，最著名的海上风电场，等等。

（6）分析我国风力发电的前景和发展方向。

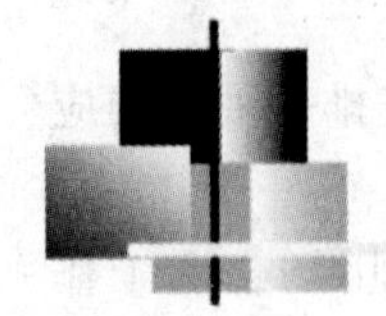

第3章

太阳能及其利用

太阳能是由太阳的氢经过核聚变而产生的一种能源。太阳寿命长，是一种无限的能源；太阳能不含有害物质、不排出二氧化碳，是一种清洁的能源；可见太阳能能量巨大，具有非枯竭、清洁等特点，是一种非常理想的能源。

太阳能光伏系统利用太阳的光能发电，发电功率、转换效率等与太阳能的一些特点、性质密切相关。本章介绍太阳能资源、太阳光的性质、直达以及散乱光、太阳光的频谱、分光感度特性、日射量的分布以及太阳能的应用领域等内容。

3.1 太阳能资源概述

太阳是一颗位于离银河系中心约3万光年位置的恒星，半径约为6.96×10^5km，质量大约为1.99×10^{30}kg，分别为地球的108倍、33万倍。太阳的中心温度大约为1400万K，表面温度约为5700K，离地球的距离约为1.5亿km。

太阳能是由太阳的氢经过核聚变而产生的一种能源。当4个氢原子经过融合变成一个氦原子核时，经过核聚变反应从而释放出相当于3.8×10^{19}MW的巨大电能。人们推测太阳的寿命至少还有几十亿年以上，因此对于地球上的人类来说，太阳能是一种无限的能源。

人类从地面所能采集到的能源中，来自太阳的能源约占99.98%，剩下的0.02%为地下热能。太阳能可转换成1.77×10^7MW的电能，相当于目前世界平均消费电能的几十万倍。

3.1.1 太阳能利用的形式

由于能源需求、人口的增加、环境污染以及可供开采的能源资源的减少等问题，人们不得不寻求解决这些问题的办法，而利用清洁、可再生的能源可以解决这些问题。太阳能的利用就是其中之一。

太阳能利用的形式多种多样，如热利用、照明、电力等。热利用就是将太阳能转换成热能，供热水器、冷热空调系统等使用。利用太阳光给室内照明，或通过光导纤维将太阳光引入地下室等进行照明。在电力方面的应用主要是利用太阳的热能和光能。一种是利用太阳的热能进行发电，这种方法是利用聚光得到高温热能，将其转换成电能的发电方式；另一种是利用太阳的光能进行发电，即利用太阳电池将太阳的光能转换成电能的发电方式。其他方面的应用有：使用太阳的热能和光能，通过催化作用经过化学反应制造氢能、甲醇等燃料，这种能源直接利用方式的效率较高。另外，使用光催化的涂料可以分解有害物质。

3.1.2 太阳能发电的特点

利用太阳电池发电是基于从光能到电能的半导体特有的量子效应原理。太阳能发电（这里主要指利用太阳的光能）所使用的能源是太阳能，而由半导体器件构成的太阳电池是太阳能发电的重要部件。太阳电池可以利用太阳的光能，将光能直接转换成电能，以分散电源系统的形式向负载提供电能。太阳能发电具有如下的特点。

1. 在利用太阳能方面

（1）能量巨大、非枯竭、清洁。

（2）到处存在、取之不尽、用之不竭。

（3）能量密度低、出力随气象条件而变。

（4）直流电能、无蓄电功能。

2. 将光能直接转换成电能方面

（1）阴天、雨天可利用散乱光发电。

（2）结构简单、无可动部分、无噪声、无机械磨损、管理和维护简便、可实现系统自动化、无人化。

（3）可以阵列为单位选择容量。

（4）重量轻、可作为屋顶使用。

（5）制造所需能源少、建设周期短。

3. 构成分散型电源系统

（1）适应发电场所的负载需要、不需输电线路等设备。

（2）适应昼间的电力需要、减轻峰电。

（3）电源多样化、提供稳定电源。

3.1.3 太阳能光伏发电的现状

根据国际可再生能源机构（IRENA）数据显示，2010—2019年全球光伏累计装机容量维持稳定上升趋势，2019年为578533MW，较2018年增长20.3%，预计未来一段时间还会继续维持增长趋势。

1. 全球光伏累计装机容量统计及增长情况

2010—2019年全球光伏累计装机容量统计及增长情况如图3.1所示。

2. 2019年全球光伏新增装机容量增长

根据国际可再生能源机构（IRENA）数据显示，2011—2019年全球光伏新增装机容量维持上升趋势，2019年新增装机容量为97569MW，较2018年增长0.2%。2011—2019年全球新增装机容量统计如图3.2所示。

3. 亚洲市场份额占比过半

根据国际可再生能源机构（IRENA）数据显示，2019年全球光伏累计安装容量市场份额主要来自于亚洲，亚洲累计安装容量为330427MW，占比为57.09%；欧洲累计安装容量为138539MW，占比为24.78%；北美累计安装容量为68276MW，占比为11.86%。2019年全球光伏累计装机容量区域市场份额统计情况如图3.3所示。

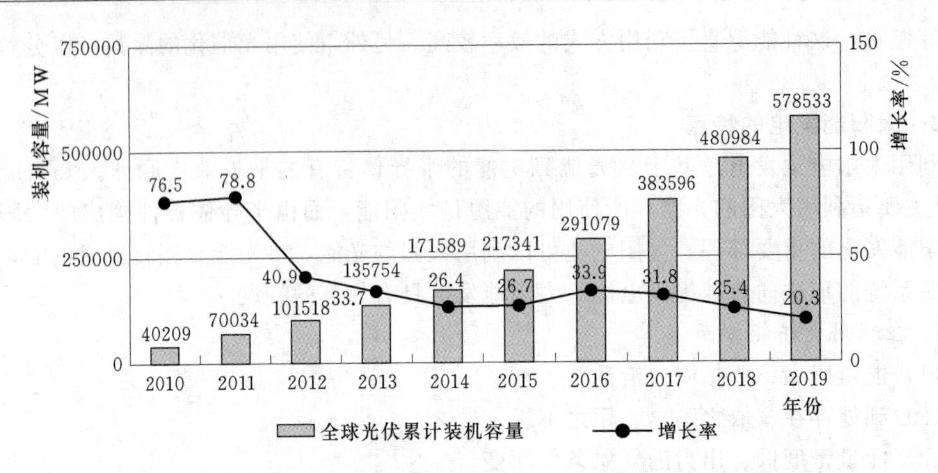

图 3.1 2010—2019 年全球光伏累计装机容量统计及增长情况

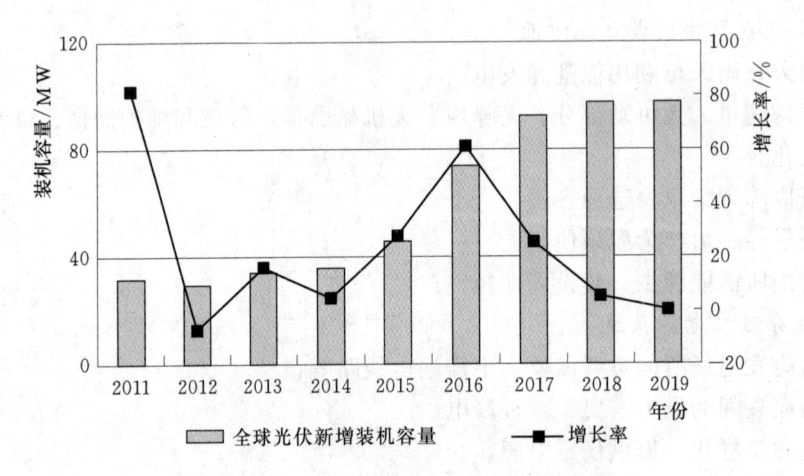

图 3.2 2011—2019 年全球新增装机容量统计

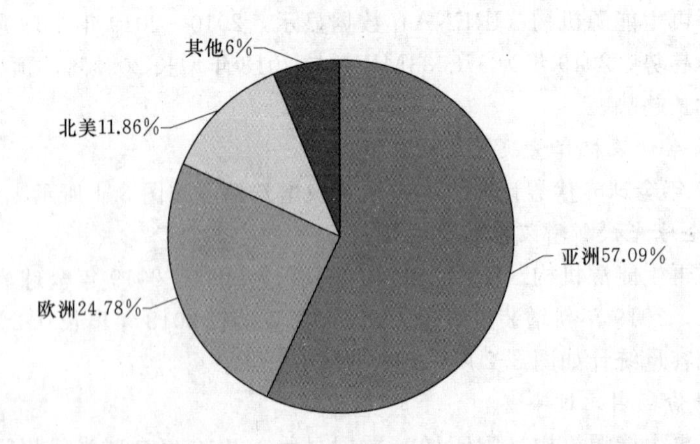

图 3.3 2019 年全球光伏累计装机容量区域市场份额统计情况

2019 年全球光伏新增安装容量市场份额主要来自于亚洲，亚洲新增安装容量为 55857MW，占比为 57.25%；欧洲新增安装容量为 19332MW，占比为 19.81%；北美新增安装容量为11210MW，占比为11.49%。2019年全球光伏新增装机容量区域市场份额统计情况如图3.4所示。

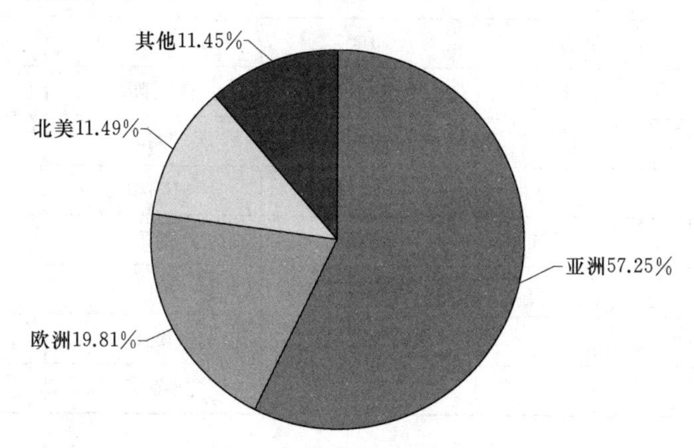

图3.4 2019年全球光伏新增装机容量区域市场份额统计情况

4. 中、日、美光伏累计装机容量位居前三

根据国际可再生能源机构（IRENA）数据显示，从国家来看，2019年世界主要光伏发电国家累计装机容量中前三分别为中国、日本、美国。合计占比达到56.6%，其中中国占全球比重为35.45%。2019年全球主要国家光伏发电累计装机容量TOP 10分布情况见表3.1。

表3.1 2019年全球主要国家光伏发电累计装机容量TOP10分布情况

国家	累积装机容量/MW	占比/%	国家	累积装机容量/MW	占比/%
中国	205072.17	35.45	意大利	20900.00	3.61
日本	61840.00	10.69	英国	13616.00	2.35
美国	60539.90	10.46	澳大利亚	13250.00	2.29
德国	49016.00	8.47	法国	10562.03	1.83
印度	34831.38	6.02	韩国	10505.10	1.82

5. 中国光伏新增装机容量产能全球比重超三成

根据国际可再生能源机构（IRENA）数据显示，2019年全球主要光伏发电国家新增光伏装机容量超过1GW的国家有11个，较2016年增加5个。2019年全球主要国家光伏发电新增装机容量超过1GW的国家分布见表3.2。

表3.2 2019年全球主要国家光伏发电新增装机容量超过1GW的国家分布

排　名	2016年	2017年	2018年	2019年
1	中国	中国	中国	中国
2	美国	美国	美国	美国
3	日本	日本	日本	日本

续表

排　名	2016年	2017年	2018年	2019年
4	印度	印度	印度	印度
5	英国	英国	澳大利亚	澳大利亚
6	德国	德国	德国	德国
7		土耳其	土耳其	土耳其
8		韩国	韩国	韩国
9		澳大利亚	荷兰	荷兰
10		巴基斯坦	埃及	埃及
11			墨西哥	墨西哥

从国家来看，2019年世界主要光伏发电国家新增装机容量中前三分别为中国、美国、印度，其中中国新增装机容量为30056MW，占2019年全球新增装机容量比重为30.80%。2019年全球主要国家光伏发电新增装机容量TOP10分布情况见表3.3。

表3.3　**2019年全球主要国家光伏发电新增装机容量TOP10分布情况**

国家	新增装机容量/MW	占比/%	国家	新增装机容量/MW	占比/%
中国	30056	30.80	德国	3837	3.93
美国	9114	9.34	韩国	3375	3.46
印度	7705	7.90	法国	945	0.97
日本	6340	6.50	意大利	792	0.81
澳大利亚	4625	4.74	英国	498	0.51

6. 中国企业占据全球光伏发电企业前五强

根据365光伏发布的"2020全球光伏企业10强排行榜"榜单显示（表3.4），隆基绿能科技股份有限公司、协鑫（集团）控股有限公司、晶科能源有限公司、天合光伏股份有限公司、阿斯特阳光电力有限公司、FIRST SLOAR，INC.、Hanwha Q CELLS、晶澳太阳能科技股份有限公司、通威股份有限公司、天津中环半导体股份有限公司进入前十。中国企业已经连续两年占据榜单前五强，其中，隆基绿能科技股份有限公司以营业收入4716百万美元位居榜首。

表3.4　**2020全球光伏企业10强排行榜**

2020年排名	2019年排名	公司名称	所属国家	2020年营业收入/百万美元	2019年营业收入/百万美元
1	5	隆基绿能科技股份有限公司	中国	4716	3197
2	1	协鑫（集团）控股有限公司	中国	4494	4913
3	4	晶科能源有限公司	中国	4270	3640
4	3	天合光伏股份有限公司	中国	3351	3644

续表

2020年排名	2019年排名	公司名称	所属国家	2020年营业收入/百万美元	2019年营业收入/百万美元
5	2	阿特斯阳光电力有限公司	中国	3200	3740
6	7	FIRST SLOAR，INC.	美国	3100	2244
7	8	Hanwha Q CELLS	韩国	3074	2120
8	6	晶澳太阳能科技股份有限公司	中国	3032	2846
9	14	通威股份有限公司	中国	2552	1483
10	9	天津中环半导体股份有限公司	中国	2213	1807

分细分领域来看，在多晶硅领域江苏徐州中能硅业、德国瓦克化学集团、韩国OCI化工有限公司和新特能源股份有限公司是该领域的代表性企业；硅片领域中保利协鑫能源控股有限公司、隆基绿能科技股份有限公司、内蒙古中环光伏材料有限公司和晶科能源有限公司位于行业前列；电池片领域中通威太阳能有限公司、Hanhua Q CELLS、天合光伏股份有限公司和晶澳太阳能科技股份有限公司处于行业领先；在光伏组件领域，晶科能源有限公司、晶澳太阳能科技股份有限公司、天合光伏股份有限公司以及隆基绿能科技股份有限公司竞争力较强。

7. 全球光伏发电市场将持续增长

随着多年来的研究和技术开发，太阳能光伏组件价格已大幅下降，且太阳能转化效率也得以提高使得太阳能光伏发电的商业化开发与应用成为可能。前瞻产业研究院结合当前全球各国的可再生能源政策以及光伏发电补贴、上网政策综合分析，预计在未来的一段时间，全球光伏累计装机容量还将会继续保持增长，预计2025年将会突破1700GW。2021—2025年全球光伏累计预测情况如图3.5所示。

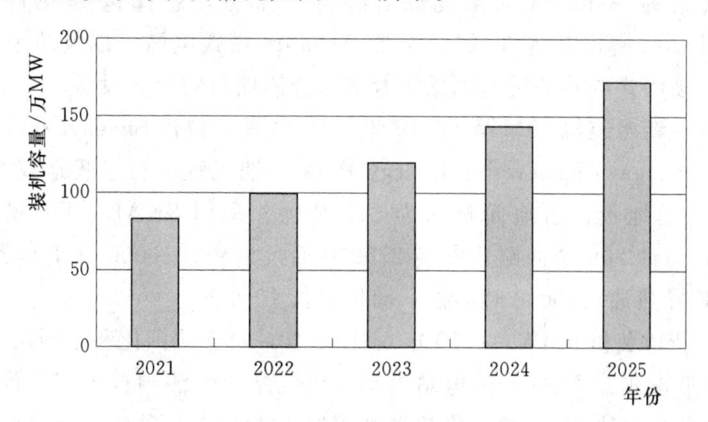

图3.5 2021—2025年全球光伏累计预测情况

8. 光热发电现状

据CSPPLAZA统计，2019年全球光热发电建成装机容量新增381.6MW，总装机在2018年6069MW的基础上增至约6451MW，增幅为6.29%。其中，中国光热发电市场新增装机200MW，占全球总新增装机量的52.41%。2012—2019年全球光热发电装机总规模如图 3.6 所示。

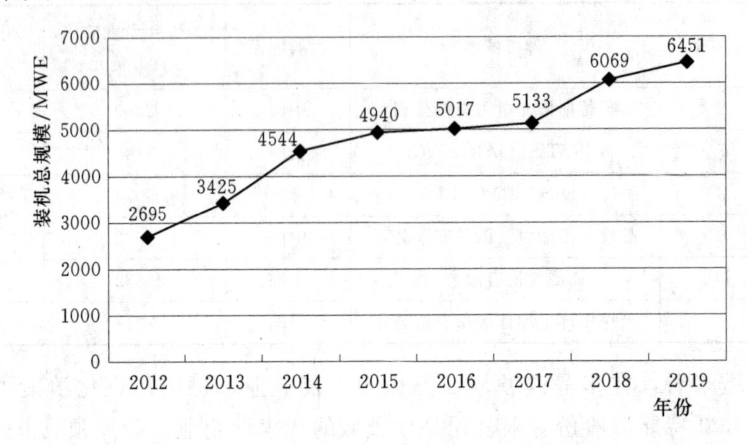

图 3.6 2012—2019 年全球光热发电装机总规模

2019 年，全球光热发电建成装机容量继续增长，但增幅较小。中国在新增装机中的占比过半，在全球光热发电行业的活跃度和影响力继续提升。海外光热发电市场包括以色列、科威特等国家也建成投运了部分装机。

(1) 中国：新增装机 200MW。截至 2019 年年末，中电建青海共和 50MW 熔盐塔式光热发电项目、鲁能海西格尔木 50MW 熔盐塔式光热发电项目、中电工程哈密 50MW 熔盐塔式光热发电项目、兰州大成敦煌 50MW 熔盐线性菲涅耳光热发电项目成功并网，由此，中国 2019 年共计实现新增光热发电装机 200MW（注：以实现并网为统计口径）。

(2) 以色列：新增装机 121MW。以色列 Ashalim 槽式光热电站装机 121MW，配置 4.5 小时储热系统，于 2019 年 4 月份开始发电。2019 年 9 月，举行了正式投运仪式，Ashalim 槽式电站为 Ashalim 太阳能综合体的一部分，总计包括两个光热发电项目（121MW 的 Ashalim 槽式电站和 121MW 的 Ashalim 塔式电站）以及两个装机 70MW 的光伏发电项目，该槽式电站的投运也意味着该综合体项目的全面投运。

(3) 科威特：新增装机 50MW。2019 年 2 月 20 日，包括 Shagaya 50MW 槽式光热电站在内的科威特 Shagaya Renewable Energy Park 一期工程举行了投运仪式。Shagaya 光热电站选址于沙漠地带，占地面积约为 247 公顷，采用 SKAL－ET 槽，集热面积达 673620 平方米，总计 206 个回路，安装 275000 面反射镜、10000 支集热管、20000 吨金属结构、3000 吨导热油、33000 吨熔盐，储热时长 10 小时。

(4) 法国：新增装机 9MW。2019 年 5 月 14 日，位于法国比利牛斯山 LIo 地区的 eLLO 9MWe 线性菲涅尔式 DSG 光热电站投运，该电站成为法国首个实现商业化运行的光热电站。eLLO 项目占地 36 公顷，集热器数量达 23800 个，共安装 95200 面定日镜，总采光面积达 15.3 万 m^2，此外还备有 9 个储能器以满足长达 4 小时的储热时长，可为 6000 余户家庭提供稳定电力。法国电力公司 EDF 与 SUNCNIM 签署了关于该项目长达 20 年的购电协议。

(5) 印度：新增装机 1.6MW。2019 年 6 月，由印度 Thermax Ltd 联合德国 Frenell GmbH 建设的印度 Thermax 光热燃煤混合发电项目正式投运，这是印度首个投运的光热燃煤联合循环项目。该项目开发商为印度国家火电公司NTPC，其中光热部分装机约为1.6MW，采用菲涅尔式技术路线，总采光面积达33000m^2。中国供应商常州龙腾光热科技股份有限公司为其供应了集热管产品。该项目每年可生产14GWth的太阳热能，这些热能被输入一个210MW的朗肯循环系统进行混合发电。

放眼未来，全球光热发电装机将继续增长。无论是当前在建的迪拜950MW光热光伏混合发电项目、智利装机110MW的Cerro Dominador塔式光热发电项目、中国内蒙古中核龙腾乌拉特中旗槽式100MW光热发电项目、玉门鑫能熔盐塔式50MW光热发电项目等多个项目，还是处于前期开发阶段的首航玉门100MW塔式光热发电项目、玉门龙腾50MW槽式光热发电项目、中阳察北64MW槽式光热发电项目、摩洛哥Noor Midelt光热光伏混合发电项目、希腊MINOS 50MW塔式光热发电项目、南非Redstone 100MW塔式光热发电项目及智利装机600MW的Likana塔式光热发电项目等诸多项目，都将在未来几年内贡献新装机。

除了上述市场外，还有突尼斯、黎巴嫩、埃及、阿曼、沙特阿拉伯、博茨瓦纳、纳米比亚、阿根廷等在内的多个海外新兴市场已经释放了规划建设光热发电项目的信号。

据统计，海外当前共计有20多个国家在开发或规划开发光热发电项目，这充分证明了光热发电的存在价值和生命力。在全球光热产业链的共同努力下，光热发电必将在全球能源转型中扮演重要角色。

3.1.4 太阳能发电的未来

1. 拥有自己的发电站

太阳能发电有着广阔的发展前景，应用领域也在不断扩大。将来家庭可以拥有自己的发电站，只要将太阳能与燃料电池组合就可以实现。

2. 变加油站为氢能站

由于燃料电池可能成为未来主要的能源供给方式，如家庭用燃料电池发电、燃料电池汽车、燃料电池充电器等，因此太阳能发电还可以用来制造氢能，变现在的加油站为氢能站，为燃料电池提供清洁、廉价的氢能源。

3. 小规模电力系统的诞生

小规模电源系统由新的、可再生的新能源发电系统（包括太阳能光伏系统、风力发电、小型水力发电、燃料电池发电、生物质能发电等）、氢能制造系统、电能存储系统、负载等与地域配电线相连构成，成为一个独立的小规模电力系统。氢能制造系统用来将地域内的剩余电能转换成氢能，当发电系统所产生的电能以及电能存储系统的电能不能满足负载的需要时，通过燃料电池发电为负载供电。可以预料，小规模电力系统与大电力系统同时共存的时代必将到来，这将会使现在的电力系统、电源的构成等发生很大的变化。

4. 地球规模的太阳能发电系统

太阳能发电有许多优点，但也存在一些弱点。例如，太阳电池在夜间不能发电，雨天、阴天发电量会减少，无法保证稳定的电力供给。随着科学技术的发展、超电导电缆的发明与应用，将来有望实现地球规模的太阳能发电系统。即在地球上各地分散设置太阳能发电站，用超电导电缆将太阳能发电站连接起来形成一个网络，从而构成地球规模的太阳能发电系统。该系统可将昼间地区的电力输往太阳能发电系统不能发电的夜间地区使用。

若将该网络扩展到地球的南北方向，无论地球上的任何地区下雨或在夜间，都可以从其他地方得到电能。可以使电能得到可靠的供给、合理的使用。当然，实现这一计划还面临许多问题。从技术角度看，需要研究开发高性能、低成本的太阳电池以及常温下的超电导电缆等。

5. 宇宙太阳能发电系统

在地球上应用太阳能时，太阳能的利用量受太阳电池的设置经纬度、昼夜、四季等日照条件的变化、大气以及气象状态等因素的影响而发生很大的变化。另外，宇宙的太阳光能量密度比地球上高1.4倍左右，日照时间比地球上长4～5倍，发电量比地球上高出5.5～7倍。

为了克服地面上发电的不足之处，人们提出了宇宙太阳能发电（SSPS）的概念。所谓宇宙太阳能发电，是将位于地球上空36000km的静止轨道上的宇宙空间的太阳电池板展开，将太阳电池发出的直流电转换成微波，通过输电天线传输到地球或宇宙都市的受电天线，然后将微波转换成直流或交流电能供负载使用。宇宙太阳能发电由数千兆瓦的太阳电池、输电天线、电力微波转换器、微波电力转换器以及控制系统等构成。

3.2　太阳能电池特点及原理

由于太阳能电池可以将太阳的光能直接转换成电能，无复杂部件、无转动部分，无噪声等，因此使用太阳能电池的太阳能光伏发电是太阳能利用较为理想的方式之一。太阳能电池作为将太阳能直接转换成电能的关键部件，经过多年的研究与技术开发，目前价格下降，性能提高，已经达到了应用普及的阶段。

3.2.1　太阳能电池的特点

太阳能发电所使用的能量是太阳能，而由半导体器件构成的太阳能电池是太阳能发电的重要部件。太阳能电池具有以下特点：

（1）太阳能无公害，是一种取之不尽、用之不竭的清洁能源。太阳能发电不需要燃料费用，因火力发电的石油、煤炭资源是有限的。

（2）通常的火力、水力发电，发电站一般远离负载，需要通过输电系统，而太阳能电池只要有太阳便可发电，因此使用方便，可设置在负载所在地，就近为负载提供电力。

（3）无可动部分，寿命长，发电时无噪声，管理、维护简便。

（4）太阳能电池能直接将光能转换成电能，不会产生废气和有害物质等。

（5）太阳能电池的能量随入射光、季节、天气、时刻等的变化而变化，在夜间不能发电。

（6）所产生的电是直流电，并且无蓄电功能。

（7）目前发电成本较高。

3.2.2　太阳能电池的发电原理

太阳能电池的发电原理主要是利用半导体的光电效应，当硅晶体中掺入其他杂质如硼、磷等时，其导电性会增强。当掺入硼时，硅晶体中就会存在着一个空穴，这个空穴因为没有电子而变得很不稳定，容易吸收电子而中和，形成P（positive）型半导体。同样，掺入磷原子以后，因为磷原子有5个电子，所以就会有一个电子变得非常活跃，形成N（negative）型半导体。这样当P型和N型半导体结合在一起时，在两种半导体的交界面区域会形成一个特殊的薄层，界面的P型一侧带负电，N型一侧带正电。达到平衡后，即形成特殊的电差薄层，这就是PN结。当晶片受光后，在PN结中，N型半导体的空穴往P型区移动，而P型区中的电子往N型区移动，在这种空穴和电子的移动中，PN结形成电势差，这就形成了电源。

由于半导体不是电的良导体，因此如果电子通过PN结后在半导体中流动，电阻就会非常大，损耗也非常大。若在上层全部涂上金属，阳光则不能通过，电流就不能产生，因此一般用金属网格覆盖PN结，以增加入射光的面积。

另外，硅表面非常光亮，会反射掉大量的太阳光，不能被电池利用。为此，科学家们给它涂上了一层反射系数非常小的保护膜，将反射损失减小到5%甚至更小。一个电池所能提供的电流和电压毕竟有限，于是人们又将很多电池（通常是36个）并联或串联起来使用，形成太阳能光电板。

3.2.3 太阳能电池的种类

太阳能电池根据其使用的材料不同，可分成硅半导体太阳能电池、化合物半导体太阳能电池以及有机半导体太阳能电池等类型，硅半导体太阳能电池可分为结晶硅系太阳能电池和非晶质太阳能电池，而结晶硅系又可分为单晶硅太阳能电池和多晶硅太阳能电池。

化合物半导体太阳能电池可分为Ⅲ—Ⅴ族化合物（GaAs）太阳能电池、Ⅱ—Ⅵ族化合物（CdS/CdTe）太阳能电池以及三元（Ⅰ—Ⅲ—Ⅳ族）化合物太阳能电池等。

有机半导体太阳能电池可分成色素增感太阳能电池以及有机薄膜（固体）太阳能电池等。

根据太阳能电池的形式、用途等不同，还可分成民生用、电力用、透明电池、半透明电池、柔软性电池、混合型电池（HIT电池）、层积电池以及球状电池等。

3.2.3.1 单晶硅太阳能电池

自太阳能电池发明以来，单晶硅太阳能电池开发的历史最长。人们最早使用的太阳能电池是单晶硅太阳能电池。观察单晶硅太阳能电池的外观，其硅原子的排列非常规则，它是硅太阳能电池中转换效率最高的，转换效率的理论值达24%～26%，实际产品的单晶硅太阳能电池的转换效率为15%～18%。从宇宙世界到住宅、街灯等，单晶硅太阳能电池应用广泛，目前它主要用于发电。

与其他的太阳能电池进行比较，单晶硅太阳能电池具有以下特点：取材比较方便、制造技术比较成熟、结晶中的缺陷较少、转换效率较高、可靠性较高、特性比较稳定等，通常可使用20年以上，但制造成本较高。

3.2.3.2 多晶硅太阳能电池

观察多晶硅太阳能电池的外观，它是由单晶硅颗粒聚集而成的。多晶硅太阳能电池的转换效率的理论值为20%，实际产品的转换效率为12%～14%。与单晶硅太阳能电池的转换效率相比，多晶硅太阳能电池的转换效率虽然略低，但由于多晶硅太阳能电池的原材料较丰富，制造比较容易，因此其使用量已超过单晶硅太阳能电池，占主导地位。

由于结晶系太阳能电池可以稳定地工作，而且具有极高的可靠性和转换效率，因此现在所使用的太阳能电池主要是硅太阳能电池，并且在户外用的太阳能电池中占主流地位。

3.2.3.3 非晶质太阳能电池

观察非晶质太阳能电池的外观，它的原子排列现无规则状态，转换效率的理论值为18%，但实际产品的转换效率仅为9%左右。这种电池早期存在劣化特性，即在太阳光的照射下，初期存在转换效率下降的现象。最近，非晶质太阳能电池的初期劣化转换效率得到了提高。

非晶质太阳能电池是在玻璃板上使用蒸镀非晶硅的方法，在薄膜状态（厚度为数微米）下制作而成的。与结晶硅太阳能电池相比，非晶质太阳能电池可大大减少制作太阳能电池所需的材料，大量生产时成本较低。尽管非晶质太阳能电池的转换效率不高，但由于非晶质太阳能电池具有制造工艺简单，易大量生产，制造所需能源、使用材料极少（厚度微米及以下，单晶硅 300μm），大面积化容易，可方便地制成各种曲面形状，以及可以做成本较低的薄膜太阳能电池等特点，所以有广阔的应用前景。目前，非晶质太阳能电池在计算器、钟表等行业已被广泛应用。

3.2.3.4 化合物半导体太阳能电池

化合物半导体太阳能电池由两种以上的半导体元素构成，主要有Ⅲ—Ⅴ族化合物（GaAs）太阳能电池、Ⅱ—Ⅵ族化合物（CdS/CdTe）太阳能电池以及三元（Ⅰ—Ⅲ—Ⅳ族）化合物（CIS）太阳能电池等。

1. Ⅲ—Ⅴ族化合物（GaAs）太阳能电池

由 GaAs 等Ⅲ—Ⅴ族化合物半导体材料制成的太阳能电池在宇宙发电领域已得到应用。Ⅲ—Ⅴ族化合物太阳能电池有单结合电池单元、多结合电池单元、聚光型电池单元以及薄膜型电池单元等种类。这种太阳能电池的转换效率较高，单结合的太阳能电池的转换效率为26%～28%，2结合、3结合的可望达到35%～42%。它可以做成薄膜太阳能电池，由于其耐辐射性、温度特性较好，因此适用于聚光发电。

2. Ⅱ—Ⅵ族化合物（CdS/CdTe）太阳能电池

Ⅱ—Ⅵ族化合物（CdS/CdTe）太阳能电池于1986年首次用于计算器。1988年开发出了户外用的太阳能电池组件，具有成本低、转换效率高的特点。CdS/CdTe太阳能电池的转换效率的理论值一般为33.62%～44.44%。目前，CdS/CdTe太阳能小面积电池单元的转换效率达15%以上，大面积电池单元的转换效率达10%以上。将来它有望作为低成本、高转换效率的薄膜太阳能电池。

3. 三元（Ⅰ—Ⅲ—Ⅳ族）化合物（CIS）太阳能电池

由于CIS太阳能电池所使用的 $CuInSe_2$ 是直接迁移半导体，与间接迁移硅半导体相比，光吸收系数较大，因此可作为薄膜太阳能电池的材料。CIS太阳能电池可用较低的温度形成CIS薄膜，可做成低成本的衬底。由于光吸收层采用了化合物半导体，因此长时间使用时特性比较稳定。目前，小面积CIS太阳能电池的转换效率为18.8%，大面积的达到12%～14%。另外，CIS太阳能电池的转换效率会随着太阳能电池面积的增加而急剧下降，这是由于CIS太阳能电池的制造技术尚未十分成熟。随着制造技术的提高，它有望达到结晶硅太阳能电池阵列的性能。对于化合物半导体太阳能电池而言，温度上升对太阳能电池特性的影响不大，但由于制造太阳能电池的资源较少，材料费用较高，目前主要用于宇宙发电领域。

3.2.3.5 有机半导体太阳能电池

有机半导体太阳能电池源于植物、细菌的光合成系的模型研究。利用太阳的能量将二氧化碳和水合成糖等有机物，在光合作用过程中，叶绿素等色素吸收太阳光所散发的能量产生电子、正孔，导致电荷向同一方向移动而产生电能。有机半导体太阳能电池是一种新型的太阳能电池，它可分成湿式色素增感太阳能电池以及干式有机薄膜太阳能电池。

1. 色素增感太阳能电池

所谓色素增感太阳能电池，就是在光激励状态下伴随着化学反应产生光电斑的光化学电池。它可分成3种：光异化型、光酸化还原型以及半导体增感型。色素增感太阳能电池的构造它由透明导电性玻璃、微结晶膜、无机酸化物或增感色素以及电解质溶液等材料构成。

这种太阳能电池比硅电池便宜，可用简单的印刷方式进行制造，可大量生产，不需昂贵的制造设备，因此它具有制造成本低、制造所需材料丰富、耗能少、品种多样以及对环境的影响不大等特点。据估算，结晶硅太阳能电池的制造成本为3美元/W，而色素增感太阳能电池的制造成本约为0.6美元/W，为结晶硅太阳能电池的1/5。由此可见，色素增感太阳能电池的制造成本很低。

目前，色素增感太阳能电池的转换效率在10%左右。根据所使用的色素的种类和使用量，可制成各种颜色的、透明的太阳能电池，用于建材以及钟表等领域。

2. 有机薄膜太阳能电池

有机薄膜太阳能电池由色素或高分子材料构成。这种太阳能电池的成本低，对环境无影响，制造方法简单，能耗较少，转换效率为4.5%左右。由于这种太阳能电池柔软性较好，因此可使用简单的方法制作各种形状的低成本太阳能电池。近年来，由于有机薄膜太阳能电池的转换效率大幅度提高，人类已认识了光合成的高效率转换原理，再加上地球升温的加速，有机薄膜太阳能电池的研究、开发已成为一大亮点，对它的研究、开发正在加速进行。

3.2.3.6 薄膜太阳能电池

薄膜太阳能电池是一种半导体层厚度在几微米到几十微米的太阳能电池。它是在成本较低的玻璃衬底上堆积结晶硅系等材料的薄膜而形成的元件，具有节约原材料、效率高、特性稳定以及衬底成本较低的特点。由于单晶硅、多晶硅太阳能电池的半导体层较厚，如结晶硅太阳能电池的半导体层的厚度达到300μm，随着太阳能发电的应用与普及，大规模生产时需要大量高纯度的硅材料。因此使用原料少、效率高的薄膜太阳能电池将会得到广泛的应用。吸收系数是各种半导体材料的重要参数，吸收系数越大，光吸收层的厚度越薄。由于结晶硅是间接迁移性吸收太阳能，可视光领域的吸收系数较小，所以光吸收层较厚，为200～400μm，而CdTe、Cu（InGa）Se_2（以下用CIGS表示）以及硅系材料的吸收系数较大，用于太阳能电池材料的厚度只需1μm左右。可见，在使用大面积的太阳能电池时，如果用较薄的半导体层的薄膜太阳能电池，可以大大节约材料、降低成本。因此，CIGS、非晶质等材料有望在薄膜太阳能电池中得到广泛的应用。

薄膜太阳能电池可分为硅系、Ⅱ—Ⅵ族化合物等薄膜太阳能电池。硅系薄膜太阳能电池可分为结晶硅系（单晶硅、多晶硅以及微晶硅）、非晶质以及由两者构成的混合型薄膜太阳能电池。一般的非晶质薄膜太阳能电池的光吸收层的厚度为0.3μm左右。为了提高非晶质薄膜太阳能电池的转换效率，人们正在研究开发非晶质与多晶硅构成的混合型薄膜太阳能电池。为了克服非晶质薄膜太阳能电池的弱点，目前人们寄希望于多晶硅或微晶硅的薄膜太阳能电池。

CIGS系太阳能电池在薄膜太阳能电池中转换效率较高，将来可达到25%～30%。大面积组件的转换效率已达12%，在薄膜系中最高。这种太阳能电池的可靠性高、安全性好、无光劣化、耐辐射性好，有望成为新的主流太阳能电池。在化合物薄膜太阳能电池中，小规模CIGS薄膜太阳能电池已有产品上市，用于住宅发电的大面积组件已进入试制阶段，将来有望用于住宅太阳能光伏系统。

薄膜太阳能电池还存在一些亟待解决的课题，如微结晶硅、多晶硅薄膜太阳能电池需要提高小面积电池单元的转换效率；非晶质薄膜太阳能电池需要提高大面积组件的转换效率的稳定性以及降低制造工艺的成本；CIGS、CdTe等薄膜太阳能电池需要提高转换效率、开放电压、大面积均匀制膜技术等。

3.2.3.7 透明太阳能电池

透明太阳能电池是一种让可视光穿过，而吸收紫外光，并将其转换成电能的装置。太阳光的波谱由紫外光、红外光以及可视光组成。透明太阳能电池只利用占太阳光能8%的紫外光发电。如果将太阳能电池的输入能量视为太阳光的全体能量，显然，与以前的太阳能电池相比，其发电转换效率低。

透明太阳能电池透明太阳能电池的制造方法是：对由氧化锌半导体（N型）与铜铝氧化物半导体（P型）组成的部分，通过对气体的雾状、电路板的温度进行控制，在低于500℃的温度下，在玻璃板上将这些氧化物半导体制成透明半导体。透明太阳能电池利用了太阳能电池的辐射作用，可以调整热线反射，因此它可以作为窗玻璃使用。它不仅可起窗玻璃的作用，而且对于房间来说，还有夏防热进、冬防热出的省能效果。由于透明太阳能电池吸收紫外光发电，不影响其透明性，且具有节能等优点，因此这项技术可以提高能源的综合利用率。

3.2.3.8 混合型太阳能电池（HIT电池）

太阳能电池组件安装在屋顶时，如果太阳能电池组件无冷却用的通风层，其温度会上升，夏天晴天时会达到70℃以上，导致太阳能电池组的转换效率随温度上升而下降。为了解决这一问题，人们研制出了混合型太阳能电池。

混合型太阳能电池由薄膜非晶硅与单晶硅集成。为了防止表面反射，在N型单晶硅片的表里侧分别集成了P/I型非晶硅与I/N型非晶硅，然后在上面加装透明电极。混合型太阳能电池由于在其中形成了I层，使非晶硅与单晶硅层的表面特性提高。因此10cm^{2}太阳能电池的转换效率达到21.3%，组件的转换效率达到17%以上，是目前世界上最高的。另外，混合型太阳能电池的温度系数为−0.33%，低于单晶硅太阳能电池的温度系数−0.48%，故混合型太阳能电池可用于如屋顶设置等温度较易上升的场合，以减少功率的下降。

HIT太阳能电池具有以下特点：

(1) 结构简单，转换效率高。

（2）与结晶硅系太阳能电池比较，温度上升对其特性的影响较小，实际发电量较多。

（3）与扩散型结晶硅系太阳能电池单元的接合形成温度900℃相比，形成非结晶的温度在200℃以下，比较节省能源。

（4）采用了表面、背面对称的结构，可减少因热膨胀引起的不均匀，可使用薄型衬底，以节省资源。

（5）可以利用背面的入射光进行发电，则该电池可两面发电。

3.2.3.9　球状太阳能电池

球状太阳能电池的外形与一般的太阳能电池的形状不同，这种太阳能电池直径约为1.5mm，颜色类似药丸，是使用单晶硅材料制成的。它可以吸收来自任何方向的光线，电池的表面可以利用照射的光线发电，背面可吸收反射光发电。一颗球状太阳能电池的功率约为400mW，发电转换效率超过19%。

球状太阳能电池利用无重力方法制造，制造能耗低，使用原材料少，可做成任意可弯曲的形状。将来它可用于住宅太阳能发电、移动电子设备、手机、交通等领域。

3.2.3.10　层积型太阳能电池

层积型（tandem）太阳能电池由两个以上的太阳能电池层积而成。层积型太阳能电池可利用较宽波长范围的太阳光能量，因此转换效率较高。

层积型太阳能电池的构造，它是由上层太阳能电池和下层太阳能电池层积而成的多接合型太阳能电池。入射太阳光首先被上层太阳能电池吸收（短波长的光）并产生电能，未被上层太阳能电池吸收的太阳光（长波长的光）则穿过上层太阳能电池，照射在下层太阳能电池上并产生电能。可见，这种单一的太阳能电池可利用较宽波长范围的太阳光能量。

层积型太阳能电池可以由多种不同类型的太阳能电池构成，如上层为非晶硅，下层为多晶硅；或者上层为非晶硅，下层为微晶硅等；也可以由化合物半导体等材料构成。

3.2.4　太阳能电池制造工艺

太阳能电池的种类很多，如单晶硅、多晶硅、非晶硅太阳能电池等。根据种类的不同，其制造方法也不同。这里主要介绍单晶硅、多晶硅、非晶硅以及化合物半导体太阳能电池的制造方法。

1. 单晶硅太阳能电池的制造方法

单晶硅太阳能电池的制造方法是，首先将高纯度的硅加热至1500℃，生成大型结晶（原子按一定规则排列的物质）即单晶硅；然后，将其切成厚为300～500μm的薄片，利用气体扩散法或固体扩散法添加不纯物并形成PN结；最后，形成电极以及防止光线反射的反射防止膜。

这种方法的制造工艺比较复杂，由于制造温度较高，因此会消耗大量的电能，成本较高。目前正在研究与开发利用自动化、连续化的制造方法，以降低成本。

2. 多晶硅太阳能电池的制造方法

为了解决单晶硅太阳能电池制造工艺复杂、制造能耗较大的问题，人们研究与开发了多晶硅太能电池的制造方法。多晶硅是一种将众多的单晶硅的粒子集合而成的物质。多晶硅太阳能电池的制造方法有两种：一种是将被溶解的硅块放入坩埚中慢慢地冷却使其固化，然后与单晶硅一样将其切成厚300～500μm的薄片，添加不纯物并形成PN结，形成电极以及反射防止膜；另一种是从硅溶液直接得到薄片状多晶硅的方法。这种方法不仅可以直接做成薄片状多晶硅，有效地利用硅原料，而且太阳能电池的制造比较简单。

3. 非晶硅太阳能电池的制造方法

非晶硅太阳能电池的制造方法是将含硅的原料气体放入真空反应室中，利用放电所产生的高能量使原料气体分解而得到硅，然后将硅堆积在已被加温至200～300℃的带有电极的玻璃或不锈钢的衬底上。如果原料气体中混入B_2H_s，则得到P型非晶硅；如果原料气体中混入PH_3，则得到N型非晶硅，从而形成PN结。

4. 化合物半导体太阳能电池的制造方法

化合物半导体是使用两种以上元素的化合物构成的半导体，如GaAs太阳能电池就是一种化合物半导体太阳能电池。由于这种化合物半导体太阳能电池的波长感度与太阳频谱一致，因此具有较高的转换效率。

化合物半导体太阳能电池GaAs的构造与制造方法，是在太阳能电池的光入射面设置AIGaAs层，以便形成表面电场，以防止由于光产生的载流子再结合。

3.3 太阳能光伏发电的系统组成及原理

太阳能光伏发电系统具有没有转动部件，不产生噪声；没有空气污染，不排放废水；没有燃烧过程，不需要燃料；维修保养简单，维护费用低；运行可靠性、稳定性好的特点；作为关键部件的太阳电池使用寿命长，晶体硅太阳电池寿命可达25年以上。因此，太阳能光伏发电是太阳能最重要的利用形式之一，本节重点介绍独立型太阳能光伏发电系统、并网型光伏发电系统的组成及原理。

3.3.1 太阳能光伏发电系统的工作原理

太阳光发电是指直接将太阳光能转变成电能的发电方式。通常人们所说太阳光发电就是指太阳能光伏发电。而光伏发电是利用太阳电池这种半导体电子器件的光生伏打效应，有效地吸收太阳的辐射能，并使之直接转变为电能。

太阳能光伏发电系统是利用以光生伏打效应原理制成的太阳电池将太阳能直接转换成电能，也叫做太阳电池发电系统。太阳能光伏发电系统由太阳电池组（方阵）、控制器、蓄电池（组）、直流-交流逆变器、测试仪表和计算机监控等电力设备或其他辅助发电设备组成，其系统组成如图3.7所示。

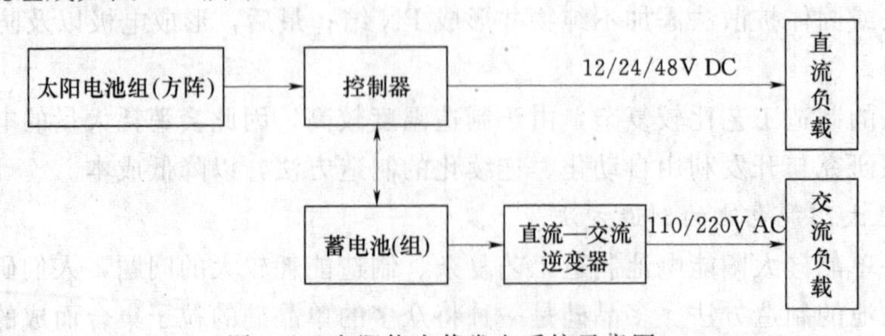

图3.7 太阳能光伏发电系统示意图

3.3.2 太阳能光伏发电系统的运行方式

太阳能光伏发电目前工程上广泛使用的光电转换器件多采用晶体硅太阳电池组件，基于晶体硅太阳电池的生产工艺技术成熟，已进入大规模产业化生产，现已广泛应用于工业、农业、科技、国防和人民生活的各个领域，并发挥着越来越大的作用。不久的将来，光伏发电将成为重要的发电方式，在世界可持续能源结构中占有一定比例。

光伏系统应用非常广泛，对于地面用太阳能光伏发电系统，其应用的基本形式可分为两大类：没有与公用电网相连接的太阳能光伏系统称为离网太阳能光伏发电系统，也称为独立太阳能光伏发电系统。它通常用作便携式设备的电源，向远离现有电网的地区或设备供电，以及用于任何不想与电网发生联系的供电场合。如为公共电网难以覆盖的边远农村、海岛、通信系统、微波中继站、电视差转台、光伏水泵、无电缺电地区户、边防哨所等场合提供电源。另外与公共电网相连接，共同承担供电任务的太阳能光伏发电系统称为并网太阳能光伏发电系统，也称为联网太阳能光伏发电系统。它是太阳能光伏发电进入大规模商业化发电阶段，成为电力工业组成部分之一的重要方向，也是当今世界太阳能光伏发电技术发展的主流趋势。而并网太阳能光伏发电系统具有许多独特的优越性：

（1）可以对电网调峰，提高电网末端的电压稳定性，改善电网的功率因数，有效地消除电网杂波。

（2）所发电能回馈电网，以电网为储能装置，省掉蓄电池。与独立太阳能光伏系统相比可减少建设投资35%～45%，发电成本大大降低。

（3）光伏电池与建筑完美结合，既可发电又可作为建筑材料和装饰材料，使资源充分利用，发挥多种功能。

（4）出入电网灵活，既有利于改善电力系统的负荷平衡，又可降低线路损耗。

3.3.3 独立太阳能光伏发电系统的组成

独立运行的光伏发电系统可根据用电负载的特点，分为直流系统、交流系统和交直流混合系统。其主要区别是系统中是否带有逆变器。独立太阳能光伏发电系统如图3.8所示，它主要由太阳电池方阵、储能装置（蓄电池组）、直流—交流逆变装置、控制设备与连接装置等组成。

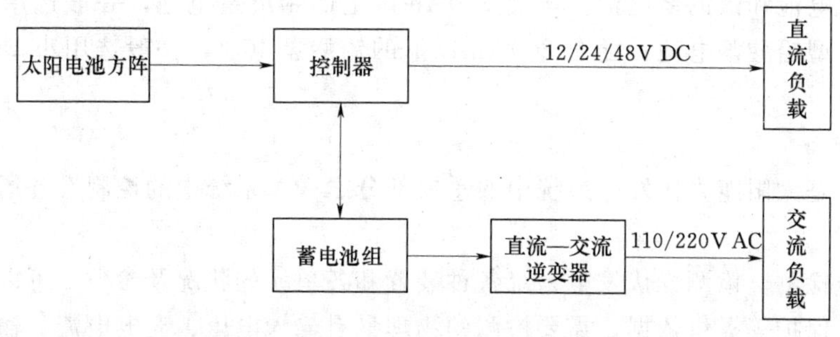

图3.8 独立太阳能光伏发电系统示意图

1. 太阳电池方阵

太阳能光伏发电的最核心的器件是太阳电池。商用的太阳电池主要有单晶硅电池、多晶硅电池、非晶硅电池、碲化镉电池、铜铟硒电池等几种类型。目前在研究的还有纳米氧化钛敏化电池、多晶硅薄膜以及有机太阳电池等。目前世界上多采用硅太阳电池，即单晶硅太阳电池、多晶硅太阳电池。太阳电池单体是用于光电转换的最小单元，一般不能单独作为电源使用。尺寸通常为2cm×2cm到目前的15cm×15cm。太阳电池的单体工作电压为400～500mV，工作电流为20～25mA/cm^2，远低于实际应用所需要的电压值。为了满足实际应用的需要，需要把太阳电池连接成组件。太阳电池组件包含一定数量的太阳电池，把这些太阳电池通过导线连接。一个组件上，太阳电池的标准数量是36个或40个(10cm×10cm)，这意味着一个太阳电池组件大约能产生16V的电压，正好能为一个额定电压为12V的蓄电池进行有效充电。

太阳电池组件种类繁多，根据太阳电池片的类型可分为：单晶硅组件、多晶硅组件、砷化镓组件、非晶硅薄膜电池组件等，其中晶体硅（包括单晶硅和多晶硅）太阳电池组件约占市场的80%～90%。封装材料与工艺也有所不同，主要分为环氧树脂胶封、层压封装、硅胶封装等。目前用得最多的是层压封装方式，这种封装方式适宜于大面积电池片的工业化封装。同类太阳电池组件根据峰值功率、额定电压又可以分为不同型号。

将太阳电池组件经过串、并联安装在支架上，就构成了太阳电池方阵，它可以满足负载所要求的输出功率。

2. 防反充二极管

防反充二极管又称阻塞二极管，在太阳电池组件中其作用是避免由于太阳电池方阵在阴雨和夜晚不发电或出现短路故障时，蓄电池组通过太阳电池方阵放电。防反充二极管串联在太阳电池方阵电路中，起单向导通作用。因此它必须保证回路中有最大电流，而且要承受最大反向电压的冲击。一般可选用合适的整流二极管作为防反充二极管。

3. 蓄电池组

蓄电池组的作用是储存太阳电池方阵受光照时所发出的电能并能随时向负载供电。在为太阳能光伏发电系统选择蓄电池时，要考虑电压电流特性等电气性能，还要求蓄电池组的自放电率低，使用寿命长，深放电能力强，充电效率高，可以少维护和免维护，工作温度范围宽，价格低廉等，再在此基础上考虑经济性选择最佳。蓄电池分为铅酸蓄电池、镍镉蓄电池、镍氢蓄电池、锂蓄电池等。目前我国与太阳能光伏发电系统配套使用的蓄电池主要是铅酸蓄电池和镍镉蓄电池。配套200Ah以上的铅酸蓄电池，一般选用固定式或工业密封免维护型铅酸蓄电池；配套200Ah以下的铅酸蓄电池，一般选用小型密封免维护型铅酸蓄电池。

4. 控制设备

控制设备是太阳能光伏发电系统中的重要部分之一。系统中的控制设备通常应具有以下功能：

(1) 信号检测。检测光伏发电系统各种装置和各单元的状况及参数，可以对系统进行判断、控制、保护等提供依据。需要检测的物理量有输入电压、充电电流、输出电压、输出电流以及蓄电池温升等。

(2) 蓄电池的充放电控制。一般蓄电池组经过过充或过放电后会严重影响其性能和寿命，所以充放电控制设备是不可缺少的。控制设备可根据当前太阳能资源情况和蓄电池荷电状况，确定最佳充电方式，以实现高效、快速充电并对蓄电池放电过程进行管理，如负载控制自动开关机、实现软启动、防止负载接入时蓄电池端电压突降而导致的错误保护等。

(3) 其他设备保护。系统所连接的用电设备，在有些情况下需要由控制设备来提供保护，如系统中因逆变电路故障而出现的过电压和负载短路而出现的过电流等，如不及时加以控制，就有可能导致系统或用电设备损坏。

(4) 故障诊断定位。当系统发生故障时，可自动检测故障类型，指示故障位置，对系统进行维护提供便利。

(5) 运行状态指示。通过指示灯、显示器等方式指示光伏系统的运行状态和故障信息。

太阳能光伏发电系统在控制设备的管理下运行。控制设备可以采用多种技术方式实现其控制功能。比较常见的有逻辑和计算机控制两种方式。

5. 逆变器

逆变器是将直流电转变成交流电的一种设备。它是光伏系统中的重要组成部分。由于太阳电池和蓄电池发出的是直流电，当负载是交流负载时，逆变器是必不可少的。通常逆变器不仅可以把直流电转换为交流电，也可以如下所述那样，具有使太阳电池最大限度地发挥其性能，以及出现异常和故障时保护系统的功能等。①有效地去除受天气变化影响的太阳电池的输出功率，具有自动运行停止功能及最大功率跟踪控制功能；②为保护系统，具有单独（孤岛）运行防止功能及自动调压功能；③当系统和逆变器出现异常时，可以安全地分离或使逆变器停止工作。

逆变器按运行方式，可分为独立运行（离网）逆变器和并网逆变器。独立运行逆变器用于独立运行的太阳能光伏发电系统，为独立负载供电。并网逆变器用于并网运行的太阳能光伏发电系统，将发出的电能馈入电网。逆变器按输出波形又分为方波逆变器和正弦波逆变器。方波逆变器，电路简单，造价低，但谐波分量大，一般用于几百瓦以下和对谐波要求不高的系统。正弦波逆变器，成本高，但可以适用于各种负载。从长远看，正弦波逆变器将成为发展主流。

6. 测量设备

对于小型太阳能光伏发电系统，一般只需要进行简单的测量，如蓄电池电压和充放电操作电流，这时测量所用的电压表和电流表一般就装在控制器上。对于太阳能通信电源系统、管道阴极保护系统等工业电源系统和中大型太阳能光伏电站，往往要求对更多的参数进行测量。如测量太阳辐射能、环境温度、充放电电量等，有时甚至要求具有远程数据传输、数据打印和遥控功能。而为了得到这种较为复杂的测量，就必须为太阳能光伏发电系统配备数据采集系统和微机监控系统。

3.3.4 并网太阳能光伏发电系统的组成

并网光伏系统实质上与其他类型的发电站一样，可为整个电力系统提供电力。并网太阳能光伏发电系统分为集中大型并网光伏系统（大型集中并网光伏电站）和分散式小型并网光伏发电系统（屋顶光伏系统或住宅并网光伏系统）两大类型。前者功率容量通常在兆瓦级以上，后者则在千瓦级至百千瓦级之间。

大型集中并网光伏发电站的主要特点是系统所发的电能被直接输送到电网上，由电网统一调配向用户供电。大型并网光伏电站的建设，投资巨大，建设期较长，需要复杂的控制及配电设备，同时需要占用大片土地，同时其发电成本目前要比市电贵，因此其发展受到很多限制。但随着太阳能光伏发电进入大规模商业化发电阶段，建设这种大型并网光伏电站就是必然趋势。

与大型并网光伏系统相比，住宅并网光伏发电系统，特别是与建筑相结合的住宅屋顶并网光伏系统，由于具有许多优越性，建设容易，投资不大，许多国家又相继出台了一系列激励政策，因而在各发达国家备受青睐，发展迅速，成为主流。住宅并网光伏发电系统的主要特点是所发的电能直接分配到住宅（用户）的用电负载上，多余或不足的电力通过连接电网来调节。根据并网光伏发电系统是否允许通过供电区变压器向主电网馈电，分为逆潮流和非逆潮流并网光伏发电系统两种。逆潮流系统是在光伏系统中产生剩余电力时将该电能送入电网，由于是同电网的供电方向相反，所以成为逆潮流。

在光伏发电系统中产生的剩余电力，逆潮流系统采用由电力公司购买剩余电力的制度。因为光伏系统由天气决定其输出功率，为了使住宅等使用稳定的电，有必要和电力公司的电力系统并网运行。当太阳电池的输出功率不能满足某一区域需求的情况下，不足部分是由电力公司的电网补充；相反，太阳电池的输出电力的剩余部分，则向电力公司的电网逆潮流送入，由电力公司买进。现在，住宅用光伏系统几乎都采用逆潮流系统。非逆潮流系统在区域内的电力需求通常比光伏系统的输出电力大，因此在不可能产生逆潮流电力的情况下被采用，即光伏系统与电网形成并联向负载供电。因为在非逆潮流系统中无法确认光伏系统产生的剩余电力是否逆潮流送入电力公司电网，所以该系统应具有及时产生很小的逆潮流电流的场合，降低光伏系统的输出电力或者停止光伏系统运行的功能。

住宅并网光伏系统又有户用系统和区域系统之分。户用系统，装机容量较小，一般为1～5kWp，为自己单独供电并自行管理，独立计量电量。区域系统，装机容量较大一些，一般为50～300kWp，为一个小区或一栋建筑物供电，统一管理，集中分表计量电量。还可根据并网光伏系统是否配有储能装置，分为有储能装置无储能装置并网光伏发电系统。配有少量蓄电池的系统，成为有储能系统。不配置蓄电池的系统称为无储能系统。与储能系统相比，无储能系统主动性较强，当出现电网限电、停电、掉电等情况时仍可正常供电。住宅并网光伏发电系统通常是白天光伏系统发电量大而负载耗电量小，晚上光伏系统不发电而负载用电量大。光伏系统与电网相连，就可将光伏系统白天所发的多余电力“储存”到电网中，待用电时随时取出，省掉了储能蓄电池。并网光伏发电系统主要由太阳电池方阵、并网逆变器和控制监测系统设备等三个重要部分构成。

1. 太阳电池方阵

太阳电池方阵由大量的光伏组件串并联构成。光伏组件包括晶体硅光伏组件、薄膜组件、跟踪组件和聚光光伏组件等。它是光伏系统的核心，在系统中太阳电池所占投资比重最大，因此选择合乎系统需要的光伏组件，对整个系统都有重要影响。在选择组件时首先要求具有非常好的耐气候性，能在室外严酷的条件下长期稳定可靠地运行，同时具有高转换率和廉价性。另外选择光伏组件时任何生产厂家生产的光伏组件都必须经过中国国内的常规检测或国际著名机构的认证，如通过《地面用晶体硅光伏组件　设计鉴定和定型》

(GB/T 9535—1998) 或 IEC 61215 的测试及《地面用薄膜光伏组件 设计鉴定和定型》(GB/T 18911—2002) 或 IEC 61646：1996 的测试。目前光伏系统中的太阳电池方阵还主要采用以晶体硅为主要材料的太阳电池组件，同时也可辅助采用部分成熟的薄膜太阳电池组件及跟踪和聚光组件等。考虑了光伏组件的选型后，要将平板式的地面型太阳电池方阵安装在方阵支架上，用于支撑太阳电池组件。支架可分为固定式和跟踪式两种。

2. 并网逆变器

并网逆变器（功率变换器），由将直流电转变为交流电的逆变器和当系统发生故障时保护系统的并网保护装置构成。因为功率变换器的主要部分是逆变器，所以它也可称为逆变器。所谓逆变器就是把直流电能转变为交流电能供给负载的一种电能转变装置，它正好是整流装置的逆向变换功能器件，因而被称之为逆变器。逆变器的重要的性能参数有：额定输出、容量输出、电压稳定度、整机效率、保护功能、启动性能。

在优化设计中，主要考虑逆变器的实际效率，应达到90%以上。作为大型并网光伏系统中应用的逆变器，除了具有直流-交流转换功能外，还必须具有光伏阵列的最大功率跟踪功能和各种保护功能，为了不对公用电网造成不利影响，要求输出抑制谐波电流的电流。因此在设计时有很多特殊的设计与使用上的要求，如考虑输出功率和瞬时峰值功率，逆变器输出效率、输出波形及逆变器输入直流电压的问题，这些是检验逆变器技术性能的重要指标。另外当系统并网运行时，为避免对公共电网的电力污染，要求逆变器电源输出正弦波电源，并且“孤岛”检测保护响应快、可靠性好。

一般情况下，单台逆变器容量越大，单位造价相对越低，但是考虑到单台逆变器容量过大，在故障情况下对整个系统影响较大，所以需要结合光伏组件安装场地的实际情况，选择额定容量适当的并网逆变器。并网逆变器单台容量目前国产最大可达到500kW，国外产品现已达到1000kW，如德国SMA公司SC1000MV，额定容量1000kW，重量35t。但是考虑大功率光伏电站的安全及经济运行，并网逆变器可以考虑分散组成相对独立并网的方式，这有利于整个光伏发电系统的稳定运行。对于兆瓦级的并网光伏电站可选用寿命长，可靠性高，效率高，噪声和谐波少，启动、停止平稳并可进行多机并联的产品。另外根据相关国际标准光伏并网逆变器输出的并网电流波形总谐波畸变率（THD）应小于5%，各次谐波畸变率小于3%。为了使光伏并网逆变器输出的并网电流满足例如IEEE 929、IEC 61727还有IEC 61000－3－2等相关国际或欧洲标准，对并网光伏发电系统的电路拓扑结构以及控制策略都提出了更高的要求。

3. 控制监测系统设备

对于并网光伏系统中的控制监测系统设备通常是与逆变器设置在一起，通过电子装置与外部计算机连接可以对整个电站的运行状况进行实时测量和监控。因为控制装置的存在可以对系统起到控制及并网保护的作用，因此在设计监控系统时应保证为有效去除受天气变化影响太阳电池的输出效率，使其具有最大功率跟踪控制功能，并具有自动运行、停止等功能。另外通过太阳能光伏发电系统的测量设备和显示装置，可以监视整个系统运行状态，掌握发电量，收集评价系统性能的暑假。

4. 其他

并网光伏系统除了以上的主要硬件设施，还包括配电系统设计，以及系统的基础建设等。上述各种设备在设计和选取过程中要综合考虑系统所在地的实际情况、系统的规模、客户的要求等因素，并参考国家标准正确合理的做出判断。

3.4 太阳能热发电技术

太阳能热发电技术就是把太阳辐射热能转化为电能，该技术无化石燃料的消耗，对环境无污染，可分为两大类：一类是利用太阳热能直接发电，如半导体或金属材料的温差发电，真空器件中的热电子、热离子发电以及碱金属热发电转换和磁流体发电等，这类发电的特点是发电装置本体没有活动部件，但此类发电量小，有的方法尚处于原理性试验阶段；另一类是太阳热能间接发电，它使太阳热能通过热机带动发电机发电，其基本组成与常规发电设备类似，只不过其热能是从太阳能转换而来。

最早的太阳能热电站于1878年在法国巴黎建成，它是一个小型聚焦太阳能热动力系统，盘式抛物面将阳光聚焦到置于焦点处的蒸汽锅炉，由此产生的蒸汽驱动一个很小的交互式蒸汽机运行。1901年，美国工程师研制成功7350W的太阳能蒸汽机，采用70m^{2}的太阳聚光集热器，该装置安装在美国加州做试验运行。1950年苏联设计了世界上第一座塔式太阳能热发电站的小型试验装置，对太阳能发电技术进行了广泛的、基础性的探索和研究。1952年，法国国家研究中心在比利牛斯山东部建成一座功率为1MW的太阳炉。1973年的世界性石油危机让太阳能发电技术成为许多国家研究开发的重点。在1981—1991年之间，全世界建造了装机容量500kW以上的各种不同形式的兆瓦级太阳能发电试验电站20余座。但是由于其单位容量投资过大，太阳能热发电站的建设后来逐渐冷落下来。1992年6月联合国“世界环境与发展大会”在巴西召开，世界各国加强了对清洁能源技术的研究开发，使太阳能的开发利用走出低谷，并得到越来越多国家的重视。

我国在20世纪70年代末才开始对太阳能热发电开展应用基础研究工作，在“八五”“九五”和“十五”期间，原国家科学技术委员会均将大型太阳能热发电关键技术列为国家重点科技攻关计划，将盘式小型太阳能热发电装置的研制列入“863”计划。2005年，我国第一座社区太阳能电站在北京宣武区广外社区正式启用，这座功率2kW的小型太阳能电站能为社区30多盏庭院灯和10多盏办公用电设备提供绿色能源，并能保证即使连续三个阴雨天也可以利用储备电池不间断供电。但从总体上讲，我国太阳能热发电技术的实际应用尚未真正起步，尚无工业化的装置，与发达国家相比还存在很大差距。

3.4.1 太阳能热发电基本系统与构成

在太阳能热发电技术中，太阳热能间接发电已有100多年的发展历史，通常所说的太阳能热发电技术主要是指太阳热能间接发电，即太阳热能通过热机带动常规发电机发电。

从能源输入端转化利用模式看，太阳能热发电系统的发展经历了三个不同的阶段，逐步形成两大类系统：单纯太阳能热发电系统、太阳能与化石能源综合互补系统和太阳能热化学重整复合系统。当然，若从系统输出目标看，这三类系统也还都有各自不同功能类别的系统，如单纯发电的、热电联产或冷热电多联产的以及化工（或清洁燃料）电力多联产的等。

1. 单纯太阳能热发电系统

早期的太阳能热发电技术多采用单纯太阳能利用模式，由于太阳能利用的不连续性和间歇性，往往需将蓄热装置集成到系统中。以提高系统的稳定性。按照太阳能聚光集热方式的不同，单纯太阳能热发电系统又可分为聚光型太阳能热发电系统和非聚光型太阳能热发电系统。聚光型太阳能热发电系统又可分为抛物槽式、碟式、塔式三种热发电系统；非聚光型太阳能热发电系统又分为太阳能热气流发电和太阳池发电等系统。单纯太阳能热发电系统作为本节的重点将在后文中对各系统原理及结构进行详细阐述。

2. 太阳能与化石能源综合互补系统

鉴于单纯太阳能模式下运行的太阳能热电站存在许多问题，特别是考虑到开发太阳能热发电系统的投资和发电成本以及目前的蓄热技术还不够成熟等，将太阳能与常规的发电系统整合成多能源互补的系统受到了关注，得到广泛应用。太阳能与其他能源综合互补的利用模式，不仅可以有效地解决太阳能利用不稳定的问题，同时可利用成熟的常规发电技术，降低了开发利用太阳能技术的经济风险。太阳能与化石能源互补系统有多种不同的互补形式，根据所集成的常规化石燃料电站的不同，可以分为以下三类：

第一类是将太阳能简单地集成到朗肯循环（汽轮机）系统中（图 3.9），该系统由太阳能集热器、蒸汽轮机、锅炉、烟囱等组成。系统将太阳能集成到燃煤电站中，可以有效地减少燃料量，节约常规能源和减少污染物排放。

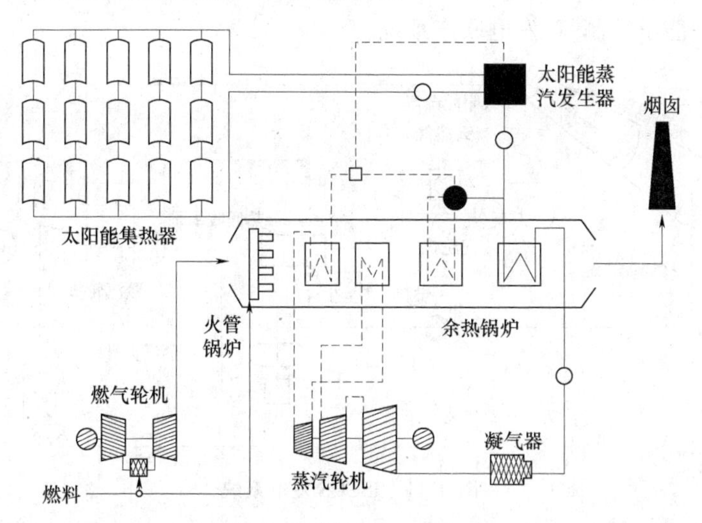

图 3.9 太阳能集成到燃煤电站的多能源互补发电系统

第二类是将太阳能集成到布雷顿循环（燃气轮机）系统中（图 3.10），该系统由太阳能集热器、燃气轮机和燃烧室等组成，它是利用太阳能来加热压气机出口的高压空气，以减少燃料量。在这类电站中，太阳能将空气加热到 800℃，然后进入燃烧室经过燃料加热到 1300℃，最后进入燃气轮机膨胀做功，实现太阳能向电能的转化，该系统的太阳能净发电效率高达 20%，对应的太阳能份额为 29%。

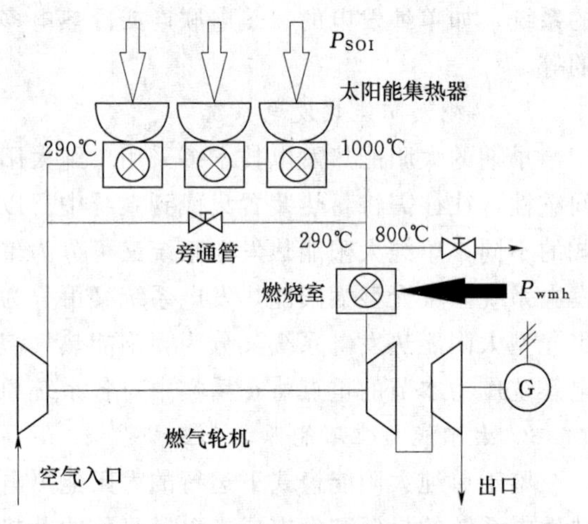

图 3.10 太阳能预热空气的多能源互补发电系统

第三类是将太阳能集成到联合循环中，即 ISCCS。根据所采用的太阳能集热技术和集热温度，可以实现不同温度的太阳能注入方式，其中最为典型的方式是将太阳能注入到余热锅炉中或者直接产生蒸汽注入汽轮机的低压级。图 3.11 给出了一个 ISCCS 系统，它由太阳能集热器、涡轮装置热回收锅炉和燃烧室组成。

3. 太阳能热化学重整复合系统

德国和以色列等国学者提出太阳能热化学重整系统集成的概念，它是利用太阳能热来重整天然气，制得的合成气再进入动力系统进行发电。在太阳能热重整与燃料提升系统中，天然气与水蒸气进行混合，然后进入太阳能重整器中发生催化重整反应。该过程是一个强吸收反应，将太阳能转化为燃料的化学能，使反应后的产物（合成气）的热值得到提升。冷却后的合成气再送人燃烧室替代天然气的直接燃烧。系统中太阳能热化学反应装置是通过低聚光比的抛物槽式集热器将中温太阳热能聚集与碳氢燃料热解或重整的热化学反应相整合，可以将中低温太阳热能提升为高品位的燃料化学能，从而实现了低品位太阳热能的高效能量转换与利用。图 3.12 为中科院工程热物理所金红光研究员等人提出的中温太阳能甲醇制氢-发电联产系统。

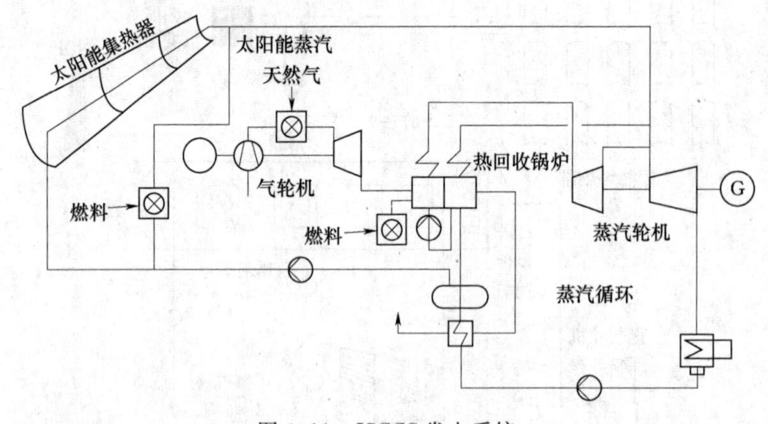

图 3.11 ISCCS 发电系统

3.4.2 聚光型太阳能热发电系统

聚光型太阳能热发电系统是利用聚焦型太阳能集热器把太阳辐射能转变成热能，然后通过汽轮机、发电机来发电。根据聚焦的型式不同，聚光型太阳能集热发电系统主要有塔式、槽式和碟式。

3.4.2.1 塔式

塔式太阳能热发电系统（SPT）是将集热器置于接收塔的顶部，许多面定日镜根据集热器类型排列在接收塔的四周或一侧，这些定日镜自动跟踪太阳，使反射光能够精确地投

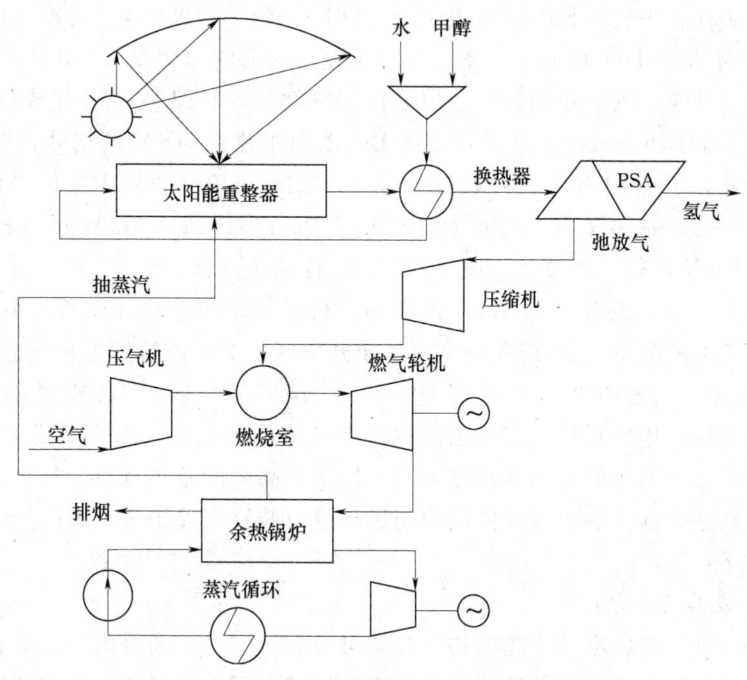

图 3.12 中温太阳能甲醇制氢-发电联产系统

射到集热器的窗口内。投射到集热器的阳光被吸收转变成热能后，便加热盘管内流动的介质产生蒸汽，蒸汽温度一般会达到650℃，其中一部分用来带动汽轮发电机组发电，另一部分热量则被储存在蓄热器里，以备没有阳光时发电用。图 3.13 为塔式太阳能热发电系统流程图，它分别由定日镜阵列、高塔、受热器、传热流体、换热部件、蓄热系统、控制系统、汽轮机和发电系统等部分组成。

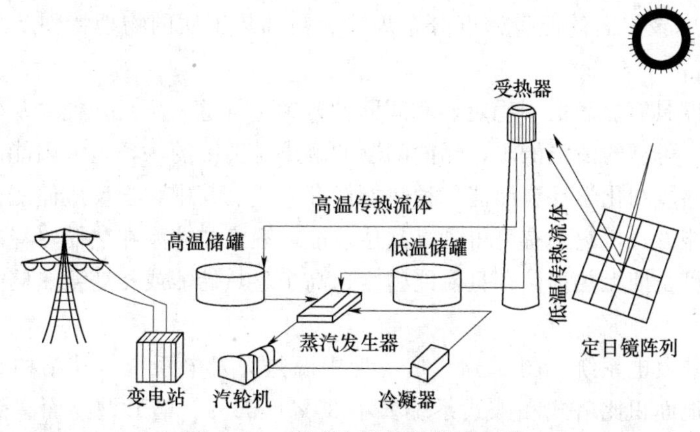

图 3.13 塔式太阳能热发电系统

国外 SPT 的研究开始于 20 世纪 70 年代。至 90 年代中期，一些国家相继建造了多座 SPT 示范电站，因其技术复杂和造价高，此后不再新建示范电站，但相关研究仍在继续，研究的主要方向转向电站模型、大型定日镜和高效储能系统，美国在试验研究方面处于世界领先水平。由美国能源部投资，爱迪生公司、洛杉矶水电部和加利福尼亚能源委员会合作在南加州 Barstow 兴建的 SolarOne 电站于 1981 年建成，1982 年 4 月投入运行，后经对蓄热介质改造成 SolarTwo 电站。日本三菱重工业公司研制出功率为 1MW 的 SunShine 塔式太阳能热发电装置，安装在四国的香川县仁尾町海边，1981 年 9 月建成投运，耗资 50 亿日元。欧洲共同体出资 2500 万美元在意大利西西里建造的 1MW 塔式太阳能热发电装置 Eurelios 电站，于 1981 年 5 月开始投入运行。法国 1979 年投资 128 亿法郎，采用 Ti-Tec 盐为传热介质和储热介质，在其南部比利牛斯山中建造 2.5MW 的 THEMIS 电站，于 1983 年 6 月开始运行，电站共采用了 53.7m^2 的定日镜 200 台。

我国近年来开始重视塔式太阳能热发电并进行塔式系统全尺寸试验研究。2005 年 10 月，我国首座 70kW 的 SPT 系统在南京市江宁开发区建成并成功发电，该电站塔高 33m，共用 32 面定日镜，占地约 40 亩，投资 500 万元。国家“十一五”科技攻关项目计划在我国沙漠地区建立第一座兆瓦级塔式太阳能热发电试验示范电站。为降低成本和提高效率，目前的研究方向是高精确度太阳光跟踪系统，经济且高效的蓄热材料，具有高反射率的延展膜反射材料和适合沙漠缺水地区使用的闭循环发电装置。关于塔式太阳能热发电的关键技术现分析如下：

1. 定日镜及其自动跟踪

定日镜是一种安装在刚性金属结构上双轴可自动跟踪太阳的聚焦型反射镜，由控制系统根据太阳的位置进行方位和角度的调整，以保证将太阳光精确地汇集到高塔顶部的受热器外表面上，并能自动翻转、收拢，以防大风、尘土、冰雹等对其造成损坏。定日镜围绕高塔按一定规律布置成群，用量及占用面积与发电功率有关，布置方案应以年均太阳热利用最优为目标函数。

2. 受热器

受热器（又称太阳锅炉）位于中央高塔顶部，是 SPT 电站中光热转换的关键部件，其作用是将定日镜群汇集来的太阳光能转换为热能，加热工作介质至 500℃以上。受热器的设计应充分考虑聚焦面的能量密度分布规律、被加热工质的物理特件及状态参数。

3. 蓄热系统

太阳辐射强度具有显著的不稳定性和间断性，为弥补这一不足，使之从辅助能源最终变为一种使用方便、可靠的清洁能源，储能问题的解决是关键的一环。太阳能储能分为太阳能显热储能、潜热储能和化学反应储能三种热能储存方式。其中化学反应储能被认为是最具发展前途的一种储能方式，它具有可得到高品位热能，温度与速率在热储（释）能过程中均可控制，在常温下可长期无热损储存且储能密度远高于显热储能或相变蓄热储能等优势。

3.4.2.2 槽式

槽式太阳能热发电系统（图 3.14）是一种中温热力发电系统。其结构紧凑，太阳能热辐射收集装置占地面积比塔式和碟式系统要小 30%～50%。槽形抛物面集热装置的制造所需的构件形式不多，容易实现标准化，适合批量生产。用于聚焦太阳光的抛物面聚光器加工简单，制造成本较低，抛物面场每平方米阳光通径面积仅需 11～18kg 玻璃，耗材最少。

槽式太阳能热发电主要是借助槽形抛物面聚光器将太阳光聚焦反射到接收聚热管上，通过管内热载体将水加热成蒸汽，推动汽轮机发电。基于槽式系统的太阳能热电站主要包括：大面积槽形抛物面聚光器、跟踪装置、热载体、蒸汽产生器、蓄热系统和常规 Ran-

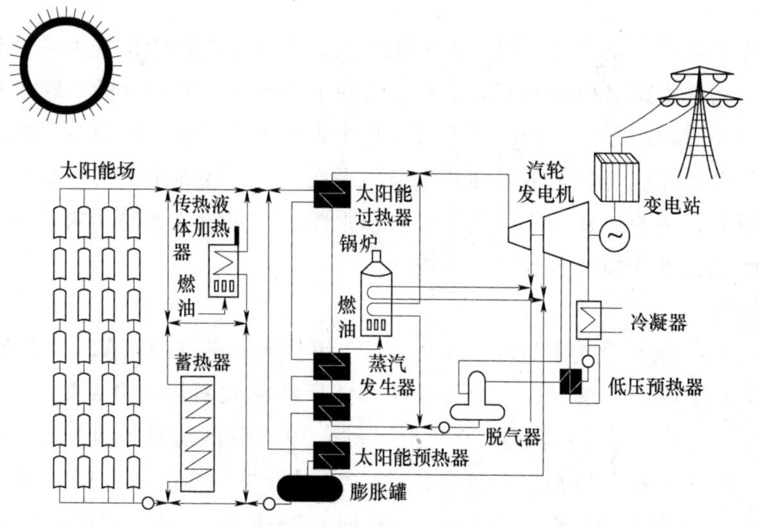

图 3.14 槽式太阳能热发电系统

kine 循环蒸汽发电系统。现将关键技术介绍如下。

1. 聚光器

槽形抛物面镜聚光集热器是反射式聚光器中应用较多的一种，它只需要用一维跟踪就可以获取中温。目前，开发的重点是提高聚光器的效率，如提高反射面加工精度、研制高反射材料、降低制造成本。近年来，国内一些高等院校与企事业单位对槽式抛物面聚光器做了不少单元性试验研究，并成功研制出采光口宽度为 2.5m、长 12m 的槽式聚光器。通过对单向抛物反射器反射面的研究，采用复合蜂窝技术，研制出了超轻型结构的反射面，解决了使用平面玻璃制作曲面镜的问题，降低了制造难度。

2. 吸收器

槽式系统太阳能吸收器的主要发展趋势为真空集热管和腔体吸收器。真空集热管是一种高效太阳能集热元件，从制造真空太阳能集热管的材料来看，又可分为两类：一类为全玻璃真空太阳能集热管；另一类为玻璃-金属真空太阳能集热管。真空集热管的优点为：选择性涂层可以提高阳光的吸收率，减少其发射率；真空夹层使两管间的对流热损失为零；玻璃管外径较小，并且透明，既可减少对阳光的遮挡，也可降低外表面的对流热损。我国自 20 世纪 80 年代中期开始研制真空集热管，攻克了热压封等许多技术难关，建立了拥有全部知识产权的真空集热管生产基地，产品质量已达到世界先进水平，生产能力也居世界首位。玻璃-金属真空太阳能集热管是一种新型的集热管，目前在我国还处于开发阶段，它比全玻璃真空集热管的效率要高若干倍，热循环也要好一些，不会发生管的冻裂，坚固耐用，可做成大、中、小各种太阳能真空集热管，是一种理想的器材。腔体吸收器的结构为一槽形腔体，外表面覆隔热材料，利用腔体的黑体效用，可充分吸收聚焦后的阳光。与真空集热管相比，腔体吸收器具有较低的直射能流密度；腔体壁温较均匀，热性能稳定，集热效率高；无需光学选择性涂层，只需传统的材料和加工工艺；成本低且便于维护，但光学效用不如真空集热管好。在太阳能的中、低温利用中，二者的效率有一相交值，在选择时要根据具体情况选择不同类型的集热装置。

3. 跟踪技术

槽形抛物面镜聚光集热器的跟踪方式按照入射光和主光轴的位置关系可分为两轴跟踪和单轴跟踪。两轴跟踪是根据太阳高度和赤纬角的变化情况而设计的，它具有最理想的光学性能，是最好的跟踪方式，能够使入射光与主光轴方向一致，获得最多的太阳能。单轴跟踪只要求入射光线位于含有主光轴和焦线的平面，它结构简单，实际生产中在跟踪精度要求不高或阳光充裕的地方一般优先考虑单轴跟踪。按焦线位置的不同，单轴跟踪分为南北地轴式、南北水平式和东西水平式三类。

3.4.2.3 碟式

现代碟式太阳能热发电技术在20世纪70年代末由瑞典USAB等发起研究。美国A. Corporation于1984年建立了一套25kW碟式斯特林太阳热发电系统，太阳能-电能的最高转换效率是29.4%。德国SBP公司于1984—1988年间建造了两套大型碟式太阳能热发电装置，安装在沙特阿拉伯的利亚德附近，采用张膜结构的聚光镜，直径17m，工作压力15MPa，当入射光辐照度为1000kW/m^{2}时，净输出53kW，效率达23.1%。此后德国、韩国等国家的科研部门相继展开碟式聚光太阳能热发电技术的研制开发，并已完成样机测试，在这些研究中光电转换效率最高为29.4%，吸热器的效率为65%～90%。国内在碟式太阳能热发电研发与应用方面的报道不多，我国科学院电工研究所从20世纪70年代末期开始从事太阳能热发电研究，另外还有湘潭电机厂。70年代末，湘潭电机厂和美国合作，建成了碟太阳能热发电试验装置，聚光镜直径7.5m，用铝合金制造，分块成形，组合而成，表面贴铝膜，附有电脑控制的双轴跟踪系统；用导热油吸热，然后传热给有机工质，驱动汽轮发电机组发电。试验装置发电3kW，基本达到预定目标，并且在聚光镜设计制造方面积累了宝贵的经验，该工作至1985年告一段落。

目前，碟式发电装置的容量范围一般在5～50kW之间，聚光镜开口直径一般限制在10～20m之间。碟式太阳能热发电装置包括碟式聚光集热系统和热电转换系统，主要由碟式聚光镜、吸热器、热机及辅助设备组成。

1. 碟式聚光镜

碟式聚光镜可分为玻璃片式、整体抛物面式和张膜式三类。美国SAIC/STM25kWe的聚光镜镜面由16块直径3m的张膜圆盘组成，即将许多小玻璃镜片贴在薄不锈钢板上。玻璃片式最早由JPL、AdvanceCorp等单位开发。张膜式结构由SBP、SolarKinetics等单位开发，由LaJet、Cummins、DOE、HTC等单位发展为张膜片式结构。反光材料有铝膜、银膜及薄银玻璃等。目前，美国Sunlab、DOE、SAIC等正在开发一种极具前景的超薄银玻璃反光镜。

2. 吸热器

吸热器是将聚光器汇聚的光能转化为热能。为了使吸热面的热流密度不至于太大，焦点不能直接落在吸热面上，而是落在吸热腔体的开口上，开口应尽可能小，以减小辐射和对流热损失，而吸热面通常放置在焦点后方。对圆柱形、平顶锥形、椭圆形、球形及复合平顶锥形五种腔式吸热器的热性能研究的结果表明，吸热器腔体的形状对系统的能量分布有很大影响，但对吸热器的热效率影响很小。

3. 热机

碟式热电系统中的热机可采用斯特林发动机、低沸点工质汽轮机或燃气轮机等。斯特林发动机（又称热气机）是研究与开发的热点，它是一种高温高压外燃机，使用氢或氦作为循环工质。现代高性能斯特林机的气体工作温度超过700℃，压力达到20MPa。斯特林机的工质气体被交替地加热和冷却，并达到相同的温度和体积。斯特林机通常配置有一个高效换热器，用于回收气体做功后的余热并预热待加热气体。如图3.15所示为斯特林循环的定温压缩、定容吸热、定温膨胀及定容放热四个基本过程。斯特林机的热电转换效率可达40%，其高效率和外燃机特性使得它成为碟式太阳能热发电系统的首选热机。

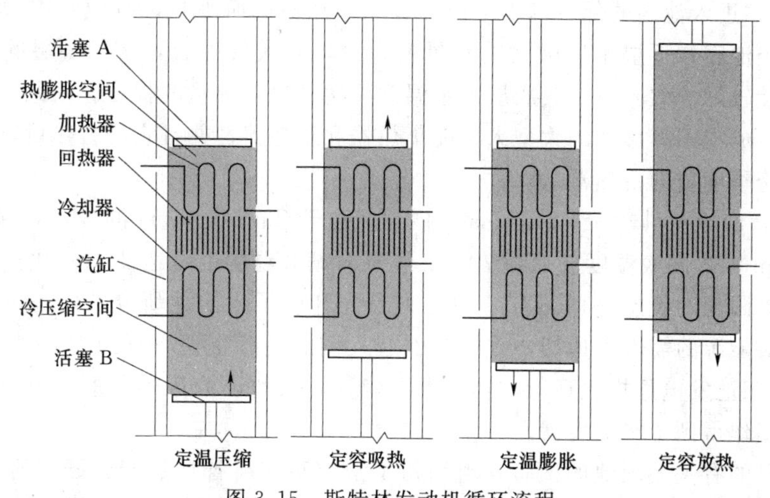

图 3.15 斯特林发动机循环流程

4. 辅助设备

由于太阳辐射随天气变化很大，所以热电转换装置发出的电力不是十分稳定，不能直接提供给用户，需要经过电力变换以输出稳定的交/直流电压。另外，由于太阳能只有白天存在，且对天气变化极为敏感，为了使用户能够在任何需要的时候都能够获得电力，独立的碟式太阳能热发电系统必须采用储能装置、蓄电池和补充能源中的一种或几种方式。储能可以有多种形式，如相变储热和化学储能。相变储热是依靠晶体相变时的大量潜热，在白天阳光充足时将太阳热能储存起来，在夜间或者没有阳光的时候放出热量驱动热机工作。化学储能是利用催化剂在一定条件下的催化作用，使某些化合物在高温下分解，吸收热量，在需要的时候使分解产物在一定条件下化合放出热量驱动热机工作。表3.5对以上三种热发电系统的性能进行了对比。

表 3.5　　几种聚光型太阳能热电系统的性能对比

发电方式	发电功率/MW	运行温度/℃	年容量因子/%	峰值效率/%	年净效率/%	商业化情况	技术开发风险
槽式系统	30～320	390、734	23～50	20	11～16	可商业化	低
塔式系统	10～20	565、1049	20～77	23	7～20	示范	中
碟式系统	5～25	750、1382	25	24	15～25	试验模型	高

3.4.3　太阳池热能发电系统

由于水对长波辐射几乎是不透明的，所以当太阳辐射进入池内后，红外部分在水面以下几厘米的范围内就全部被吸收掉了。而可见光和紫外线则可穿透清洁水达几米的深度，并由涂黑的池底所吸收。因为水是热的不良导体，所以池底所吸收的热量很少能通过传导散失到大气中去。此外，只要池水中的盐浓度梯度满足一定的稳定性条件，池水在垂直方向上也基本不会发生对流，因此通过对流产生的热损失也很小。同时，池底和池水作为辐射源，由于其温度都较低（小于100℃），所以辐射的波长多在远红外区，全部都被池水本身所吸收，因而辐射热损失也极小。总之，太阳辐射除在池水表面层发生损失外（当然，由于池水从上至下的浓度不断增大，其折射率也不断增大，还会发生多次反射损失，但其值很小），进入池内的部分基本上全部被池水和池底所吸收，且池水本身还可以作为隔热体，防止池底和下层水所吸收的热量朝上散失到大气中去，所以底层的池水温度最高，以致设计较好的太阳池，其底层池水温度可达到接近沸腾的程度。因此。太阳池是一种结构简单、成本不算昂贵的大型太阳能集热器和蓄热器，并且它的蓄热量较大，还可以作为长期（跨季度）的蓄热器。

1902年，匈牙利科学家Kalecsinsky偶然在位于Transylvania的Medve湖内观察到，夏末时1.32m深的湖底温度已达到70℃，早春时湖底温度也高达26℃，由此他首次提出了人工建造太阳池的设想。1958年，以色列首先开始了太阳池研究，但是由于当时的技术水平低和对能源的需求不迫切，并没有引起人们的足够重视。直到1979年以色列建造的150kW太阳池发电厂投入运行，加上世界能源短缺和环境污染严重等因素，才使得太阳池的研究工作得到了飞速发展。

国内最早的有关太阳池的试验是由郑州工学院和甘肃省自然能源研究所分别于1977年和1978年进行的。之后，徐河和李申生等对太阳池蓄能及太阳池非线性浓度梯度区在理论、模拟计算方面和试验方面进行了研究，但在太阳池热能发电技术应用上国内尚属空白。

1. 太阳池热能发电的原理

太阳池热能发电的工作原理是利用高温盐溶液在蒸发器内使低沸点介质蒸发产生蒸汽，推动汽轮机并带动发电机发电，从汽轮机排出的蒸汽进入冷凝器冷凝，冷凝液用循环泵抽回蒸发器。图3.16所示为太阳池发电系统原理图。

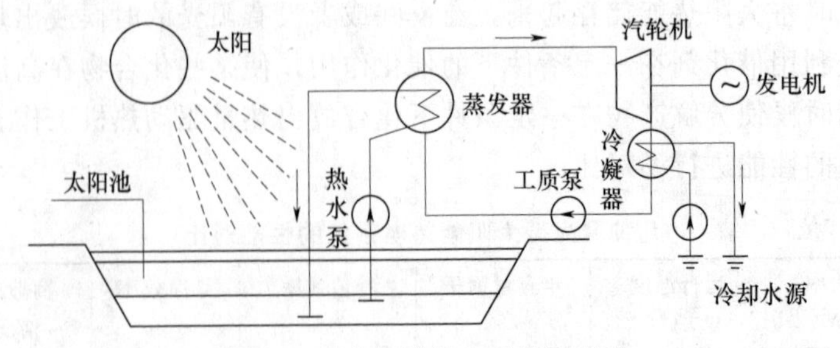

图3.16　太阳池发电系统原理图

2. 太阳池热能发电在我国的应用前景

由于盐价往往占整个太阳池造价的1/4～1/3，因此在盐湖附近建造太阳池可以大大降低成本。而我国是一个多盐湖的国家。据2000年最新资料统计，我国有盐湖1500多个，在占全国面积将近1/2的区域内，均有现代盐湖或地下孔隙卤水断续分布。青藏高原、新疆、内蒙古等地区是我国盐湖分布的稠密区，也是世界盐湖分布最集中的地区之一，所以我国开展盐湖太阳池的应用性研究工作是十分适宜的。另外，直接利用海水作为储热区的太阳池，不仅简便易行，而且不用担心水体对环境的污染，而我国有着大于32000km的海岸线。所有这些都为我国太阳池发电的应用提供了自然条件。

太阳池热发电方式的最突出优点是构造简单、生产成本低，它几乎不需要价格昂贵的不锈钢、玻璃和塑料一类的材料，只要一处浅水池和发电设备即可。另外它能将大量的热储存起来，可以常年不断地利用阳光发电，即使在夜晚和冬季也照常可以利用。因此，有人说太阳池发电是所有太阳能应用中最为廉价和便于推广的一种技术。有关学者提出组合式太阳池电站的设计思想，即利用热泵、热管等技术将太阳能和地热、居室废热等综合利用起来，使太阳池发电的成本大大下降，并且一年四季都可以用，即夏天用于空调，冬天用于采暖。

3.4.4 太阳能热气流发电系统

1978年1月，德国斯图加特大学教授J. Schlaich博士在一篇会议论文中首先阐述了“太阳能烟囱电站”的发电技术新构想，J. Schlaich博士从“太阳能烟囱电站”的可行性、发电理论、制造技术等方面进行了详细的论证，并于20世纪80年代初在原西德研究技术部和西班牙电力公司的支持下，在西班牙马德里南150km的Manzanars建造了一座造型奇特的太阳能试验电站，并且通过试验获得成功。

目前，国外在太阳能热气流发电领域的研究集中在太阳能热气流电站的可行性、发电效率的提高、局域生态环境的治理及综合治理利用等问题上，尚没有重大理论和技术突破。国内在该研究方面与世界先进国家存在较大差距。

1. 太阳能热气流发电的原理

由图3.17可以看到，在以大地为吸热材料的地面大棚式太阳能空气集热器中央建造高大的竖直烟囱。烟囱的底部在地面空气集热器的透明盖板下面开设吸风口，上面安装风轮，地面空气集热器根据温度效应生产热空气，从吸风口吸入烟囱，形成热气流，驱动安装在烟囱内的风轮并带动发电机发电。这就是太阳能热气流发电的原理。

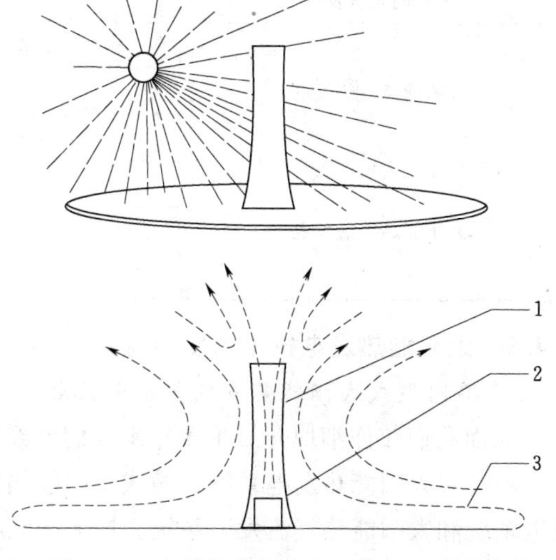

图3.17 太阳能热气流发电的原理示意图
1—烟囱；2—风力机；3—集热器

太阳能热气流发电站的实际构造由三部分组成：大棚式地面空气集热器、烟囱和风力机。太阳能热气流发电站的地面空气集热器是一个近地面一定高度、罩着透明材料的大棚。阳光透过透明材料直接照射到大地上，大约有50%的太阳辐射能量被土壤所吸收，其中1/3的热量加热罩内的空气，1/3的热量储于土壤中，1/3的热量为反射辐射和对流热损失，所以，大地是太阳能热气流电站的蓄热槽。

形成的热空气能在烟囱中流动是由于烟囱内外侧空气的温差，也就是密度差，产生了驱动空气在烟囱内向上流动的动力。这里的烟囱是将空气中的热能转换为压力能的变换器。烟囱的效率随其高度而线性增大，并当空气和地面温差降到只有几摄氏度时保持恒定。

研究表明，影响电站运行特性的因素有云遮、空气中的尘埃、集热器的清洁度、土壤特性、环境风速、大气温度叠层、环境气温及大棚和烟囱的结构质。

2. 太阳能热气流发电的优点

太阳能热气流发电站技术得到国内外专家同行的赞誉和支持。计算表明，建造一座功率为10～100MW的太阳能热气流发电站，集热棚直径为1～2km，烟囱高度为400～600m，而200～300MW装机容量的太阳能热气流发电站被认为是比较经济的。能量密度低、日照波动大是太阳辐射的基本特征，也是人类在大规模开发和利用太阳能时难以逾越的障碍。但是，太阳能热气流发电克服了上述困难，显现出十分明显的优势：①发电成本远低于其他太阳能热电技术（表3.6），且可大规模开发；②不需要冷却水，只占用沙漠和戈壁滩等荒芜土地，这对于太阳光充足但严重缺水的国家具有重要意义；③设计、施工简单，建筑材料如玻璃、水泥和钢材等均可在当地获得；④集热棚可以利用所有太阳直射和散射辐射，故多云天气同样可行，而晚上放热形成热气流继续发电，使电站能够连续发电；⑤电站运行非常可靠，仅涡轮机、传动装置和发电机是电站的运动部分，发电设备简单，一次性投资与建造同容量的水电机组相近，运行维修费用低廉；⑥电站不需燃料，替代相同规模的燃煤电站可减少SO_x、NO_x、CO_2的排放量，还可以利用温室效应绿化环境，改善气候条件，提高进口空气质量，具有良好的经济效益和社会效益；⑦不需要高技术的设备和人才，维修方便，无须引进外资，减少了发电投资，同时可以创造大量的工作机会。

表3.6　太阳能热气流发电与其他太阳能热电技术的成本比较

发电方式	系统形式或容量	成本/(万元/MW)
太阳能光伏发电	并网形式	4.4（电池组件）
太阳能高温热发电	塔式系统	2.1～3.7
	槽式系统	2.3～3.4
	碟式系统	2.1～10.7
太阳能热气流发电	30MW	1.4～3.6（附加蓄能装置）
	100MW	1.1～2.6（附加蓄能装置）
	200MW	1.0～2.0（附加蓄能装置）

3.4.5 太阳能热发电技术的发展前景

1. 不同型式太阳能热发电系统的比较

前面我们较详细地介绍了多年来人们已经进行了大规模研究开发的五种太阳能热发电系统，即塔式太阳能热发电系统、槽式太阳能热发电系统、碟式太阳能热发电系统、太阳池热发电系统和太阳能热气流发电系统。按太阳能收集方式进行分类，前三种为聚光方式太阳能热发电系统，是中高温太阳能热发电系统；后两种为非聚光方式太阳能热发电系统，是低温太阳能热发电系统。对五种太阳能热发电系统的性能和技术进行比较，见表3.7。

表 3.7 五种太阳能热发电系统性能和技术比较结果

型式	聚光集热方式	工作温度/℃	合适商用电站容量/MW	年平均电站效率/%	比投资/(美元/kW)	发电成本/(美分/kW)	技术特点评估	应用范围
塔式发电	聚光高温	560	30～200	13～14	～5000	18～23	(1) 跟踪复杂，难度大。 (2) 能量收集代价高。 (3) 已进入中间试验阶段	大容量并网发电
槽式发电	聚光中温	400	30～80	15～17	3000～5000	15～25	(1) 跟踪简单。 (2) 能最收集代价高。 (3) 已进入商用发电阶段	中等容量并网发电
碟式发电	聚光高温	650	7.5～25	16～18	6000～8000	70～90	(1) 跟踪复杂。 (2) 能量收集代价高。 (3) 处于试验阶段	小容量，分散发电，边远地区独立供电
太阳池发电	非聚光低温	80	300～1000				(1) 不需跟踪。 (2) 能量收集代价低。 (3) 环海大规模开发。 (4) 开发利用受地域限制	大容量并网发电
热气流发电	非聚光低温	50	5～20			10～20	(1) 不需跟踪。 (2) 能量收集代价低。 (3) 技术较简单。 (4) 处于原理性试验阶段	中小容量并网发电

2. 发展前景

太阳能热发电技术至今仍是一个发展中的新技术，经过这么多年来广大太阳能科学研究者的不断研究与探索，已经取得了很大进展，尤其是20世纪80年代后期LUZ公司对槽式太阳能热发电研究开发所取得的成果表明，不可简单地否定太阳能热发电技术，应该继续进行研究开发。

目前，全世界一年大约生产电力9500TW·h，装机容量为2600GW，全世界每年对供电系统的投资超过3200亿美元。保守预测，电力年需求量按4.5%增长，则全世界发展中国家2010年每年大约需要增加发电容量和相关输配电设备80GW，平均每年耗资达1250亿美元。

大多数国家尤其是人口密集的发展中国家，其太阳能资源丰富，是太阳能技术很好的市场，存在巨大的市场发展潜力。目前，世界上太阳总辐照量超过2000kW·h/(m^2·a)的36个国家，都具有很好的发展太阳能热发电技术的能源资源基础。这些国家的常规能源发电的装机容量约400GW，如按上述的4.5%增长率计算，每年需要新增装机容量为18GW。国际能源署曾以地中海为例，对该地区适合发展太阳能热电技术的国家，如意大利、西班牙、埃及、阿尔及利亚等14个国家的太阳能热发电站前景做过预测，到2025年可以达到23000MW。

习 题

1. 简述太阳能利用的形式都有哪些。
2. 太阳能发电的特点是什么?
3. 太阳能光伏发电系统的工作原理是什么?
4. 太阳能光伏发电系统的应用方式有哪些? 各自的主要特点是什么?
5. 旁路二极管有什么作用?
6. 简述太阳能并网光伏发电系统的组成及安全保护措施。

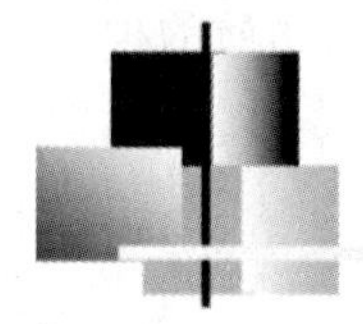

第4章

生物质能及其利用

4.1 生物质能概述

所谓生物质能，就是太阳能以化学能形式储存在生物质中的能量形式，即以生物质为载体的能量。生物质能是一种可再生的新型清洁能源，具有环保节能、低碳减排等特点。它直接或间接来源于绿色植物的光合作用，可转化为常规的固态、液态和气态燃料，取之不尽、用之不竭。利用生物质能可以减少人类对大气的污染，减少碳排放，使废物再次循环利用。我国生物质能源资源丰富，发展前景广阔，在国家政策的大力扶持下，发展生物质能具有深远意义，合理开发利用生物质能，节能减排造福人类。

4.1.1 生物质能的概念

4.1.1.1 生物质与生物质能

1. 生物质

地球上能量的终极来源，除了形成之初集聚的核能与地热之外，与我们关系最密切的是地球形成后来自太阳的持续辐射。在绿色植物出现之前，辐射能尽散失于大气，只有绿色植物可以利用日光，将它吸收的二氧化碳（CO_2）和水（H_2O）合成碳水化合物，将光能转化为化学能并储存下来。绿色植物是地球上最重要的光能转换器和能源之源。碳水化合物是光能储藏库，生物质是光能循环转化的载体，此外，煤炭、石油和天然气也是地质时代的绿色植物在地质作用影响下转化而成的。

生物质是一种绿色植物通过大气、水、土地，以及阳光所产生的可再生的和可循环的有机物质，是一种持续性资源，包括农作物、树木和其他植物及其残体。生物质如果不能通过能源或物质方式被利用，微生物就会将它分解成水、二氧化碳及热能。因此，人类利用生物质作为能源来源，无论是作为粮食、取暖、发电或生产燃料，都是符合大自然的循环体系的。

生物质这个词汇真正超越其物质本身，并被大家所不断地关注，不断地定义是在石油危机爆发以后，当时能源短缺对经济发展的制约越来越明显，世界各国开始寻找新的替代能源。近年来，能源短缺问题已经成为全世界普遍关注的问题。大气污染、温室效应等环境问题日益突出，人们迫切需要找出一个能源安全的根本途径和替代方法。在太阳能、风能、生物质能这三大可再生自然能源中，生物质能是最具可存储性、特异性、可机性，并是唯一物质性的能源。

生物质是指生物体通过光合作用生成的有机物，包含所有动物、植物、微生物，以及由这些生命体排泄和代谢所产生的有机物质，是地球上存在最广泛的物质。生物质的种类繁多，植物类中有杂草、藻类、农林业废弃物（如秸秆、谷壳、薪柴、木屑等）；非植物类中有畜禽粪便、城市有机垃圾及工业废水等（表4.1）。

表4.1 生物质种类及其可能利用率

生物质种类		可能利用率/%
农业废弃物	稻、麦、玉米、根茎作物、甘蔗（收获时的残余物）	25
	甘蔗（榨渣）	100
畜业废弃物	牛、猪、马、鸡、牛、羊等动物粪便	12.5
林业废弃物	产业用原木材残余物	75
	燃料木材残余物	25
	用料碎屑	100

从有效利用资源的角度，生物质资源的分类如图4.1所示。

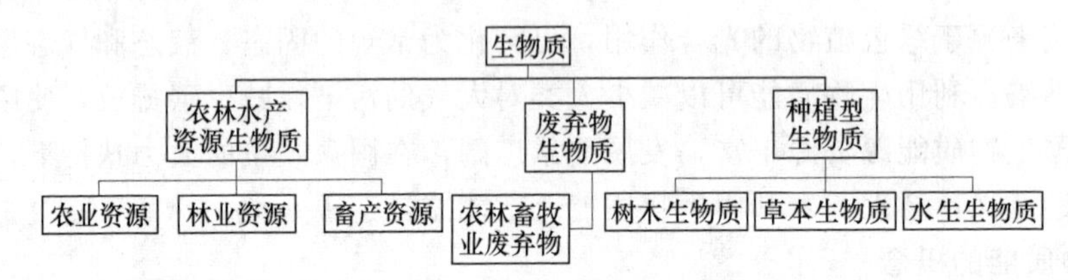

图4.1 生物质资源的分类

2. 光合作用产生生物质

绿色植物（包括光合细菌）吸收光能，同化二氧化碳和水，制造有机物质并释放氧气（O_2）。人们对植物光合作用这一重要生命现象的发现，以及对光合作用的认识，经历了由表及里的漫长过程。

光合作用对整个生物界具有巨大的作用，它不仅是植物体内最重要的生命活动过程，也是地球上最重要的化学反应过程。光合作用一是把无机物转变成有机物。每年约合成5×10^{11}t有机物，可直接或间接作为人类或动物界的食物。据估计，地球上的自养植物一年中通过光合作用同化约2×10^{11}t碳元素，其中40%是由浮游植物同化的，余下的60%是由陆生植物同化的。二是将光能转变成化学能。绿色植物在同化二氧化碳的过程中，把太阳光能转变为化学能，并蓄积在形成的有机化合物中。人类所利用的能源，如煤炭、天然气、木材等都是过去或现在的植物通过光合作用所形成的。三是维持大气中氧气和二氧化碳的相对平衡。在地球上，由于生物呼吸和生物质燃烧，每年大约消耗3.15×10^{11}t氧气，如果按照这样的速度计算，大气层中所含的氧气将在3000年左右就被耗尽。然而，绿色植物在吸收二氧化碳的同时每年也释放出5.35×10^{11}t氧气，所以大气中氧气的含量仍然基本维持在21%。由此可见，光合作用是地球上规模最大的把太阳能转变为可储存的化学能的过程，也是规模最大的将无机物合成有机物并释放氧气的过程。从物质转变和能量转变的过程来看，光合作用是地球生命活动中最基本的物质代谢和能量代谢的过程。

生物质是太阳能最主要的吸收器和储存器。太阳能照射到地球后，一部分转化为热能，一部分被植物吸收，转化为生物质能。转化为热能的太阳能能量密度很低，不容易收集，只有少量能被人类所利用，其他大部分热能存于大气和地球上的其他物质中。生物质通过光合作用，能够把太阳能富集起来，储存有机物中，这些能量是人类发展所需能源的源泉与基础。根据这种独特的形成过程，生物质能既不同于常规的矿物能源，又有别于其他新能源，兼有两者的特点和优势，因此，它是人类最主要的可再生能源之一。

各种生物质都有一定的能量，人们肉眼虽看不到微生物，但其能量却很惊人，由生物质产生的能量称为生物质能。科学家们从研究中发现，尽管生物质千变万化，形态不一，然而其产生都离不开太阳的辐射能。这就找到了能源之本。据气象学家分析，进入大气层的太阳辐射能，起码有 0.02%是被植物吸收进行了光合作用。这万分之几，其实折算起来就有 400 多亿千瓦的能量。然而，人类自从发现火以来，至今仍在大量消耗薪柴等生物质，特别是发展中国家的农村，由于技术落后，生物质能的利用率极低，每年白白浪费了很多生质能。从目前世界总能耗的比重来看，生物质能按能量计算仅占 14%左右。但是生物质资源巨大，技术潜力更大，并且是生生不息的可再生能源，足够人类很好地开发利用。

4.1.1.2 生物质能

1. 生物质能的种类

在世界的能耗中，生物质能约占 14%，在不发达地区占 60%以上。全世界约 25 亿人的生活能源 90%以上是生物质能。生物质能的优点是容易燃烧，污染很少，灰分较低；相对而言，缺点是热值及热效率比较低，体积大而不易运输，直接燃烧生物质的热效率为 10%～30%。另外，生物质能与化石能源均属于以碳（C）、氢（H）元素为基本组成的化学能源，这种化学组成上的相似性也带来了利用方式的相似性，因此生物质能的利用、转化技术需要在已经成熟的常规能源技术的基础上发展与改进，合理利用生物质能现代化开发与利用技术，有效地发挥生物质能的可再生性。生物质能的分类见表 4.2。

表 4.2　生物质能的分类

类别		常规能源	新能源
一次能源	可再生	水能	生物质能、太阳能、风能、潮汐能、海洋能
	非再生	原煤、原油、天然气	油质岩、核燃料
二次能源		焦炭、煤气、电力、氢气、蒸汽、酒精、汽油、柴油、煤油、液化气、木炭、沼气等	

注：1. 一次能源是从自然界取得后未经加工的能源。
2. 二次能源是指经过加工与转换而得到的能源。

2. 常见的生物质能

生物质能资源的种类繁多，分布很广泛，常见的生物质能主要有以下几种：

（1）薪柴和林业废弃物，是以木质为主体的生物质材料，是人类生存、发展过程中利用的主要能源，目前，它还是许多发展中国家的重要能源，是生物质气化转化的主要原料。

（2）农作物残渣和秸秆，是最常见的农业生物质资源。农作物残渣具有水土保持与土壤肥力固化的功能，一般不作为能源利用。秸秆大多用于饲料，目前是生物质气化和沼气发酵的重要原料。

（3）养殖场牲畜粪便，是一种富含氮元素（N）的生物质材料，可作为有机肥加工的重要原料，干燥后可以直接燃烧供热，与秸秆一起构成沼气发酵的两大主要原料。

(4) 水生植物，是一种还未被充分认识和利用的生物质燃料，主要有水生藻类、浮萍等各种水生植物。国内许多淡水湖泊因营养化而滋生大量水生植物与藻类，如能有效结合水体的治理，大规模收集水生植物并转化，对能源的再利用具有十分重要的意义。

(5) 制糖工业与食品工业的作物残渣，大多为纤维类生物质，相对比较集中，便于利用。特别是制糖作物残渣（如甘蔗渣）是世界各国都在重点利用的生物质能原料。

(6) 工业有机废物、城市有机垃圾的利用早已被世界各国所关注。目前，直接焚烧供热、气化发电，以及发酵用于生产沼气等技术已日趋成熟。

(7) 城市污水，是唯一属于非固体型的生物质能原料，通过发酵技术可在治理废水的同时获得以液体或气体为载体的二次能源。

(8) 能源植物，是以直接燃料为目标的栽培植物。与普通的生物质材料相比较，能源植物一般都由人工进行规模化种植。所选择的植物经过筛选、嫁接、驯化、培育以提高产量，产能效率。薪柴林也是一种能源林，美国、巴西、瑞典都有大规模的薪柴林场。可以作为薪柴种植的植物有很多，一般以速生树木为主，三五年即能收获。例如，在中国南方地区种植的桉树、竹柳等，中国具有丰富的荒山荒坡和边际性土地资源，应以发展能源植物作为目标进行能源种植。

3. 我国主要的生物质资源

我国有丰富的生物质能源，据统计，我国理论生物质能资源50亿t左右。有资料表明，我国的生物质资源主要来自农林废弃物、薪柴、禽畜排泄物、城市有机垃圾和工业有机垃圾（如谷物加工厂、造纸厂、木材厂、糖厂、酒厂和食品厂等产生的）等，每年新增总量达4.87亿t。其中约有相当于3.7亿t的生物质资源用于发电和供热，占总量的76%。中国有丰富的林业生物质资源。有宜林荒山荒坡和灌木林1亿hm^2，“十二五”天然林抚育面积1.2亿hm^2，可产生9亿t林业剩余物。

4.1.1.3 传统生物质资源

1. 农作物秸秆

我国作为世界农业大国，农作物的种类很多，而且数量也较大。水稻、玉米和小麦是三种主要的农作物，其产生的废弃物秸秆是我国主要的生物质资源之一。秸秆是一种有机物，由可燃质、无机物和水分组成，主要含有碳、氢、氧元素及少量的氮、硫等元素，并含有灰分。作物秸秆的集中产区与主要粮食产区是一致的，按照省（自治区）的前十名排序是河南、山东、黑龙江、河北、吉林、江苏、四川、湖南、湖北和内蒙古，多在我国东部产粮区。

2. 薪柴

薪柴是几个世纪以来人类所用的主要能源，它不仅可应用于家庭，还可广泛应用于工业，至今仍是许多发展中国家的重要能源。能够提供薪柴的树木不只是薪柴林，其他如用材林、防护林、灌木林及周边散生林等均可提供一定数量的薪柴。我国每年的薪柴产量大约8860万t，大约占农村生活用能的40%，并大多在粗放式使用。但是由于薪柴的需求导致林地日减，今后应该适当规划与广泛植林。

3. 禽畜粪便

禽畜粪便也是一种重要的生物质资源，其资源量与畜牧业有重要的相关性。从禽畜粪便的可获得性来分析，中国主要的畜禽是牛、猪和鸡。我国禽粪资源大约为每年30亿t。主要分布在河南、山东、四川、河北、湖南等养殖业和畜牧业较为发达的地区，五省共占全国总量的39.5%，从构成上看，畜粪资源主要来源于大牲畜和大型畜禽养殖场。其中牛粪占全部畜禽粪便总量的33.61%，主要来自于养殖场的猪粪则占总量的34.45%。禽畜粪便的收集和利用方式对原料资源的可收集程度关系很大，国家每年有数十亿元补贴农民修建户用沼气池，极为分散的猪粪尿也可以被利用上，无效资源几乎可以忽略不计。户用沼气池有“一池三改”（改猪圈、改厕所、改厨房，修一个沼气池）、“四合一（厕所-猪圈-沼气-温室大棚）”、“猪、沼、果”等多种模式。

4. 工业有机废弃物

工业有机废弃物可以分为工业固体有机废弃物和有机废水两类。在我国，工业固体有机废弃物主要来自于木材加工厂、造纸厂、糖厂和粮食加工厂等，包括木屑、树皮、甘蔗渣、谷壳等。工业有机废水资源主要来自食品、发酵、造纸工业等行业，全国工业有机废水排放量超过25亿t。据统计，全国乡镇企业排放的废渣总量达到14亿t，工业固体废物累计堆存量达到67.5亿t。我国广东、广西一带资源丰富，如在广东地区年产180万t干甘蔗渣，除少量用于造纸和制造糠醛外，大部分作为燃料烧掉。

工业有机废弃物排放集中，易于收集，可与环保治理相结合，利用率高。技术比较成熟，如果技术、设备、资金和政策到位，是一项重要的生物质能源的原料来源。

5. 城市有机垃圾

随着经济的快速发展，我国城市化水平迅速提高，城市数量和规模正在不断地扩大，与此同时，我国城镇垃圾的产生量和堆积量也在以年增长率10%的速度逐年增加。城镇生活垃圾主要是由居民生活垃圾、商业垃圾、服务业垃圾和少量建筑垃圾等废弃物所构成的混合物。在我国，垃圾中的有机成分一般在30%～60%之间，最高可达到95%左右。

4.1.1.4 现代生物质能源

现代人们逐渐认识到矿物能源的重大缺陷，即资源的有限性，以及大量使用矿物能源所造成的日益沉重的环境压力。在不久的将来，矿物能源不可避免的退出历史舞台。因此，人类必须寻求新的替代能源，才能维持正常的生存条件，进入更加繁荣发达的未来社会。而这一观念正在成为发展现代生物能源工业的巨大推动力。所谓现代生物质资源主要指专门为能源生产工业提供原料而发展的生物质资源，如能源植物等。事实上，基于能源植物的能源农业和能源林业等概念已经在国内形成，并通过试验、示范逐步成熟。有些现代生物质能源工业技术已经成熟，并进入推广阶段。

（1）薪炭林是以生产燃料为主要目的的林木，树种生长快、适应性和抗逆性强，热能高、易点燃、无恶臭、不释放有毒气体、不易爆裂。据统计，我国现有400多万hm^2薪炭林，每年可获得约1亿t高燃烧值（生物量）的薪柴。

（2）草本植物中，甜高粱具有耐干旱、耐水涝、抗盐碱等多重抗逆性，素有“高能作物”之称。亩产300～400kg粮食及4t以上茎秆，茎秆汁液含糖量16%～20%。每16～18t茎秆可产生1t燃料乙醇。目前，全国高粱播种面积为530多万m^2（其中甜高粱26万m^2），高粱茎秆总产量250多t。2005年，我国木薯种植面积约430万m^2，总产量约730万t，可生产燃料乙醇（C_2H_5OH）约100万t；甘薯种植面积约为5000万m^2，总产量1亿多

t，其淀粉含量在18%～30%。约8t甘薯可生产1t燃料乙醇；甘蔗种植面积约2000多万亩，总产量为8600多万t。甘蔗主要用于制糖，所产生的副产品糖蜜340多万t，可以生产乙醇燃料80万t左右，折合标准煤110万t左右。

(3) 植物性油料作物本身（或与柴油混合）可作为内燃机燃料。绝大多数油料作物都有非常强的适应性和适寒性，种植技术简单，植物油储存和使用安全。我国油料作物的种植面积为1310万hm^2，含油籽粒年产量2250万t，但主要为食用。目前我国科学家已经对一些野生油料植物进行能源利用研究。在公布的《外商投资产业指导目录（2011年修订）》中显示，我国将鼓励外商投资油棕、木本使用油料生产，同时鼓励外商进行油菜籽收获机、甘蔗收割机、甜菜收割机等农业机械的研发和生产。

(4) 目前已有人建议直接利用植物生产汽油和其他碳氢化合物。我国在"十一五"期间已经开始开展绿玉树的研究工作，试图培育一种能够通过光合作用直接生产液体烃类燃料的植物。

4.1.2 生物质能的特点

世界能源消耗中，生物质能约占14%，在不发达地区占60%以上。生物质能的优点是容易燃烧，污染少，灰分较低；缺点是热值及热效率低，体积大不易运输。随着现代科学技术的发展，人们已有能力继续挖掘生物质能的潜力，有效合理地开发利用生物质能。

4.1.2.1 生物质能的特征

生物质能作为煤炭和石油的替代能源，进入21世纪以后，发展空间巨大，为缓解地球环境压力做出了突出贡献，它具有以下特征。

1. 可再生性

生物质能属可再生资源，它是在光和水作用下可以再生的唯一有机资源。生物质能由于通过植物的光合作用可以再生，与风能、太阳能等同属可再生能源，资源丰富，为能源的永续利用提供了保障。

2. 低污染性

生物质的含硫量、含氮量低；由于生物质在生长时需要的二氧化碳相当于它燃烧时排放的二氧化碳的量，因而作为燃料时对大气的二氧化碳净排放量近似于零，可有效地减轻温室效应。

3. 广泛分布性

生物质能具有广泛的分布性，空间巨大。在缺乏煤炭的地域，可充分利用生物质能替代传统能源使用。

4. 可存储性与替代性

生物质能是有机资源，可以对于原料本身或其液体或气体燃料产品进行存储。

5. 巨大的存储量

由于森林树木的年生长量十分巨大，相当于全世界一次性能源的7～8倍，实际可以利用的量按该数据的10%推算，可以满足能源供给的要求。

6. 碳平衡

生物质燃烧释放出来的二氧化碳可以在再生时重新固定和吸收，所以不会破坏地球的二氧化碳平衡。近年来，政府间气候变化委员会（Intergovernmental Panel on Climate

Change，IPCC)、联合国气候变化框架公约缔约大会（Conferenceof the Parties to the United Nations Framework Convention on Climate，FCCC—COP，通称 COPx，$x=3\sim7$）所提倡的减轻气候变暖的对策大量利用生物质，其根据就在于此。

7. 多样性

生物质能具有产品上的多样性，其能源产品既有物理态的热与电，又有液态的生物乙醇和生物柴油、固态的成型燃料、气态的沼气等，还有非能的生物塑料等材料以及系列生物化工产品：

4.1.2.2 生物质能的地位

世界各国在调整本国能源发展战略中，已把高效利用生物质能放在技术开发的一个重要位置。生物质能源将成为 21 世纪的主要能源之一。20 世纪 70 年代以来，人们对石油、煤炭、天然气的储量和可开采时限做过种种的估算与推测，尽管人们目前还在探讨石油开始匮乏的时间（表 4.3），但是，不可再生的化石燃料终将耗尽却是无可争辩的事实。居安思危，开发替代能源非常必要。

表 4.3 不可再生能源占全球能耗比例及可用年限

能源种类		占全球能耗的比例/%	可使用时间/年
化石能源	煤	25	220
	石油	32	40
	天然气	17	60
核能（裂变）		4	260
总和		78	

生物质能作为一种能源物资，相对于化石等能源，具有突出的特性：

1. 时空无限性

生物质的产生不受地域的限制，在符合光照条件的前提下，也不受时间的限制。生物质的时空无限性是化石能源所无法比拟的，因而现在人类将目标瞄准了生物质能。地球生命活动为人类提供了巨大的生物质资源，这是生物质特性的直接反映。初步估计，每年地球上由植物光合作用固定的碳约为 2×10^{11}t，含有的能量约为 3×10^{21}J，相当于人类每年消耗能量的 10 倍。

2. 可再生性与减少二氧化碳排放的特性

在太阳能转化生物质能的过程中，二氧化碳与水是光合作用的反应物。在生物质能消耗的同时，二氧化碳与水又是过程的最终产物。生物质的可再生性表明，利用生物质能可实现温室气体二氧化碳的零排放，化石能源的使用，会大量排放二氧化碳，造成温室效应。每增加 1t 生物质能源的消费可以减少相当于化石能源 2t 温室气体的排放。面对当前世界性的能源危机和环境危机，尤其是温室气体日益增多时，生物质能源的开发利用得到了普遍重视，许多国家和地区都制定了生物质能源开发利用规划及技术开发路线图，使生物质能源每年都以 10%递增，发展迅速。

3. 洁净性

生物质资源是一类清洁的低碳燃料，由于其含硫量和含氢量都比较低，同时灰分含量也很小，因此燃烧后，硫氧化物、氮氧化物和灰尘排放量都比化石燃料得的多，是一种清洁的燃料。以秸秆为例，1万t秸秆与能量相当的煤炭比较，在其使用过程中，二氧化碳排放量减少1.4万t，二氧化硫排放量减少40t，烟尘减少100t。

4. 分散性

除了规模化种植的作物及大型工厂、农场的废弃生物质原料外，生物质的分布极为分散。生物质的分散处理与利用既不利于生物质转化成本的降低，也很难使生物质能源成为能源资源系统的主流能源。生物质的集中处理必然加大运输成本比例。这是目前生物质能在能源系统中所占比例不高的重要原因。

4.1.3 生物质能的利用现状

4.1.3.1 全球生物质能的开发利用

1. 国外开发及利用状况

据统计，全世界总能耗的1/7来自生物质能，尤其是在发展中国家，生物质能所占比例重更为突出。目前，全世界约有15亿以上的人口仍把生物质能作为主要能源。因此，人们开始日益关注如何更多更好地利用生物质能，想方设法开发和利用好这一富有潜力的可再生能源，使它在21世纪发挥重要作用。生物质能是地球上最普遍的一种可再生能源。它遍布于世界陆地和水域的千万种植物之中，就像一个巨大的太阳能化工厂，不断地把太阳能转化为化学能，并以有机物的形式储存于植物内部，从而构成一种储量极其丰富的可再生能源——生物质能源。地球每年由光合作用产生的有机物约有500亿t。它所含能量为目前世界能源消费总量的10倍。目前生物质能仅仅作为能源来利用还不到其总产能的1%，但它给人们提供的能量却占全世界总能耗的14%。

生物质能一直是人类赖以生存的重要能源之一。在远古时代，自人类发现火开始以来，就以生物质能的形式利用太阳能来烧烤食物和取暖，而直到近两个世纪，人类发现并大规模使用矿物燃料时，这一情况得到改变。即便如此，生物质能在全球能源消费中仍占有相当的份额（约4%），仅次于煤炭、石油和天然气，居于世界能源消费总量的第四位。据中科院统计资料显示，全球再生能源可持续为二次能源的储量共1.8555×10^{10}t标准煤（表4.4），相当于全球油、气、煤等化石燃料年消费量的2倍，其中生物质能占35%，位居首位。

表4.4 全球再生能源储量分类

名　称	太阳能	水能	风能	地热能	海洋能	生物质能
年理论储量/kW	1.74×10^{14}	3.96×10^{9}	3.5×10^{12}	3.3×10^{10}	6.1×10^{10}	1.1×10^{11}
可转化为二次能源的储量/亿t标准煤	32.20	32.28	23.67	21.52	11.26	64.56

从世界的整体发展状况上看，不同国家和地区生物质能消费在总能耗中所占比例有着很大的差别。在发展中国家，生物质能消费量约占40%，非洲地区高达55%，在个别发展中国家如缅甸和苏丹，能源总消费量中生物质分别提供了90%和87%。发达国家生物质能平均消费量达到能源消费总量的3%左右，如美国生物质能占能源消费总量的4%，芬兰、澳大利亚、瑞典和奥地利较高，分别为17%、10%、16%、10%。有关专家估计，

随着社会经济的不断发展，生物质能极可能成为未来可持续能源系统的重要组成部分，到21世纪中叶，采用新技术生产的各种生物质替代燃料将占全球总能耗的40%以上，将为全球提供60%的电力和40%的直接燃料。

世界环境与发展大会于1992年召开后，欧、美等国大力发展生物质能，如北欧各国大力发展木材发电，德国大力发展沼气，美国加快燃料乙醇和木柴发电的启用。特别是1997年的《京都议定书》中确定对发达国家2010年减排二氧化碳的考核目标（实际欧盟比1990年减排8%，美国减排7%，日本减排6%）后，有关政府采取了推动扩大利用生物质能的政策措施，进一步推动了生物质能的扩大应用。

国外对于生物质能的开发应用比较早，国外的生物质能技术和装置多已达到商业化应用程度，实现了规模化产业经营发展。

（1）美国。美国对生物质能的利用较为重视，早在1979年，美国就开始采用垃圾直接焚烧发电，发电的总装机容量超过10000MW，单机容量最大达10～25MW；至1992年，美国已经约有1000个利用木材气化自发电厂，运行装机650 kW，年发电42亿kW·h，发电成本每千瓦时4.6美分，加利福尼亚州电力供应40%来源于生物质发电。生物质动力工业在美国已成为仅次于水电的第二可再生能工业。2001年的统计，美国消耗的可再生能源中有50.4%来自生物质能，41.9%为水电，其余为太阳能和风能等。2012年美国拥有350多座生物质发电站。2011年美国可再生能源供能首次超过核电，同比增长了14.4%。

20世纪80年代以来，美国大规模地建立了能源农场，进行生物柴油生产。进行了能源植物物种的选择、富油树种的引种栽培、遗传改良以及建立“柴油林林场”等方面的工作与研究，并在能源植物特性的研究、植物燃料油的研制和燃料油使用技术等多个方面均取得了进展。目前已对40种不同的植物油在内燃机上进行了短期评价试验，它们当中包括豆油、生油、棉籽油、油菜子油、棕榈油等。1986年，诺贝尔奖获得者、美国加州大学的化学家卡尔文在加利福尼亚种植了大面积的石油植物，每公顷可收获120～140桶石油。美国种植有百万英亩的石油速生林，加利福尼亚州的“黄鼠草”每公顷可提炼1000L石油。根据对全美113家生物柴油生产厂调查统计，2011年12月，美国生物柴油产量达到创纪录的4.13亿L；而美国2018年生物柴油产量达到18亿加仑（119000桶/日），这意味着产能利用率为72%。2019年美国生物柴油产量将达到约20亿加仑（128000桶/日），产能利用率达到77%。

（2）巴西。巴西的生物质能在巴西能源利用总量中约占25%，其中薪柴和甘蔗占生物质能的50%～60%，其余是农业废弃物。巴西是乙醇燃料开发应用最有特色的国家，20世纪70年代中期，巴西为了摆脱对石油进口的过度依赖，实施了世界上规模最大的乙醇开发计划（原料主要是甘蔗、木薯等），到2010年，巴西市场乙醇消费量将接近每天50万桶，目前乙醇燃料已占全国汽车燃料消费量的50%以上，正在评价使现有乙醇生产提高12倍的可能性。如能实现，则有望替代世界消费汽油总量的10%。这需大大增加用甘蔗生产乙醇的生产率，到2025年即可望生产乙醇2050亿L（540亿美制加仑），占世界生产量约50%。

目前，经过长期不懈的努力，与1975年相比，2000年巴西的甘蔗单位产量提高了

33%，甘蔗的含糖量提高了8%，蔗糖-乙醇的转化率提高了14%，发酵罐生产率提高了30%。乙醇燃料已经不必再接受政府的价格补贴，而且燃料乙醇的价格已低于汽油的价格，具备与石油市场竞争的能力。30多年来巴西政府发展燃料乙醇的总投入为49亿美元，而在此期间节省的进口石油的外汇达50亿美元。实施乙醇燃料计划给巴西带来了很多收益：

1）成了比较独立的经济能源运行系统。

2）刺激了农业及乙醇相关行业的发展，收益达270亿美元，增加就业人数是30年前的1.05倍。

3）加快了技术进步的步伐。

4）进了生态环境和人民生活质量的改善，温室气体排放与30年前相比减少了20%。

巴西是一个盛产甘蔗的国家。自1965年制定了《国家森林法》以来，开始大量营造薪炭林，巴西的东北部有1/3的土地（约5000万hm^2）适宜营造薪炭林，在该地区的巴伊亚州，已用桉树做原料兴建了一座25MW的生物发电站，并投入商业运营。

（3）欧盟。欧盟各国比较重视环保，为完成较大程度的二氧化碳减排任务，各国因地制宜地出台了扩大再生能源，特别是生物质能的政策措施。如北欧的瑞典和芬兰等国利用丰富的森林优势，以木材为原料发展生物质能发电。为了解决生物质能价格高于化石燃料的问题，采取了对石油和煤等化石燃料征收碳税和硫化物税的措施，使生物质能的发电成本低于化石燃料发电，从而促进了生物质能电力的继续发展。两国生物质能发电在电力中的比例已分别达19%和16%。德、英、法等国为扩大垃圾填埋产沼气和风电等再生能源发电，要求电力部门按较好的电价收购上网。

近十多年来，欧盟开展了将木料气化合成甲醇的研制工作，先后已有数个示范厂。德国已广泛应用含1%～3%甲醇的混合汽油供汽车使用，在法国、捷克、瑞典、西班牙、俄罗斯等国，都在开发应用甲醇和乙醇的液体燃料。俄罗斯是利用植物原料生产乙醇产品最早的国家，水解乙醇年产量已达35万t，水解乙醇成本约为粮食乙醇成本的70%，经济成本较低。

另外，欧盟通过制定严格的汽车尾气排放标准和对生物柴油的减免税政策，亦推动了生物质能在汽车上的应用。英国正在研究应用基因技术改良油菜品种以期提高产量，并已将菜籽中的脂肪酸碳链由18个碳原子缩短到8个左右，用以获得优质菜籽燃油。瑞典研究用适当配比菜籽油和甲醇的方法，获得了生物柴油。2000年德国生物柴油已达0.25Mt，并建有300多个生物柴油加油站；意大利拥有9家生物柴油的生产厂。2003年欧盟推广生物柴油已达230万t，2013年之前，整个欧盟生物柴油市场单位出货量预计将达975万t，同时按生物柴油的当前市场价测算，年营收预计将达74.6亿欧元。预测阶段的平均增长幅度将为14%。

（4）日本。日本近年来从减排二氧化碳出发，开始学习欧盟经验，于2000年将生物质发电列入2010年新能源发展规划，自1999年以来，发电量由8万kW扩大到33万kW，同时于2002年颁布了《新能源电力促进法》，要求到2010年新能源电力配额量达122亿kW·h（占当年总发电量的1.35%），并给予一定上网价格补贴及帮助，以解决再生能源受地区分布不均的限制。2018年7月，日本内阁通过了现阶段能源计划，到2030

年，可再生能源电力供应量占比为22%～24%，核能供应量占比为20%～22%。2020年12月25日，日本政府宣布，到2050年，可再生能源供应量将占全国电力的50%～60%——比目前用量增加了近3倍。

1）从2001年4月开始实施的《食品废物再生法》，促进使用食品废物发酵生产沼气，除了直接燃用发电外，还从沼气中提取氢气供燃料电池发电。几个啤酒公司现已建成多台200kW燃料电池发电机，京都市不仅每天将宾馆的废食集中后供发酵制沼气和100kW燃料电池发电使用，并拟大量推广。京都市目前每天收集全市废食用油5000L，以生产生物柴油供市内的公共汽车和垃圾运输车的使用。

2）从2002年4月开始实施的《建设废材再生法》要求废木屑的利用率由40%提高到95%，加上日本的木制房屋很多，正值更新的高峰期，可利用的废木屑较多。

3）结合《畜禽排泄物处理法》的实施，推动畜禽粪便发酵产生沼气的利用，现在有的牛奶场利用沼气提取氢气供燃料电池发电。

生物质能源属于可循环使用的清洁能源，是未来能源系统的希望，受到许多国家的重视。近20多年来，在各国政府的支持下，各类可再生能源技术发展很快，开发利用量不断增加，已经成为现实能源系统的一个组成部分。英国和德国都承诺，和2020年可再生能源的比例将达到20%；北欧部分国家提出了利用风力发电和生物质发电逐步替代核电的战略目标。

2. 国际生物质能源发展的经验

（1）先进的技术优势，产业化大发展。在生物质能源技术方面，美国、日本、欧洲各国都是世界上的领先者。这些国家拥有雄厚的经济基础及领先的科技力量，具备将先进技术转化为产业的实力，加上超前的发展意识，致使目前大多数先进的生物质能源技术都集中在欧美发达国家手中，并拥有最大份额的国际市场。这些国家以科技为前导，吸引产业界参与研制和开发在20年乃至50年后可以发挥重大作用的关键技术，以此加速这些技术的产业化，形成相应的制造工业基础体系。换言之，这些国家具有以国家先期投入为引导，唤起企业发展可再生能源技术，从而占领技术制高点的战略眼光和决心。如美国政府始终要求企业要保持其技术研发和装备制造能力的国际领先地位，先后制定了太阳光伏电池、风力发电装备和氢能技术发展的路线图，抢占了大多数可再生能源技术的制高点，确保了美国在这一领域的领先地位。世界上最优秀的风机制造技术则集中在丹麦、德国、西班牙和美国等几个国家。丹麦在生物质发电产业，一直保持其技术研发和装备制造能力的国际领先地位。

（2）明确发展可再生能源目标，建立稳定的市场规模。德国在20世纪90年代就明确提出，要利用30年左右的时间，发展可再生能源技术，特别是风力发电技术，使其取代核电技术。这一决策，大大增强了企业界对开发风力发电为代表的可再生能源技术和装备的信心和步伐，在不到10年的时间内，便迅速建立了装备制造、安装和运行维护的产业体系。根据美国风能协会（American Wind Energy Association）发布的数据显示，2010年美国全部新增风力发电装机容量为5115MW，相当于2009年的一半。

（3）政府重视。依靠政策推动发展。如果脱离政府的大力支持，仅靠民间机构是无法发展可再生能源的。世界上对生物质能源的发展无论出于什么目的，都需要政府高瞻远瞩，从政策、法律上给予支持，才是使可再生能源迅速发展的根本动力。进入20世纪90年代，各个国家先后对可再生能源采取了配额制、强制购买、有限竞标、绿色证书、特许经营等激励政策。尽管这些政策的效果因地而异，但是不论采用哪种政策，只要政府保证政策的持续性，其政策效果就十分明显。例如，德国、西班牙为了鼓励风力发电，颁布了《购电法》以吸引投资；英国早期实施《非化石燃料公约》制度，为可再生能源发展创造了条件；美国有些州及澳大利亚实施配额制，要求在电力供应中可再生电力的比例要达到一定的程度。这些措施针对可再生能源发展的障碍提出并实施，对可再生能源的起步是一个巨大的推动力。另外，以立法的形式强制社会接纳和开发可再生能源，也为可再生能源的前景提供保障。

（4）注重生物质能源的宣传及推广。发达国家通过对环境保护的长期宣传教育，使公众普遍都接受对环境有益的可再生能源技术、高电价政策、绿色能源政策等。使发展生物质能源能得到公众的认同，营造一个全民支持发展生物质能源的氛围。

4.1.3.2 国内生物质能的利用情况

目前中国能源的基本状况是：资源短缺，消费结构单一，石油的进口依存度高，形势十分严峻。2019年统计数据显示，中国一次能源消费结构中，煤炭占57.7%，石油占18.9%，天然气占8.1%，水电等占15.3%；一次能源生产总量中，煤炭占68.6%，石油占6.9%，天然气占5.7%，水电等占18.8%。这种能源结构导致对环境的严重污染和不可持续性。中国石油储量仅占世界总量的2%，消费量却是世界第二，且需求持续高速增长，中国进口石油的80%来自中东，且需经马六甲海峡，受国际形势影响很大。统计数据表明，2018年和2019年我国的能源消费增长分别为3.3%和3.3%。相对于需求的快速增长，我国国内的能源供给显现出了不足，石油和天然气储量和世界平均水平都有很大差距。

中国拥有丰富的生物质能资源，据测算，中国理论生物质能资源现有50亿t左右。目前可供利用开发的资源主要为生物质废弃物，包括农作物秸秆、薪柴、禽畜粪便、工业有机废弃物、城市固体有机垃圾等。然而，由于农业、林业、工业及生活方面的生物质资源状况非常复杂，缺乏相关的统计资料和数据，加上各类生物质能资源间以各种复杂的方式相互影响，因此，生物质的消耗量是最难确定和估计的。根据国家中长期发展规划目标，到2035年，可开发生物质资源量至少可达22亿t标准煤。因此，生物质能的发展潜力巨大。近年来，高产的能源作物如甜高粱、甘薯、木薯、芭蕉芋、绿玉树、巨藻等，作为现代生物质能资源已引起广泛关注，众多科研机构和科技企业的不断参与研究与应用，将会大幅度发展中国的生物质能资源，为生物质能源产业化提供可靠的资源保障。

中国目前的能源形势十分严峻，石油对外依存不断攀升，预计到2035年至少需要10亿t原油，而届时本土产能将最多不超过2亿t。我国有丰富的生物质资源，年产农作物秸秆约7亿t。2006年年底全国生物质能发电累计装机容量220万kW，完成生物质气化及垃圾发电3万kW，已建农村户用沼气池1870万口，为近8000万农村人口提供优质生活燃气。从2006年到2010年的4年间累计新增330万kW。

自2006年开始，中国政府陆续出台了相应的发展生物质能的配套措施。明确了可再生能源包括生物质能在现代能源中的地位，并在政策上给予了优惠支持。希望通过实行可持续发展的能源战略，保证我国到2020年实现经济发展目标，即一次能源需求少于25亿t标准煤，节能达到8亿t标准煤，煤炭消费比例控制在60%左右，可再生能源利用达到5.25亿t标准煤。其中可再生能源发电达1亿kW，石油进口依存度控制在60%左右，主要污染物的削减率为45%～60%。

国内对于生物质能源的发展尚未成熟，中国生物质能源的发展一直是在“改善农村能源”的观念和框架下运作。近两年，生物质能源在中国受到越来越多的关注。目前，中国的生物质能源生产已经形成一定规模，国家也通过制定行业标准规范生物质能源生产，出台法律法规为其提供保障，并运用财税政策推进生物质能源产业发展。

1. 我国生物质资源分析

以下就我国的农作物秸秆、畜禽粪便、林业生物质、工业有机废弃物，以及城市有机垃圾五类生物质能资源分别加以资源分析和测算。

(1) 农作物秸秆。在农业生产过程中，收获了小麦、玉米、稻谷等农作物以后，残留的不能食用的根、茎、叶等废弃物统称为秸秆。秸秆是我国农村传统的生活用能，大部分作为农民炊事和取暖的燃料。每年产生秸秆的数量取决于当地气候条件、土壤条件和采用的农业技术．地域差异非常大。

我国是一个农业大国，地域辽阔，土地面积居世界第三位。但人均土地面积仅有0.78hm^2，相当于世界平均数的1/3；人均耕地0.11hm^2，只相当于世界平均水平的44%。人口多、人均土地占有量和人均耕地占有量少、耕地后备资源不足，是我国土地资源的基本国情。我国土地基本国情见表4.5。

表4.5　　我国土地的基本国情

类型	面积/万 hm^2	占全国土地面积比例/%
耕地	13004	13.54
森林	15894	16.56
内陆水域面积	1747	1.82
草地	40000	41.67
可利用草地	31333	32.64
其他	25355	26.41

农作物秸秆的数量（干重，下同）是农作物产量乘以谷草系数推算出来的，然后按不同作物秸秆的热值分别折算为统一的单位——标准煤，准确性相当高。

中国目前的农作物秸秆大致有5个去处：造肥还田、动物饲料、工业原料、薪柴及露天焚烧。

1) 秸秆造肥还田。利用生物化学技术加速作物秸秆腐烂，提高堆肥的温度、速度、缩短堆肥的周期，一年四季均可生产，而且操作方便、省工、省时、堆肥养分含量高。

2) 利用秸秆作动物饲料。作物秸秆可以直接用作食草动物的饲料，但适口性较差，采食量少。秸秆也可以粉碎成草糠，做动物辅助饲料用。

3) 秸秆也可以用作工业原料。经过碾磨处理后的秸秆纤维与树脂混合物在金属模中加压成型处理，可制成各种各样的低密度纤维板材。再在其表面加压和化学处理，并用于制作装饰板材和一次成型家具，具有强度高、耐腐蚀、防火阻燃、美观大方及价格低廉等特点。

4）秸秆作为薪柴使用，是传统的农村生活用能。

5）秸秆露天焚烧直接导致大气污染，影响大气环境质量。在夏秋季节，尤其是在每年的6—7月份收割季节，为了尽早完成水稻的种植，农民将大量的废弃麦草直接在农田里焚烧，导致空气中总悬浮颗粒数量明显升高并产生大量的有害气体。对人体健康产生不良影响。

中国农业部与美国能源部项目专家组于20世纪90年代对中国生物质资源可获得性进行了评价。对2010年的分析是；中国粮食产量5.6亿t，秸秆总量7.2亿t，除2800万t用于造纸，1.13亿t用于饲料，还田1.089亿t外，可作能源利用的秸秆为4.701亿t（占秸秆总量65.3%）。在作物秸秆的用途和比例上，主要用途和比例大体是：造肥还田15%、饲料用24%、工业原料用3%、薪柴用43%、露天焚烧约15%。按此参数推算，2004年中国九大作物的6.49亿t（折标准煤3.27亿t）秸秆中，造肥还田0.97亿t、饲料用1.56亿t、造纸用0.19亿t、薪柴用2.79亿t（折标准煤1.41亿万t）、露地焚烧9728万t（折标准煤4906万t）。即在保证秸秆还田、饲料用和工业用途外，有60%约3.89亿t秸秆可用于生物质原料，相当于1.96亿t标准煤。

2000年国家发展改革委副主任刘江主编《21世纪初中国农业发展战略》的一书中《农产品供求总量平衡研究》一文对于2030年谷物需求和产量做出了相当详细的分析和预测。以2004年八类谷物及秸秆产出为基数，在与2030年预测数的对比中求得增量。因2030年只有稻麦、玉米和大豆三类作物的预测资料，故数值要比实际数低。2005年的谷秆产出为5.35亿t，2030年为7.99亿t，增长率为60%。折成标准煤，2005年与2030年分别为2.68亿t和4.27亿t。

（2）畜禽粪便。我国是畜禽养殖大国，畜禽粪便综合利用潜力巨大。畜禽粪便主要来自圈养的牛、猪和鸡三类畜禽。粪便产出的估算是按照不同月龄的牛、猪和鸡的日排粪量及存栏数得出实物量，再按照粪便收集系数（牛与鸡为0.6，猪为0.9）得到可开发量。依次算法，2003年的实物量为14.67亿t，可开发量为10.23亿t，其中牛、猪、鸡分别为5.9亿t、3.55亿t和0.77亿t。不同的畜禽粪便的产热量不同，牛、猪、鸡分别为4万kJ·K/kg、1.26万kJ·K/kg、1.88万kJ·K/kg，分别折算的年产能是4990万t标准煤、2752万t标准煤和2668万t标准煤，合计为1.04亿t标准煤。畜禽粪便量最丰富的8个省（自治区）排序是河南、四川、山东、湖南、河北、广西、云南、广东，合计折算标准煤4663.76万t，占全国畜禽粪便产出能源总量的43.5%。

畜禽粪便的可收集量直接决定了生物质原料的资源量。中国农业以家庭为基础，户用沼气是对散养畜禽粪便收集和利用的最好方式。2005年年底中国农村共建有沼气池1800万户，沼气利用量达到70亿m^3。自2000年至2009年年底，全国农村户用沼气池由763万户增至3507万户，年均增长率36.0%，是户用沼气发展最快的历史时期。户用沼气每年可以为农户提供124亿m^3的沼气，以及大量沼肥。目前，我国农村户用沼气池的建设规模和使用量居全球之首，是利用技术最成熟、涉及人口最多、效益最突出的可再生能源领域之一。

2007年，我国畜禽粪便的规模化开发主要集中在大中型养殖场，中国的规模化养殖场总数222万个，其中大型养殖场8242个，占总数的0.37%；中型规模养殖场44 952个，占2.02%；小型规模养殖场216.7万多个，占97.61%（刘英，2005年香山会议报告）。2003年我国大中型畜禽养殖场的猪、奶牛和鸡的饲养量分别占全国饲养量的11.9%、12.5%和12.0%。

（3）林业生物质。林业生物质能源不仅是广大农村的主要能源，而且是现代无污染清洁能源的载体，发展林业生物质能源不仅能减缓农村能源短缺、增加经济收入、提高生活水平，还能保护森林资源、改善生态状况。薪炭林是林业生物质能源的主体，是五大林种之一。在森林抚育、采伐和木材加工过程所产生的剩余物、小径木、废材等也是重要的林业生物质能源。这是一种高度清洁的能源，是减少温室气体排放，防止全球环境恶化的一种科学选择，其最显著特点在于资源和环境的双赢，以及生态、经济、社会效益的协调统一。大力发展林业生物质能源，可以带来巨大的效益，既可以提供丰富的清洁能源，又可以显著增加森林资源。

薪炭林在解决农村能源危机中起了至关重要的作用。所以，要解决农村能源短缺，降低低价值消耗，有效保护其他林种，就必须大力发展薪炭林。近几年来，世界营造薪炭林的规模在扩大，速度在加快，加大了对于薪炭林资源的利用。近10年来，美国、瑞典等发达国家在林业生物质能源转换技术方面都取得了新进展，无论是热化学转换技术，还是生物学转换技术和木质燃烧发电发展。而我国目前在薪炭林的使用上，只是停留在直接燃烧方式的改革方面。比如节能省柴灶的利用等。很少研究林业生物质能源转换，技术也比较滞后。如何使薪炭林得到深度开发及广泛利用，进而实现薪炭林生长以及经济效益、社会效益的有机统一，是今后薪炭林发展的主要任务。薪炭林在林业发展中有着举足轻重的作用，薪炭林分天然林、人工林。作为生物质能资源的主要是人工林。我国薪炭林的发展速度慢，年均新造薪炭林面积仅占人工造林面积的1.3%。因此，要加大薪炭林的比例，积极营造速生的、短轮伐期的薪炭林，使这一洁净能源成为农村经济的增长点，从而有效地保护其他林种。

林业剩余物作为生物质原料资源，其中一部分来源于伐区采伐剩余物和木材加工剩余物，另一部分来自各类经济林抚育管理期间育林剪枝所获得的薪材量。

由于天然用材林大部分集中在人口密度较小的山区，地处偏僻，交通闭塞，运输困难，所以这些地区所生产的林业剩余物，大多由于运输成本太高，导致商品林木质能源利润不高，从而难以合理利用。

伐区采伐剩余物包括经过采伐、集材后遗留在地上的枝桠、梢头、枯木、被砸伤的树木，以及不够木材标准的树木等。据统计，全国每年采伐剩余物量约5.54亿t，主要分布在西藏、黑龙江、内蒙古、吉林等省区。防护林和特种用途林需要采伐更新的面积545.2万hm^2，木材蓄积量1668.5万m^3，总生物量5.14亿t，采伐剩余物量为2.06亿t。

林业剩余物的第二部分来源是薪炭林、用材林、防护林、灌木林、疏林等不同林地育林剪枝及四旁树剪枝获得的薪材。根据不同地区和不同林地类型的取柴系数和出柴率等参数，从各省林地类型和面积中测算出全国薪柴资源量。据测算，全国薪柴年产出量为5239.3万t，扣除其中薪炭林的薪柴可采量为4812.62万t。不同地区和不同林地类型的取柴系数和出柴率见表4.6。排在前十位的省（自治区）依次为云南、四川、西藏、广西、江西、湖南、广东、内蒙古、福建和黑龙江。处在前四位的西南三省份（云南、四川、广西）和西藏，占全国薪柴总产出量的39%。

表4.6 不同地区和不同林地类型的取柴系数和出柴率

地区	南方地区		平原地区		北方地区	
林种	取柴系数	出柴率/(kg/km^2)	取柴系数	出柴率/(kg/km^2)	取柴系数	出柴率/(kg/km^2)
薪炭林	1.0	7500	1.0	7500	1.0	3750
用材林	0.5	750	0.7	750	0.2	600
防护林	0.2	375	0.5	375	0.2	375
灌木林	0.5	750	0.7	750	0.3	750
疏林	0.5	1200	0.7	1200	0.3	1200
四旁树	1.0	2kg/株	1.0	2kg/株	1.0	2 kg/株

综上所述，如按国家采伐限额的木材采伐剩余物和加工剩余物的最小值，“十一五”期间木材采伐剩余物和加工剩余物的实物量为8056万t，折算标准煤4592万t；加上各类经济林抚育管理期间育林剪枝所获得的薪材实物量4813万t，折2743万t标准煤，二者合计实物量为12869万t，折标准煤7335万t。此数值稍低于《新能源》杂志上《我国新能源产业初具规模》一文的数据——“薪材年合理采伐量约1.58亿t”（折9006万t标准煤）。国家林业局提出的2008年资料明显高于以上数据，即“采伐造林剩余物1.1亿t，木材加工剩余物3000万t，废旧木材6000万t”。

我国是一个多山的国家，全国山地面积约占国土总面积的70%，而且气候、土壤、地理条件都宜发展薪炭林，我国有丰富的森林植物资源，自古以来就有很高的森林覆盖率。

加快发展林木生物质能源是有效补充我国能源、改善和保护生态环境的战略举措，对维护我国能源安全、改善能源结构将产生重要的作用。

我国发展林业生物质能源的优势主要有以下几点：

1）树种丰富。我国适合规模化发展林木生物质能的树种资源比较丰富，仅乡土树种就多达几十种。这些树种有的适合作为燃料用于发电，如刺槐、黑荆树、柠条、沙棘、竹柳、沙柳、桉树等；有的适合开发生物柴油，如麻疯树、黄连木、乌桕、文冠果、油桐、石栗树、光皮附等。

2）资源丰富。根据目前的科学技术水平和经济条件，获得的林木业物质资源种类分为薪炭林、平茬灌木、经济林和城市绿化修枝、油料树种果实和林业“三剩”，即采伐剩余物、造材剩余物和加工剩余物等。按相关的技术标准测算，每年的生物质总量约8亿～10亿t，其中，可作为能源利用的生物质在3亿t以上。按照相应的标准煤产数加以换算，3亿t全部开发利用后可替代2亿t标准煤，能够减少目前1/10的化石能源的消耗。可以说，林木生物质能源是我国未来能源的一个重要补充。在油料资源利用方面，我国现有木本油料林总面积超过600多万hm^2，主要油料树种果实年产量在200万t以上。

3）潜力巨大。与其他生物质能源相比，林木生物质能资源发展不占用耕地，发展空间广阔。目前，我国尚有5400多万公顷宜林荒山荒地可用于发展能源林。此外，还有大量的盐碱地、沙地以及矿山、油田等，适宜种植特定能源树种，如柠条、沙柳等灌木。这些边际性土地资源经过开发和改良，将会变成发展林木生物质能源的“绿色油田”“绿色煤矿”，用以补充我国未来经济发展对能源的需求。

（4）工业有机废弃物。我国目前经济迅速发展，工农业生产力大大提高，各种固体有机废物急剧增加，废弃物的处理增加了环保的压力。工业有机废弃物主要来自农林产品加工工业。2004年中国农副产品及食品加工业的产值为13454亿元（占全国工业总产值的35.9%），其中可产生大量有机废弃物的谷类磨制、屠宰等9大行业的产值占到63%。2011年，全国农产品加工业产值超过15万亿元，占工业总产值的17.6%。相关数据显示，改革开放以来，我国农产品加工业产值年均增长速度超过13%，明显高于同期（GDP）增长速度。“十一五”末期，我国规模以上农产品加工企业从业人员2500多万人，比“十五”末期增加400万人。全国已建立各类农业产业化经营组织22.4万个，上亿农户参与农业产业化经营，户均增收1900多元。

2. 生物质能总量丰富但利用率低

生物质能是人类利用最早的能源之一，生物质能源分布极广，产量巨大，具有可再生、成本低等优点。据估计地球上每年通过植物光合作用固定的碳达1.8×10^{11}t，含能量达3×10^{21}J每年通过光合作用储存在植物的枝、茎、叶中的太阳能，相当于全世界每年总耗能量的10倍。生物质能遍布世界各地，其蕴藏量巨大，仅对地球上的植物而言，每年的生产量就相当于目前人类消耗矿物能的20倍，或相当于世界现有人口食物能量的160倍，而目前作为能源用途的生物质仅占总产量的1%左右，发展潜力巨大。

长期以来，生物质能多是通过直接燃烧或焚烧生物质的形式加以利用的，不仅热效率低下，而且伴随着大量的烟尘和灰分的排放，环境污染严重，已成为阻碍经济发展和社会进步的重要因素之一。然而，随着科学技术的进步与发展，生物质能可以通过各种转换技术高效地合理利用，如生产乙醇、沼气、生物柴油等各种清洁燃料或电力，或生成生物质固体成型燃料，用以替代煤炭、石油和天然气等矿物燃料。而目前人类正面临着因使用矿物燃料而引发的环境、经济竞争甚至国际争端等日趋严重的问题，各国已经开始关注和重视生物质能的开发及利用。开发与利用生物质能，对实现经济的可持续发展，保障国家能源安全、改善生存环境和减少二氧化碳排放都具有重要作用和战略意义。

我国是一个拥有13亿人口的农业大国，生物质是农村的主要生活燃料，开发利用生物质能对中国具有特殊意义。2000年，我国农村能源消费总量为6.3亿t标准煤，其中秸秆和薪柴分别占35%和23%。《中国农村地区能源形势分析》指出，随着农村经济发展，未来生物质能供应将转向高品位终端能源，传统的直接燃烧比例将逐渐降低。据专家预测，2020年和2050年，中国农村地区生物质能开发利用量占能源供应总量的比例将分别为17.4%和13.8%，虽然比例有所下降，但生物质能开发的总量却呈上升趋势，分别达到2.74亿和2.88亿t标准煤，其中运用现代技术开发的生物质能占总生物质能利用量的比例分别为72.4%和95.0%。

目前我国广大农村的生活用能还处在以生物质能为主的局面，在今后较长的一段时期内不会改变。农村生物质能的利用形式多以直接燃烧为主，资源浪费和环境污染非常严重。农民大多直接燃烧秸秆、薪柴、干粪、野草，不仅劳动强度大，而且不卫生，容易感染呼吸道疾病等多种疾病。因此，要重视改变能源的生产方式和消费方式，开发利用生物质能等可再生的清洁能源。对于建立可持续发展的能源系统，促进国民经济发展和环境保护具有重大意义。

我国作为人口众多的农业大国，生物质能十分丰富。生物质能在我国的能源结构中占有相当重要的地位。我国每年的农村秸秆量约为7亿t，2010年约为7.26亿t，相当于5亿t标准煤；林业废弃物（不包括薪炭林）每年约达3700万m^3，相当于2000万t标准煤。加之畜禽粪便、城市垃圾和工业废水等，我国每年的生物质资源量可达6亿t以上标准煤。

目前，我国农村能源利用水平很低。农村生物质一般直接被放入普通炉灶上用作燃料，效率很低，大约为10%～20%。同时，由于中国目前的小农经济、地块分散、人均占有的生物质少等多种原因，传统生物质利用的问题没有得到很好的解决。中国需要一个整体的生物能源发展战略，来规划用户适合的燃料，给合适的消费群体提供合适的能源服务，千万不能各种能源“各唱各的戏”。根据生物质能总体发展战略，针对可再生能源的特点，生物质能的利用在我国大有可为。我国生物质能的资源产生于广大农村和社区，要结合农村的特点，借鉴发达国家成熟的发展经验，走独特的本国发展道路，具体问题具体分析。简单照搬国外的做法在我国是行不通的。

循环经济在经济形态上的表现，本质上要求运用生态学的规律来指导人类社会和经济活动，按照自然生态系统物质循环和能量流动规律重构经济活动和能量利用系统，使人类的活动和谐地融入生态系统的物质循环过程中，建立起一种新形态的经济。能源的利用是一个庞大的系统，需要经过几个过程：资源—开发—收集—运输—转化—分散到终端用户。根据我国的国情，可再生能源的利用要注意以高度分散的广大农民和小城镇为主要用能对象，这是一个“顺其自然”的能源服务配置。

3. 我国生物质能发展过程

生物质能在人类发展历史中曾起到巨大的作用，目前在世界能源结构中也占有一定的位置。据统计，在世界能源能耗中，生物质约占总消耗的14%，在亚洲、非洲等地的发展中国家，生物质能的利用占国家总能耗的40%。

我国每年农作物秸秆产量在7亿t以上，其中约有3亿t可以作为能源使用。折合1.5亿t标准煤；禽畜粪便总资源约30亿t，如果有效利用，可以生产出数量巨大的沼气；有不少荒山、荒坡和盐碱等边际性土地，可以种植甘蔗、甜高粱、木薯、甘薯等能源作物；另外，稻壳、玉米芯、甘蔗渣等农产品加工业副产品数量巨大，可大量转化为生物质能。目前，秸秆和粪便的过剩及污染问题已经成为全社会关注的问题。因此加大力度开发生物质能，尽快将其转化成优质能源的问题已经迫切地摆在人们面前。1996年由国家计划委员会、国家科学技术委员会、国家经济和贸易委员会共同制订了《1996—2010年新能源和可再生能源发展纲要》，生物质能技术的发展目标为：紧密联系市场，与工程项目相结合，迅速将科研成果转化成生产力，推动生物质能技术的商业化进程，为在能源领域实现可持续发展的战略目标服务。根据各方面的专家分析，结合生物质能技术现状和农村地区的需求特点，具体目标定位为：进一步提高禽畜粪便厌氧消化器的池容产气量率，争取在目前基础上提高30%以上，提高沼气发电转化效率，每千瓦时沼气消耗量降低10%以上；研究沼气池商品化的快速建造技术，推进市场化进程；研究秸秆干发酵沼气技术，提高稳定和产气率；研究秸秆中热值气化及相关技术，提高气化效率和应用范围；研究秸秆直接燃烧热利用技术及装置，拓展秸秆利用领域。

在农业生物质能开发日益受到全世界关注的背景下，农业部正式发布了《农业生物质能产业发展规划（2007—2015）》（以下简称《规划》），提出要立足我国国情，走中国特色农业生物质产业发展道路的总体目标。在2010年，全国已建成一批农业生物质能示范基地，部分领域关键技术要达到国家先进水平，产业化程度应明显提升，农业废弃物利用范围和利用规模要明显扩大，农村生活用能结构应明显优化，农民从农业生物质能产业中的收益不断提高，农业生物质能在国家能源消费中的比例不断提高，地位不断上升。2015年，全国已建成一批农业生物质能基地；技术创新和产业发展体系基本建成，开发利用成本大幅度降低，初步实现农业生物质能产业的市场化，生物质能产业成为农业发展的重要领域，对促进农民增收、改善农村生活条件，建设社会主义新农村作用日趋明显，并成为保障国家能源安全、保护生态环境的重要能源。

同时，《规划》提出的具体目标是：到2010年全国农村户用沼气总数要达到4000万户，占适宜农户的30%左右，年生产沼气155亿m^3；新建规模化养殖场、养殖小区沼气工程4000处，年新增沼气3.36亿m^3。到2015年，农村户用沼气总数达到6000万户左右，年生产沼气233亿m^3左右，并逐步推进沼气产业化发展；建成规模化养殖场、养殖小区沼气工程8000处，年生产沼气5.7亿m^3。同时，建设一批秸秆固化成型燃料应用示范点和秸秆气化集中供气站，利用边际性土地适度发展能源作物，满足国家对液体燃料的原料需要。

为了保证《规划》目标的按时实现，应重点推进农村沼气工程、生物质能科技支撑工程、农作物秸秆能源化利用示范基地建设工程、能源作物品种选育和种植示范基地建设工程等四大重点工程，着力建设我国农业生物质能产业发展平台。

虽然我国在生物质能源开发方面取得了一定的成绩，但其技术水平与发达国家仍有一定的差距，如新技术开发不力，利用技术单一、利用技术比较低下，生物质能利用工程规模小，设备利用率和转换效率比较低等。此外，在我国现实的社会经济环境中，也存在一些消极因素制约或阻碍着生物质能利用技术的优势。

目前，欧洲生物质能约占总能源消耗量的2%，预计15年后将达到15%，制订的计划要求到2025年生物质燃料将代替25%的石化燃料。美国在生物质发电方面发展较快，2017年达到13.07GW，2020年达到200 TW·h。今后十多年内，以生物质为原料制取运输燃料将从探索、研发阶段进入技术成熟阶段，预计在2030年前后进入商业化阶段。2050年生物质燃料与生物质气化发电将一起进入能源市场，其综合指标将优化于化石能源，在人类经济可持续发展中占有重要地位。

4.2 生物质发电

作为与农业息息相关的工业产业，生物质发电产业反哺农业的作用明显，这也是该产业区别于其他新能源产业的最大特点。国家公布的《可再生能源中长期发展规划》中确定了到2020年生物质发电装机3000万kW的发展目标，并将安排大量资金支持可再生能源的技术研发。中国作为世界农业大国，发展生物质能发电产业有着积极深远的意义，生物质发电产业是中国未来绿色能源的重要组成部分，必将成为中国绿色能源发展潮流中绽放的一朵奇葩，散发出耀眼夺目的光彩！

4.2.1　国外生物质发电状况

20世纪发生了两次石油危机，沉重打击了西方国家经济的同时，也大大促进了全球范围内可再生能源的发展。从20世纪70年代开始，尤其是近年来，可再生能源就被视为常规化石燃料的一种替代能源；近年来，发展可再生能源更是被世界各国和地区作为其能源发展战略的重要组成部分。美国的加利福尼亚州2017年其20%的电力来自可再生能源。德国2017年时，国内36%的电力来自可再生能源，到2050年时，整个能源的50%来自于可再生能源。基于生物质能源技术的战略地位，进入21世纪以来，世界各国尤其是欧盟、英国、美国、丹麦、澳大利亚等国家都重新修订了能源政策，确立了以“新世纪、新能源、新政策”为主题的能源发展战略。特别是欧盟国家，已经把可再生能源技术置于整个能源战略中最突出的地位。欧盟提出的新目标是：到2023年，风力发电达到300GW，其中海上风力发电达到64～88GW；风力发电装机容量占整个欧盟发电装机容量的15%以上；计划到2050年，可再生能源技术提供的能源要在整个能源战略中占据50%的比例。美国提出了提高绿色电力的计划，主要是风力发电、生物质能源发电等。

尽管世界各国在发展生物质能源技术方面的目的和路线有所差异，但是大幅度提高可再生能源在能源供应中的战略地位则是共同的趋势。

生物质能作为清洁的可再生能源，它的开发和利用已成为全世界的共识。为促进生物质能的研究和开发，欧美许多国家不仅立法保护，而且给予适当的财政支持。目前，在奥地利、丹麦、芬兰、法国、挪威、瑞典和美国等国家，生物质能在总能源消耗中所占的比例迅速增加。其中，芬兰是欧盟国家利用生物质发电最成功的国家之一。

在奥地利，建立燃烧木材剩余物的区域供电站的计划得到了成功推行。生物质能在总能耗中的比例大大增加，并在20世纪末增加到了25%。到目前为止，奥地利已拥有装机容量为1～2MW的区域供热站80～90座，年供应能力10MJ。

瑞典正在实行利用生物质进行热电联产的计划，使生物质能在转换为高品位电能的同时满足供热的需求，以大大提高其转换效率。早在1991年，生物质在瑞典地区供热和热电联产消耗的燃料所占的比例就达到了26%。

美国在利用生物质能发电方面处于世界领先地位，早在1992年，利用生物质发电的电站就有1000个，发电装机容量达650万kW，年发电42亿kW·h，消耗生物质燃料4500万t。

德国实行了一个名为“劳艾克”的示范性工程，就是用农场和工厂所产生的废料来发电，为1000户居民提供电力。像“劳艾克”这样遍布德国的生物能工程项目是政府增大新能源发电的基本单位，还有风能和太阳能。劳艾克生物能工厂位于德国西部省份北莱茵-威斯特伐里亚，这里新能源发电所占比例已经达到6%。劳艾克每年使用的废料为1.2万t，一半为猪粪和牛粪，另一半为剩饭、剩菜及其他可降解的废弃生物质。德国农业部部长估计，如果全国2亿多t废料和其他可用废弃物全部用于生产生物质能，其中的一半用于生产能源或者发电，德国170万个家庭可用其供热，400万个家庭的全部电力需求可由它来满足。

丹麦的能源需求一直依赖进口，但其通过大力推广节能措施，积极开发清洁可再生能源，靠新兴替代能源成为了石油出口国。秸秆发电遍及丹麦各个城市和地区，以秸秆发电为主的可再生资源占全国能源消费量的24%以上。丹麦的农作物主要有大麦、小麦、燕麦和黑麦，秸秆在过去除小部分还田或做饲料外，大部分在田野直接焚烧了。这不仅污染了环境、影响了交通，最主要的是造成了生物能源的严重浪费。20世纪70年代，石油危机爆发，而石油是丹麦的唯一能源，为应对危机，丹麦推行了多样化政策，积极开发生物质能和风能、太阳能等可再生能源。丹麦BWE公司率先研发秸秆直接燃烧发电技术，并于1988年建成了第一座秸秆直接燃烧发电厂。2006年，丹麦已建立了130家秸秆发电厂，还有一部分烧木屑或垃圾的发电厂也能兼烧秸秆。秸秆发电技术现已走向世界，被联合国列为重点推广项目。

目前，发达国家大型生物质发电系统主要采用IGCC（联合循环发电）技术，但该系统造价高。例如，意大利12MW的生物质IGCC示范项目的发电效率约为31.7%，但建设成本高达每千瓦25000美元，发电成本达每千瓦时1.2美元。关于其他技术的研究，如比利时和奥地利的生物质气化与外燃式燃气轮机发电技术、美国的史特林循环发电技术等，可在提高发电效率的前提下降低生产成本。

1. 直接燃烧发电

欧洲等国的生物质直接燃烧发电技术较成熟，生物质废弃物发电利用率高，如丹麦研发的秸秆燃烧发电技术的广泛应用就说明了直接燃烧发电在生物质发电技术中的重要性。

丹麦南部的洛兰岛马里博秸秆发电厂，采用的是BWE公司的技术设计和锅炉设备，装机容量1.2万kW，总投资2.3亿丹麦克朗（1丹麦克朗=1.085元人民币），电厂实行热电联供，年发电5000万kW·h，每小时消耗7.5t秸秆，可满足马里博和萨克斯克宾两个镇5万人口的热电供应。全厂共只有10名职工，电厂自动化程度很高，可以做到无人值守。

电厂运行的流程大概如下：成捆的秸秆由载重汽车运进电厂的第一个车间，即原料库，然后由吊装机整齐地堆放在库中；传送带将库里成捆的秸秆连续地送往紧邻的封闭型切割装置，将秸秆切割成一段段不规则的短秆；短秆被源源不断地送进锅炉燃烧，产生540℃的高压蒸汽，推动汽轮机发电，向专门的管道供热；连接锅炉的空气预热器与电厂烟囱的是一条长长的管道，里面装有一个较大的漏斗状滤器，专门回收炉灰，作为肥料提供给农民。炉灰是很好的钾肥，农民每卖1t秸秆不仅能得到400元，还能免费得到电厂返还的40kg炉灰。整个秸秆资源得到了循环利用，几乎没有产生资源浪费和污染排放。

丹麦首都哥本哈根南郊海滨还有一座多燃烧方式发电厂，其装机容量为85万kW，所谓多燃烧方式是指可在同一炉体内燃烧煤、油、天然气和秸秆、木屑压缩颗粒等燃料。

丹麦的秸秆燃烧发电技术在世界上处于领先水平，被联合国列为重点推广项目。瑞典、芬兰、西班牙等多个欧洲国家由BWE公司提供技术设备建成了秸秆发电厂，全世界最大的生物质能发电厂位于英国坎贝斯，其装机容量为3.8万kW，总投资约5亿元人民币。

2. 垃圾燃烧发电

20世纪70年代以来，垃圾焚烧技术在发达国家得到了迅速发展，目前以欧美、日本等发达国家最具代表性。最先利用城市生活垃圾发电的是德国和美国。焚烧炉型主要有机械炉排炉、流化床炉、回转窑炉、模组式炉等，其中机械炉排焚烧炉是目前大型生活垃圾焚烧炉的主流设备；而流化床焚烧炉具有较好的潜在应用特性。美国垃圾焚烧发电约占总垃圾处理量的40%，已建立了几百座垃圾电站，底特律市更是拥有日处理垃圾4000t的垃圾发电厂。日本城市垃圾焚烧发电技术发展得更快，垃圾焚烧处理的比例在20世纪90年代中期就达到了75%，欧洲许多国家的焚烧比例也都接近或超过填埋比例。

发达国家已研究开发的垃圾气化技术包括固定床式、旋转窑式和流化床炉式气化。固定床式技术在美国有一些应用，如水平固定式气化炉，它的炉体有一次燃烧和二次燃烧两个燃烧室，分段供气燃烧，余热回收利用蒸汽或热水；另一种是垂直固定式气化炉，其主要应用于处理高密度垃圾衍生燃料（RDF）或较均匀的垃圾。在瑞士有一种由热选（thermo select）公司开发的热选式气化技术，其将垃圾压缩至方形，然后放置于热分解罐内加热气化，再注入氧气并利用助燃将熔融温度提高至1700℃，热解气在后续设备中被洗涤后进行气体回收或气体发电。针对此技术，意大利已建造了试验工厂。德国PKA（热解动力设备德语缩写）公司开发的PKA气化技术是利用旋转窑将垃圾气化，热解气体经洗涤净化后，直接用于发电。该技术还被日本东芝公司引进，用于开拓日本市场。

3. 混合燃烧

生物质的能量密度低、体积大，运输过程存在二氧化碳的排放现象，不适合中大型生物质发电厂；而分散的小型电厂，投资大、人工成本高、效率低，经济效益差，也不适宜大规模应用。所以将生物质与矿物燃料联合燃烧成了大型燃煤电厂的新理念。这不仅为生物质和矿物燃料的优化混合提供了机会还能降低整体的投资成本，因为许多现存设备不需进行太大的改动。更积极的影响是大型电厂的可调节性大，能适应不同混合燃烧，使混燃装置能适应当地生物质的特点。大多数燃煤电厂燃烧粉煤，生物质要与其混合燃烧必须经过预处理，因为磨煤机不适合粉碎树皮、森林残余物或木块等生物质。生物质与煤炭的混合燃烧技术十分简单，并且可以迅速减少二氧化碳的排放量，因此具有很大的应用空间。该技术已在斯堪的纳维亚半岛和北美地区普遍使用。美国有300多家发电厂采用生物质能与煤炭混燃技术，装机容量达6000MW，还有更多的发电厂将可能采纳这一技术。奥地利最大的电力供应商Verbund（奥地利电力联盟）对生物质能与煤炭混燃的四种方式进行了研究：①生物质在一个独立系统中燃烧，产生的热用于现有电厂的锅炉；②生物质在组装于燃煤锅炉炉膛中的炉排上燃烧；③用专用粉碎机粉碎生物质，在燃煤锅炉中与粉煤一起燃烧；④生物质在气化炉中气化，燃气作为锅炉燃料。

研究结果表明，第二种和第四种具有较强的实用性。

但混合燃烧存在以下问题：

（1）由于生物质含水量高，产生的烟气体积较大，而现有锅炉一般为特定燃料而设计，产生的烟气量相对稳定，所以当烟气超过一定限度时，热交换器就很难适应，这就要求混合燃烧中生物质的份额不宜太多。

（2）生物质燃料的不稳定性使锅炉的稳定燃烧复杂化。

（3）生物质灰的熔点低，容易产生结渣问题。

（4）如果使用含氯生物质，如秸秆、稻草等，当热交换器表面温度超过400℃时，会产生高温腐蚀。

(5) 生物质燃烧生成的碱会使燃煤电厂中脱硝催化剂失活。

在传统火电厂中进行混合燃烧，遵从生物质发电的工艺路线，既不需要气体净化设备，也不需要小型发电系统，可从大型传统电厂中直接获利。

4.2.2 国内生物质发电的发展

4.2.2.1 中国生物质能发电技术现状

中国政府及有关部门对生物质能源的开展与利用极为重视，已连续在四个国家五年计划中将生物质能利用技术的研究与应用列为重点科技攻关项目。我国生物质能研究项目包括户用沼气池、节柴炕灶、薪炭林、大中型沼气工程、生物质压块成型、气化与气化发电以及生物质液体燃料等，并已取得了多项优秀成果。

20 世纪七八十年代，中国农村能源短缺严重，为解决这一问题，相关部门和人员开发了户用沼气池、节柴炕灶、薪炭林营造、大中型沼气系统等技术。经过 30 多年的努力，我国省柴节煤炉灶炕和生物质能技术推广应用取得了举世瞩目的成就。据农业部统计，截至 2008 年年底，全国农村已累计推广省柴节煤灶 1.46 亿户，高效低排放节能炉 3342 万户，节能炕 2050 万铺；在 856 个村建设了农作物秸秆气化集中供气工程；推广户用秸秆生物沼气 13.8 万户，建设集中供气工程 150 处；推广生物质固化成型试点 102 处，炭化试点 52 处。

20 世纪 90 年代以后，中国主要发展了生物质压块成型、气化与气化发电、生物质液体燃料等新技术。“十五”期间，中国政府再度将生物质能技术确定为国家后续能源重点发展内容，列入国家高科技发展计划（“863”计划）。其中，生物质气化发电技术要建设 4MW 规模的研究示范工程；甜高粱茎秆制取乙醇燃料技术将建设年产 5000 t 乙醇规模的工业示范工程；纤维素废弃物制取乙醇燃料技术已进入年产 600 t 规模的中试阶段；生物质热裂解液化技术进入年产 300t 粗油规模的中试阶段。此外，还开展了生物柴油、植物油、能源植物、生物质快速裂解等方面的探索性、创新性研究。

生物质能是唯一的一种既可再生、又可储存与运输的能源。中国生物质能在能源消费中约占 20%，其中大部分仍处于低效应用和直接焚烧的状态。20 世纪 70 年代以来，生物质能发电技术得以发展，主要包括沼气发电、垃圾焚烧发电和生物质气化发电，并实现了高效利用。

我国已经基本掌握了农林生物质发电、城市垃圾发电、生物质致密成型燃料等生物质发电技术，只是开发利用规模还需进一步扩大。截至 2018 年年底，全国可再生能源发电装机达到 7.28 亿 kW，同比增长 12.0%。其中生物质发电装机 1781 万 kW，同比增长 20.7%；2018 年可再生能源发电量达 1.87 万亿 kW·h，其中生物质发电 906 亿 kW·h，同比增长 14.0%。2016 年我国生物质能源发电量占可再生能源发电量的比重为 4.20%，2017 年上升至 4.68%，2018 年达到 4.84%；2016 年我国生物质能源发电装机容量占可再生能源发电装机容量的比重为 2.13%；2017 年上升至 2.27%，2018 年达到 2.45%。生物质能发电的地位不断上升，反映生物质能发电正逐渐成为我国可再生能源利用中的新生力量。

4.2.2.2 生物质发电技术的种类

我国生物质发电技术主要有四大类：直接燃烧发电、混合燃烧发电、热解气化发电和沼气发电。

1. 直接燃烧发电

直接燃烧发电是指把生物质原料送入特定的蒸汽锅炉中，产生蒸汽驱动蒸汽轮机运转，从而带动发电机发电。直接燃烧发电的关键技术包括四大方面，即原料预处理技术、蒸汽锅炉的多种原料适用性、蒸汽锅炉的高效燃烧和蒸汽轮机的效率。

2. 混合燃烧发电

混合燃烧发电是指将生物质原料应用于燃煤电厂中，将生物质和煤两种原料混合燃烧进行发电。混合燃烧发电主要有两种方式：一种是将生物质原料直接送入燃煤锅炉，与煤共同燃烧，生产蒸汽，带动蒸汽轮机发电；另一种是先将生物质原料在气化炉中气化生成可燃气体，再与煤共同燃烧生产蒸汽，带动蒸汽轮机发电。无论哪种方式，生物质原料预处理技术都是非常关键的，要将生物质原料处理到符合燃煤锅炉或气化炉的要求。混合燃烧的关键技术还包括煤与生物质混燃技术、煤与生物质可燃气体混燃技术以及蒸汽轮机效率。

3. 热解气化发电

热解气化发电是指在气化炉中将生物质原料气化生成可燃气体，可燃气体经过净化，供给内燃机或小型燃气轮机，带动发电机发电。热解气化发电的关键技术包括原料预处理技术、高效热解气化技术，还要选用合适的气化炉、内燃机和燃气轮机。气化炉要求适合不同种类的生物质原料；内燃机一般是用柴油机或由天然气机改造，以适用生物质燃气的要求；燃气轮机要求容量小，适合于低热值的生物质燃气。

4. 沼气发电

沼气发电是指利用厌氧发酵技术，将屠宰厂或其他有机废水以及养殖场的畜禽粪便进行发酵，生产沼气（CH_4），供给内燃机或燃气轮机，带动发电机发电，也有的供给蒸汽锅炉生产蒸汽，带动蒸汽轮机发电。沼气发电的关键技术主要有高效厌氧发酵技术、沼气内燃机技术和沼气燃气轮机技术。

4.2.2.3 生物质发电的优势

1. 资源丰富，发展潜力巨大

全世界的生物质资源量都非常巨大，极具发展潜力。到2050年，全世界利用农、林、工业残余物以及种植和利用能源作物等生物质能源，将相当于或低于化石燃料的价格，有可能提供世界60%的电力和40%的燃料，使全球二氧化碳排放量减少54亿t碳（目前全球化石燃料每年排放约60亿t碳）。

中国土地面积广阔，除现有的耕地、林地和草地外，尚有近1亿hm^2的益农益林的荒山荒地，可以用于发展能源农业和能源林业，所以在未来30年，中国潜在的生物质资源量非常巨大。能源农业和能源林业形成和发展起来以后，可开发的生物质资源量至少达到15亿t标准煤，其中30%来自传统生物质，70%来自能源农林业。例如，如果建设2000万hm^2能源林，每年可产生10亿t生物质，相当于5亿t标准煤。如果与西部大开发、沙漠治理、退耕还林、三北防护林建设结合起来，至少可再发展2000万hm^2的能源林，每年可产生4亿t生物质，相当于2亿t标准煤。在能源农业方面，主要发展甘蔗、甜高粱、木薯、芒草等具有能源用途的高能品种。光合效率高的能源作物品种可通过转基因技术获得，如每公顷能源甘蔗的产量可达到55t，每公顷甜高粱可产10t籽粒和100t茎秆。如果发展2000万hm^2能源作物，生物质资源量可达到6亿t，合3亿t标准煤。所以在未来30年，至少可发展20亿t的生物质资源，合10亿t标准煤。

2. 适合发展分布式电力系统，接近终端用户

相对于煤、石油、天然气等石化类燃料，生物质资源是分散的，因此生物质能的利用也具有分散性。基于这一特点，可以在生物质资源相对集中的地域，根据资源量选择适当的生物质发电技术类型，建立相应规模的生物质发电厂（站），其所生产的电力既可以直接供给附近的用电单位，也可以并入电网。

这种分布式电力系统技术适宜、投资小，而且接近终端用户，可以不受电网影响，直接供电，运行方便可靠。中国在电力供应方面存在较大的缺口，因地制宜地利用当地的生物质能资源，建立分散、独立的离网或并网生物质分布式电厂拥有广阔的市场前景。如果把当前农林废弃物产量的40%作为电厂燃料，可发电3000亿kW·h，占目前中国总耗电量的20%以上。

3. 改善生态环境

发展农业生产和农村经济生物质能属于清洁能源，有利于节能减排、净化环境。生物质中有害物质（硫和灰分等）的含量仅为中质烟煤的1/10左右，而二氧化碳的排放量几乎为零。因为生物质二氧化碳的排放和吸收构成自然界碳循环，从而实现二氧化碳零排放，因此扩大生物质能利用是减排二氧化碳的最重要的途径。

采用生物质发电技术，可将生物质转化为高品位的电能，热效率提高35%～40%，这不仅能满足农村紧迫的电力需求，还能净化空气，改善农民的居住环境，同时节约资源，提高农民的生活水平。生物质发电技术的应用还可以从根本上解决我国农村普遍存在的而又始终无法根治的“秸秆问题”。近年来，随着农村经济的发展和农民生活水平的提高，大量作物秸秆被遗弃在田间地头，就地焚烧，烟气污染十分严重，对交通安全也构成严重威胁。生物质发电技术以秸秆为原料，将其转化为电力，形成产业化利用，最终消除秸秆所产生的危害。生物质能源利用可带来一系列生态、社会和经济效益：其一可以缓解和补充农村短缺的电力；其二可以带动能源农业和能源林业的大规模发展，有效地绿化荒山荒地，减轻土壤侵蚀和水土流失；其三可以治理沙漠，保护生物的多样性，促进生态的良性循环；其四可以促进现代种植业的发展。生物质能源成为农村新的经济增长点，增加农村就业机会，改善农村生活环境，提高农村居民收入，振兴和发展农村经济。

4. 生物质发电的直接效果

生物质发电是指利用农林废弃物、城市生活垃圾、沼气等原料燃烧发电或气化发电。生物质发电在我国已得到广泛重视和发展应用。我国已研制开发了多种类型的锅炉，如木柴（木屑）锅炉、甘蔗渣锅炉、稻壳锅炉等，并应用于生物质燃烧发电及供热。20世纪90年代，湖南岳阳城陵矶粮库米厂建成了1500kW稻壳燃烧发电厂，每年可发电720万kW·h，节约电费72万元，节约标准煤4320t，每年还可新增利润60万元。安徽舒城县胜荣精米加工厂原来年产大米2010t，耗电费用9.8万元，产生稻壳800t以上废弃无用；利用稻壳燃烧发电后，每小时可发电80kW·h，除供该厂50kW加工机械使用外，还可供100户居民生活用电。河北省石家庄晋州市和山东省菏泽市单县分别建设了2万kW秸秆燃烧发电厂和2.5万kW秸秆发电厂。其中河北晋州的项目引进了丹麦BWE公司的秸秆发电技术，每年发电1.2亿kW·h，可燃烧秸秆20多万t。中国生物质气化发电技术

的研究始于20世纪60年代，研发了60kW稻壳气化发电装置，之后不断发展，研发出了160kW和200kW规格装置。截至1998年年底，共开发了300多台高效的稻壳气化发电装置，并实现了商品化。这些稻壳气化发电装置的主要适用于固定床气化炉（层式下吸式）。随着碾米厂向集中化和大型化发展，又出现了生产强度大、气化效率高的循环流化床气化装置。第一台1MW稻壳循环流化床气化发电装置是由广州能源研究所于1998年在福建莆田华港公司的碾米厂研建运行的；1999年又在缅甸和海南三亚分别应用了0.4 MW和1.2 MW木粉循环流化床气化发电装置，均取得了良好的经济效益和社会效益。

4.2.3 生物质气化发电

4.2.3.1 生物质气化发电技术

中国有良好的生物质气化发电基础，早在20世纪60年代初就开展了该方面的工作。在原来谷壳气化发电技术的基础上，对生物质气化发电容量的大小和不同生物质原料进行了进一步的研究，先后完成了2.5～200kW的各种机组的研制。中国近几年特别重视中小型生物质气化发电技术的研究和应用，中小规模的生物质气化发电技术具有投资少、灵活性好等特点。已研制的中小型生物质气化发电设备，其功率从几千瓦到4000kW不等，气化炉的结构也不相同，具体有层式下吸式气化炉、开心式气化炉、下吸式气化炉和循环流化床气化炉四种。中小型物质气化设备多采用单燃料气体内燃机和双燃料内燃机，单机最大功率为200kW。其中，循环流化床气化发电系统对于处理大规模生物质具有显著的经济效益，推广广泛而迅速，已经成为国际上应用最多的中型生物质气化发电系统。

1. 生物质气化发电原理

生物质气化技术是以气化和净化装置将农林废弃物等生物质燃料转换成洁净的燃气。利用废弃物气化发电，是生物质能得以应用的重要方面，中国每年产生稻壳大约为4000万t，秸秆7亿t，相当于约4亿t标准煤，利用稻壳气化发电有较大进展和发展空间。

生物质气化发电技术的基本原理是把生物质转化为可燃气，再利用可燃气推动燃气发电设备进行发电。它既能解决生物质难于燃用而且分布分散的缺点，又可以充分发挥燃气发电技术设备紧凑而污染少的优点。

2. 生物质气化发电过程

气化发电过程如下：首先是生物质气化，即把固体生物质转化为气体燃料；其次是气体净化，气化出来的燃气都带有灰分、焦炭和焦油等杂质，需经过净化系统除去杂质，以保证燃气发电设备的正常运行；最后是燃气发电，即利用燃气轮机或内燃机进行发电。有的工艺为了提高发电效率，发电过程中可以增加余热锅炉和蒸汽轮机。

生物质原料经过预处理（以符合不同气化炉的要求）后，由进料系统送入气化炉。由于氧气不充足，生物质在气化炉内不完全燃烧，发生气化反应，生成可燃气体——气化气。气化气要与物料进行热交换以加热生物质原料；然后经过冷却系统及净化系统，将灰分、固体颗粒、焦油及冷凝物除去；净化后的气体即可用于发电，通常采用内燃机、燃气轮机及蒸汽轮机进行发电。

4.2.3.2 生物质气化发电的特点

生物质气化发电技术具有以下3个特点。

1. 灵活性

生物质气化发电可以采用内燃机或者燃气轮机，也可结合余热锅炉和蒸汽发电系统，即可以根据规模的大小灵活选用合适的发电设备，保证在任何规模下都有合理的发电效率。这一技术的灵活性，能很好地满足生物质分散利用的特点。

2. 洁净性

生物质本身属于可再生洁净能源，可以有效地减少二氧化碳、二氧化硫等有害气体的排放，而气化过程一般温度较低（700～900℃），氮氧化物的生成量很少，所以能有效地控制氮氧化物的排放。

3. 经济性

生物质气化发电技术的灵活性，可以保证该技术在小规模条件下有较好的经济性；同时，燃气发电过程简单，设备紧凑，比其他可再生能源发电技术投资更小。所以总的来说，生物质气化发电技术是所有可再生能源技术中最经济的发电技术。

4.2.3.3 生物质气化发电系统分类

生物质气化发电系统根据所采用的气化技术、燃气发电技术及发电规模的不同，其系统结构和工艺过程有很大的差别。

根据生物质气化形式不同分类，从气化形式上看，生物质气化过程可以分为固定床和流化床两大类。另外，国际上为了实现更大规模的气化发电方式，提高气化发电效益，正在积极开发高压流化床气化发电工艺。

根据燃气发电技术不同分类，从燃气发电过程上看，生物质气化发电主要有 3 种方式：一是将可燃气作为内燃机的燃料，用内燃机带动发电机组发电；二是将可燃气作为燃气轮机的燃料，用燃气轮机带动发电机组发电；三是用燃气轮机和汽轮机实现两级发电，即利用燃气轮机排出的高温废气把水加热成蒸汽，再用蒸汽推动汽轮机带动发电机组发电。

内燃机发电系统简单，以燃气内燃机组为主，可单独燃用低热值燃气，使用方便；也可以燃气、油两用，稳定性好、效率较高。该系统机组属于小型发电装置，优点是设备紧凑、操作方便、适应性较强；缺点是系统效率低，运行时间短，单位功率投资较大。它适用于农村、农场、林场的照明用电或小企业用电，也适于粮食加工厂、木材加工厂等单位进行自供发电。燃气轮机发电系统采用低热值燃气轮机，燃气需增压，否则发电效率较低。燃气轮机不仅对燃气质量要求高，还对自动化控制水平和燃气轮机改造技术有要求，所以一般单独采用燃气轮机的生物质气化发电系统较少。

燃气-蒸汽联合循环发电系统是以内燃机、燃气轮机发电为基础，增加余热生成蒸汽推动发电的联合循环，该种系统可以有效地提高发电效率。一般来说，燃气-蒸汽联合循环的生物质气化发电系统采用燃气轮机发电设备，最好采用高压气化方式，构成的系统称为生物质整体气化联合循环（B/IGCC）。它的系统效率一般可达 40%以上，是目前发达国家重点研究的内容。

根据生物质气化发电规模分类，从发电规模上分，可分为小型、中型、大型 3 种。根据生物质气化发电规模分类，从发电规模上分，可分为小型、中型、大型 3 种。

小型气化发电系统简单灵活，主要作为农村照明或中小型企业自备发电。它所需的生物质数量较少，种类单一，所以可以根据不同生物质形状选用合适的气化设备。小型生物质气化发电系统一般采用固定气化设备，发电规模在200kW以下，主要集中在发展中国家，特别是非洲、印度、中国及东南亚国家。美国、欧洲等发达国家的小型生物质气化发电技术虽然非常成熟，但由于发达国家生物质能源相对较贵，所以对劳动强度大、使用不方便的小型生物质气化发电技术应用非常少，只有少数试验装置供研究使用。中型生物质气化发电系统适用于一种或多种不同的生物质，所需的生物质数量较多。生物质需要粉碎、烘干等预处理，所以采用流化床气化工艺，发电规模在400～3000kW之间。该系统在发达国家应用较早，技术较成熟。但由于该类型系统设备造价高、发电成本高，所以极少应用，只在欧洲有少量的几个项目。所谓大型生物质气化发电系统是相对的，与常规能源系统相比，其仍属于小规模系统。考虑到生物质资源分散的特点，一般将大于3000 kW、采用了联合循环发电方式（IGCC）的气化发电系统归入大型的行列。在国际上，大型生物质气化发电系统技术远未成熟，主要的应用仍停留在示范和研究阶段。生物质IGCC作为先进的生物质气化发电技术，能耗比常规系统低，总体效率可大于40%。很多发达国家开展了这方面的研究，如美国Battelle（巴特勒）（63MW）和夏威夷（6MW）项目，欧洲的英国（8MW）和芬兰（6MW）的示范工程等。但其经济性较差，以意大利12MW的IGCC示范项目为例，建设成本高达25000美元/kW，发电成本约1.2美元/(kW·h)，所以有待进一步探索研究。瑞典的Varna生物质示范电站是欧洲发达国家一个B/IGCC发电示范项目，它的主要目的是建设一个完善的生物质IGCC示范系统，研究生物质IGCC的各部分关键过程。所以该生物质发电站更适合于生物质气化发电的R&D（研究与开发）活动，而不是完全的商业化运行，投资和运行成本都非常高。该项目采用了目前欧洲在生物质气化发电技术研究的所有最新成果，包括采用高压循环流化床气化技术（18MW）、高温过滤技术、燃气轮机技术（4.2MW）和余热蒸汽发电系统。

在我国，要研究开发与国外相同技术路线的生物质IGCC，基于资金和技术问题，将更加困难。如何利用已较成熟的技术，研制开发在经济上可行、而效率又有较大提高的系统，是目前发展生物质气化发电的一个主要课题，也是发展中国家今后能否有效利用生物质的关键。

大型生物质气化发电系统主要适合于上网电厂，它可以适用的生物质较为广泛，所需的生物质数量巨大，必须配套专门的生物质供应中心和预处理中心，是今后生物质利用的主要方面。

各种生物质气化发电的特点见表4.7。

表4.7 各种生物质气化发电的特点

规模	气化过程	发电过程	主要用途
小型系统（功率<200kW）	固定床气化，流化床气化	内燃机组，微型燃气轮机	农村用电，中小企业用电
中型系统（500kW<功率<3000kW）	常压流化床气化	内燃机	大中企业自备电厂、小型上网电厂
大型系统（功率>5000 kW）	常压流化床气化、高压流化床气化、双流化床气化	内燃机+蒸汽轮机 燃气轮机+蒸汽轮机	上网电站、独立能源系统

近年来，中国的生物质气化技术有了长足的进步，根据不同原料和不同用途主要发展了三种工艺类型：第一种是上吸式固定床气化炉，其气化效率达75%，最大输出功率约1400 MJ/h。该系统可将农作物秸秆转化为可燃气，通过集中供气系统供给用户炊事用能。第二种是下吸式固定床气化炉，其气化效率达75%，最大输出功率约620MJ/h。该系统主要用于处理木材加工厂的废弃物，每天可生产2600m^3可燃气，作为烘干过程的热源。第三种是循环流化床气化炉，其气化效率达75%，最大输出功率约2900MJ/h。该系统主要处理木材加工厂的废弃物（如木粉等），为工厂内燃机发电提供燃料。生物质气化发电技术投资少、发电成本较低、灵活性好，在同类技术中最具竞争力，比较符合发展中国家的情况。“十五”期间，在国家“863”计划的支持下，广州能源所研制成功了“4MW生物质气化燃气-蒸汽联合循环发电系统”，示范工程于2005年在江苏兴化建成。该电厂单位投资7500元/kW左右，燃气发电机组单机功率达500kW，但在配套设备和系统优化集成方面仍然存在不足，电厂的自动化控制程度仍较低。生物质气化发电技术的成套性成为产业化的主要瓶颈。

在中国，“八五”期间国家科学技术委员会安排了“生物质热解气化及热利用技术”的科技攻关专题，取得了显著成果：采用氧气气化工艺，研制成功生物质中热值气化装置；以上吸式流化床工艺，研制成功100户生物质气化集中供气系统与装置；以下吸式固定床工艺，研制成功食品与经济作物生物质气化烘干系统与装置；以流化床干馏工艺，研制成功1000户生物质气化集中供气系统与装置。“九五”期间，国家科学技术委员会安排了“生物质热解气化及相关技术”的科技攻关专题，重点研究开发了1MW大型生物质气化发电技术、小型生物质气化发电技术和农村秸秆气化集中供气技术。

4.2.4 沼气发电

沼气工程技术是中国应用最广泛的生物质能开发利用技术。2000年时，中国工业废水年总排放量达194.20亿t，废水中含有机物（COD）704.5万t。随着厌氧发酵技术的发展，用此技术处理工业有机废水量可达22亿t以上，估计每年实际可转化的沼气约为60亿t。另外，中国畜禽养殖场每年排放16.76亿t废水和废渣（据1999年统计），到2010年底，据有关部门不完全统计，已有大中小型沼气工程7.3032万处，其中大型沼气工程4963处、中型沼气工程22795处、小型沼气工程45259处；已有生活污水处理沼气工程19.16万处、农村户用沼气池3850万户。有近4000万户1.5亿人受益。目前，年产沼气总量142.6亿m^3，折合标准煤2500万t，可减排二氧化碳5000多万t。同时，0.5～250kW不同容量的沼气发电机组已形成系列产品，沼气发电已在工矿企业、乡村城镇以及少煤缺水地区普遍采用。当前的发展趋势是提高机组的先进性、经济性、可靠性和发展大容量机组，主要措施如下：

（1）开发100～500kW大中型系列机组，以满足大型环保处理工程建设沼气电厂的需要。

（2）研制自动控制空气、沼气量和空气燃料比的调速装置，以及直接用沼气启动的先进装置，提高机组调速和启动性能。

（3）优化沼气气源工程设计，提高产气量。

（4）加强对与机组配套的废热回收装置的研究，提高能量利用率。

(5) 降低发动机噪声，改善操作环境。

4.2.4.1 沼气发电技术

沼气技术主要利用厌氧法处理禽畜粪便和高浓度有机废水，是发展较早的生物质能利用技术。20世纪80年代以前，发展中国家主要发展沼气池技术，以农作物秸秆和禽畜粪便为原料生产沼气作为生活炊事燃料；而发达国家则主要发展厌氧技术以处理禽畜粪便和高浓度有机废水。

日本、丹麦、荷兰、德国、法国、美国等发达国家均普遍采取厌氧法处理禽畜粪便；印度、菲律宾、泰国等发展中国家也建设了大中型沼气工程处理禽畜粪便的应用示范工程。

美国、英国等发达国家的沼气发电技术主要用于垃圾填埋场的沼气处理工艺。美国在沼气发电领域有许多成熟的技术和工程，处于世界领先水平，截至20世纪末，已有61个垃圾填埋场使用内燃机发电，加上使用汽轮机发电的装机，总容量已达340MW。美国纽约斯塔藤垃圾处理站投资2000万美元，采用湿法处理垃圾，日产26万m^3沼气，用于发电、回收肥料，效益可观。另外许多奶牛场也积极利用牛粪制造沼气发电。欧洲用于沼气发电的内燃机，较大的单机容量在0.4～2MW，填埋沼气的发电效率为1.68～2kW・h/m^3。

英国垃圾沼气的开发利用仅次于美国，垃圾沼气发电技术经过开发和成功示范，促进垃圾沼气的发电成本大幅度下降。20世纪末，英国以垃圾为原料实现沼气发电18MW，还将投资1.5亿英镑（1英镑=9.4元人民币）建造更多的垃圾沼气发电厂。荷兰IC公司采用新的自循环厌氧技术，已使啤酒废水厌氧处理的产气率达到10m^3/d的水平，从而大大节省了投资、运行成本和占地面积。

4.2.4.2 沼气发电的特点

沼气是一种可燃气体，在厌氧条件下由有机物经多种微生物的分解与转化作用后产生。其主要成分是甲烷和二氧化碳，其中甲烷含量一般为60%～70%，二氧化碳含量为30%～40%（容积比）。

甲烷是作用强烈的温室气体，其导致温室效应的效果是二氧化碳的23倍。从环保角度讲，控制甲烷及沼气排放已成为保护大气的一个重要方面；从能源角度讲，沼气又是性能较好的燃料，纯燃料热值为21.98MJ/m^3（甲烷含量60%，二氧化碳含量32%），属中等热值燃料；沼气还是生物质可再生能源。

因此，要控制沼气污染，又要开发新能源，就要高效利用沼气。以沼气作为动力机的燃料，带动发电机运转，获得高品位电能的沼气发电技术，是沼气综合利用的有效方式之一。

沼气发电是以沼气作为往复式发动机和汽轮机的主要燃料来源，以发动机的动力来驱动发电机发电的过程，是沼气能量利用的一种有效方式。沼气能量转换过程为：化学能—热能—机械能—电能，受热力学第二定律的限制，热能不能完全转化为机械能，热能的卡诺循环效率不超过40%，大部分能量随废气排出。因此，回收发动机中的废气是提高沼气能量总利用率的必要途径，余热回收的发电系统总效率可达60%～70%。图4.2为日本某污水处理厂沼气发电系统的流程简图。

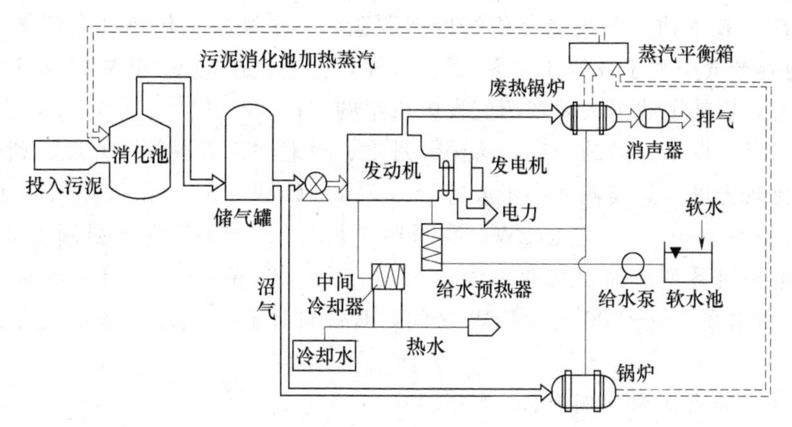

图 4.2 日本某污水处理厂沼气发电系统流程

该厂所产沼气应用于另一些方面：一部分用于沼气锅炉；另一部分用于发动机，发动机排出的废弃余热由冷却水收回。热水送至废热锅炉或沼气锅炉，产出的蒸汽用于加热消化池，可满足消化池所需的全部热量。沼气发电不仅解决了燃烧沼气锅炉的热量供需矛盾，而且沼气发电的经济收益要比直接燃烧锅炉高得多。

4.2.4.3 沼气发电技术的应用

沼气发电在发达国家已受到广泛重视和积极推广，如美国有能源农场、日本有阳光工程、荷兰有绿色能源等。生物质能发电并网在西欧一些国家（如德国、丹麦、奥地利、芬兰、法国、瑞典等）的能源总量的比例为10%左右，未来将增加到25%。我国沼气发电研发已有30多年的历史，特别是“九五”“十五”期间，大批科研单位、院校和企业先后从事了沼气发电技术的研究及沼气发电设备的开发。在这一领域中，形成了科研、技术骨干队伍，建立了相应的科研、生产基地，积累了较多的成功和失败的经验，为沼气发电技术的应用研究及沼气发电设备质量的不断创新奠定了基础。国内现有的0.8～5000kW各级容量的沼气发电机组均已鉴定和投产，主要产品有以全部使用沼气的纯沼气发动机及部分使用沼气的双燃料沼气-柴油发动机。这些机组各具特色，在技术和结构上也都有突破和创新，已在我国部分农村和有机废水的沼气工程上配套使用。近十几年，基于农村家庭责任制问题，大中型的工厂化畜牧场的建立及倡导环境保护等原因，我国的沼气发动机、沼气发电机组已向两极方向发展。农村主要向3～10kW的沼气发动机和沼气发电机组方向发展，而酒厂、糖厂、畜牧场、污水处理厂等的大中型环保能源工程，主要向单机容量为50～200kW的沼气发电机组方向发展。

沼气发电技术主要应用在禽畜场沼气、工业废水处理沼气及垃圾填埋沼气三个方面。

我国的沼气发动机主要分为两大类，即双燃料式和全烧式。其中，对沼气-柴油双燃料发动机所做的研究开发工作较多。全国范围内，已经正式运行的发电机组可节约75%的柴油，大大降低了发电成本。如山东某酒厂安装了两台120kW的沼气发电机组，170m^3酒糟日产沼气4800m^3，发电8640kW·h，能够满足该厂的基本生产用电，全年能源节约开支29万元，工程运行一年即收回全部成本。

在先进的沼气发电技术研究方面，“大型高效厌氧沼气发电技术及示范电厂”是由农业部沼气科学研究所主持研究的“十五”国家重点科技攻关课题，已于2004年1月通过了中国科学院高技术研究与发展局组织的课题验收。该装置整体沼气发酵能力达到4万m^3以上，池容产气率大于或等于4.0 m^3。另外，已研制出的600kW沼气发电机组的成套技术与装备，填补了我国大功率沼气发电机组的空白。

有关沼气发电设备方面的研究，德国、丹麦、奥地利、美国等国开发、利用的纯燃沼气发电机组比较先进，其气耗率小于或等于0.5 m^3/(kW·h)（沼气热值大于或等于25 MJ/m^3），价格在300～500美元/kW。我国在“九五”“十五”期间研制出20～600 kW纯燃沼气发电机组系列产品，气耗率为0.6～0.8 m^3/(kW·h)（沼气热值大于或等于21MJ/m^3），价格在200～300美元/kW之间，其性价比有较大的优势，适合我国经济发展状况。

1. 关于典型沼气工程实例分析

例如用城市污水制取沼气的大型工程有德国不来梅市西豪逊污水处理厂和汉堡污水处理厂，其主要特点如下：

（1）产气量高，处理污水量大。西豪逊污水处理厂的沼气池容积为4×6000m^3，产气量为12500m^3/d，日处理污水量为15万m^3；汉堡污水处理厂沼气池容积为5×8000m^3，产气率4万～6万m^3/d，日处理污水量为35万m^3。

（2）沼气池的结构和建筑材料。沼气池的建筑材料采用预应力钢筋混凝土，池形都为卵圆形，结构为发酵池和储气箱相分离。西豪逊污水处理厂消化罐内刷PVC涂料，池子外面包有60～80mm达尔丰保温材料，保温层外面用镀锌压形钢板复面；汉堡污水处理厂消化罐内未刷涂料，池子外面用10cm玻璃纤维保温，采用木板固定。据德国专家介绍，卵形消化罐具有经济合理、受力性能好、搅拌效果佳等优点。同时，采用预应力钢筋混凝土结构，可节省钢材，因其防腐性能较好。汉堡污水处理厂消化罐已使用20多年，还未出现过问题。

（3）发酵的基本情况。西豪逊污水处理厂的发酵温度为28℃（原采用33℃）；汉堡污水处理厂为35℃。西豪逊污水处理厂进料干物质浓度为50%，滞留期为30d，沼气池负荷为1.7 kg/(m^3·d) BOD（生化需氧量），1kg有机原料的产气率为500L，采用二级发酵技术；汉堡污水处理厂进料干物质浓度为70%，采用二级发酵技术，滞留期第一级为16～18d，第二级为4d，沼气池的负荷为2.5～3.0kg/(m^3·d) BOD，原料的产气率为每立方米料液生成20m^3沼气。发酵料液的加热是通过热交换器进行料液循环来完成的。在西豪逊污水厂，专门用三台热水锅炉供给加热，每台的加热量为35000cal/h（1cal＝4.1868J），每天约消耗1/3沼气用于加热保温；汉堡污水处理厂主要是利用发电机组的余热供给沼气池加热。西豪逊污水处理厂利用液体循环搅拌、机械搅拌同气体搅拌相结合的搅拌方式；汉堡污水处理厂利用液体循环搅拌同机械搅拌（阿基米德螺旋搅拌器）相结合的方式（该厂认为机械搅拌效果最好，不宜采用气体搅拌），整个装置机械化和自动化程度很高。汉堡污水处理厂设有一个控制室来控制沼气池的运转。

（4）沼气的用途。西豪逊污水处理厂每天沼气产量的1/3用于料液的加热保温，1/3用于发电，剩下的1/3放掉。该厂沼气发电机组的容量为2台200kW、2台300kW，其中1台300kW发电机组每天工作12h，2台200kW发电机组每天工作12h。除300kW发电机组以外，全都采用全烧沼气技术。全年的发电量为120万kW·h。汉堡污水处理厂生产的沼气用于开动气体发电机组，每天发电 6 万 kW·h，全厂自给有余，并有少量售给国家大电网。由于利用发电机组的余热加温发酵料液，所以沼气热效率达 70%以上，其具体分配为发电机输出功率为 30%～35%，从冷却水和排气中回收热量 40%。

(5) 造价。汉堡污水处理厂的沼气工程总投资（包括建池、发电设备、控制系统及其他附属设备等费用）为 2.5 亿马克（1 马克=4.13 元人民币），平均每立方米造价为 6250 马克；西豪逊污水处理厂总投资为 5000 万马克，平均每立方米造价为 2000 马克。

在我国，大型沼气发电工程的案例有浙江长征化工厂酒精糟沼气发电工程。浙江省内最大的酒精生产厂——长征化工厂，年产酒精 12000t，向大运河日排放酒精糟液 600t，成为大运河的主要污染源，严重影响了运河水系的生态环境。因此，该厂酒精糟液的综合治理是一项紧迫而有意义的工作。

沼气发电厂的设计容量为 1000kW，要求发电机组单机功率不小于 330kW。实际建设中，用天然气发电机组改装而成的发电机单机最大功率达 450kW，电厂最大发电机容量可达 1350kW，均超过设计指标。

2. 沼气发电站的设计

(1) 沼气发电机组的选型。选用单机功率 500kW 的 12V 190 ZDT2 天然气发电机组，以沼气为燃料。发电机组转速 1000r/min 时，耗气率约 0.7m^3/(kW·h)，电功率可达 350kW 以上。所以选用四台 12V 190 ZDT2 天然气发电机组，日常使用三台即可满足要求。

(2) 系统的工艺设计。沼气发电厂有与普通内燃机发电厂相同的系统，如冷却水系统、加热系统、排气系统和电气系统；还有较特殊的系统，包括沼气系统、通风系统和排气系统。

沼气系统应确保发电机组有清洁的燃料连续供其使用。刚产出的沼气是含饱和水蒸气的混合气体，除含有甲烷、二氧化碳外，还含有硫化氢和悬浮的颗粒状杂质。硫化氢不仅有毒，而且有很强的腐蚀性，过量的硫化氢和杂质会缩减发电机的寿命，所以新生成的沼气不宜直接用作发电机燃料。电厂的沼气系统除具有常规储气和稳压装置外，还应有脱硫、过滤和干燥设备。发电机组以处理过的沼气为燃料。沼气的主要成分是甲烷，易燃、易爆，空气中甲烷爆炸的最低、最高极限为空气体积的 5%、15%。消除火灾隐患、防止可燃气体集聚的有效手段是加强通风，由于沼气比空气轻，所以采用由下而上的通风方式。将风机设在发电机房的地沟内，使新鲜空气经由地沟向发电机组四周强制送风，并与机房顶部的排风机组成通风回路。

发动机排气系统的设计，一般以降低排气背压和噪声为主要目的。沼气燃烧的过程会有相当数量的水分生成，其中一部分呈饱和水蒸气状被排气带走，另有一定数量的冷凝水会积存在排气系统中，所以沼气发电机组的排气系统还要考虑排水的功能性。

发动机排气系统常用金属结构的消声器，其体积小、安装方便，但流阻大。而且排气系统存留的水分会对沼气发电机组造成腐蚀，所以采用地下消声坑的设计是可取的。由于地下消声坑的尺寸限制不大，有利于降低流阻，减少噪声，排除水分。

(3) 发电机组的改装设计。原则上，气体燃料发动机可燃用各种不同的气体燃料，据此，天然气发动机也可燃用沼气。但由于各种气体燃料的组分不同，其热值、物理性能、着火温度、爆炸极限、燃烧特性均存在较大差异。所以，天然气发动机燃用沼气时，应针对不同的燃料属性，对发动机的相关部件进行必要的调整或改装。例如，发动机的空气-燃气混合器，它如同汽油机的化油器，是燃料的控制与调节装置，它的合适与否会直接影响发动机的动力特性和经济性。

（4）沼气发电机组的调试与运行。沼气发电机组的调试以现场实际的燃料特性为依据，目的是将空燃比和点火提前调整到最佳范围，使发动机达到设计的性能指标。其中空燃比的调整是关键。要避免调试过程的盲目性，必须随时监测气体燃料的成分和空燃比，以便随时判断调试的走向。

影响沼气发电扩大应用的因素除一次性投资较大外，对管理、操作和维修的技术要求较高也是原因之一。所以，沼气发电的利用需要因时、因地制宜，对电力缺乏的地区，沼气发电仍不失为沼气利用的最佳选择。

3. 沼气发电产业化可行性分析

（1）沼气发电具有巨大的动力源潜在市场。工业化沼气的生产原料主要来自规模化畜禽养殖场粪污厌氧处理，酿酒、制糖业等工业有机废水厌氧处理，城市污水处理厂的污泥厌氧处理和城市垃圾填埋四个方面。

我国的畜禽养殖业发展很快，主要呈现两大趋势：一是在农业总产值中占的比重增大；二是向规模化养殖发展。我国原有7000多家大中型畜禽养殖场。

我国加入世界贸易组织以后，畜禽养殖业与国际接轨，规模化养殖的覆盖面越来越大，那么畜禽粪污处理沼气工程的建设与运行也越来越规模化。

据统计，2019年我国废水排放量为509.3亿t，因此利用工业有机废水生产沼气的潜力巨大。2001年时要求生活污水处理率达20%，2005年时要求生活污水处理率达60%，2012年时要求生活污水处理率达80%以上，可见城市生活污水处理厂的数量在大幅度的增长。与之相对应，污水处理厂的污泥厌氧消化工程数量也需大幅度增加。

2011年我国约有2/3的城市陷入垃圾围城的困境。我国仅“城市垃圾”的年产量就近1.5亿t，垃圾中被丢弃的“可再生资源”价值高达250亿元。垃圾填埋场中蕴藏的沼气资源已开始被人们发掘和重视。我国已有部分垃圾场的沼气被收集起来用于发电，如果所有的垃圾场沼气都能被收集起来，将有大量的沼气可用于发电。

随着国民经济的发展，沼气的生产潜力将远大于当前水平。在国家环保政策的引导下，沼气潜力会被逐渐释放出来，沼气的发展会越来越快，作为发电动力燃料的沼气会越来越多，从动力源的角度给沼气发电提供发展空间。

（2）沼气发电更适用于大中型沼气工程。一般来说，各地的万吨酒精厂、规模化畜禽养殖场、城市生活污水处理厂和城市生活垃圾填埋场是当地的支柱产业和必要的公益型企业，但同时也是破坏当地环境、空气的重大污染源。对于高浓度有机废水（物）的治理，目前国际上公认首选的技术是厌氧消化（沼气技术）。一个年产5万t酒精的生产厂，其处理酒精废液的沼气工程可日产沼气4万～5万m^3；一座中小城市的污水处理厂或垃圾填埋场，日产沼气（或垃圾填埋气）近万立方米；一个饲养规模1万头的猪场和1000头的奶牛场，粪污处理沼气工程可日产沼气1000m^3以上。由于这些企业多数远离城镇，沼气无法作为城镇居民的生活燃料集中供给（主要是距离远和输气管网的建设费用太高）。若沼气作为锅炉燃料替代原煤直接燃烧，其经济价值就会变得很低。另外，工厂、污水处理厂或规模化畜禽养殖场又是用电大户，近年来国内电力日趋紧张，特别是经济发达地区的企业，经常受到国家电网用电量的限制（每星期停电1～2d），或计划外用电需高价购买。因此，像工厂、污水处理厂或规模化畜禽养殖场等用电大户已开始意识到沼气发电既可提高沼气自身的经济价值，又能为企业缓解电力紧缺的压力。

（3）沼气发电是实施可持续发展战略的要求万吨酒精厂、规模化畜禽养殖场、城市生活污水处理厂等所排放的典型的高浓度有机废水（物）是国内主要污染源，必须从源头治理。同时我们也应意识到，它又是可开发利用的宝贵资源。通过科学的处理和加工，便可将其转化为不可缺少的生产和生活原料。以厌氧消化（沼气技术）为核心进行综合治理并利用工程技术处理有机废水（物），既经济（节能、产能）又有效（仅厌氧消化工序有机物的去除率可达到75%以上），而且厌氧消化的副产物——沼液、沼渣又是优质有机肥料，是生态农业的种植业所需要的。

随着我国经济的高速发展，对石化能源的需求量越来越大，致使煤炭短缺、价格飙升，电力供应紧张。因此，因地制宜地利用生物质沼气发电，并建立分散、独立的沼气发电厂，可为实现我国可持续发展战略提供保障。沼气发电是一个系统工程，包括沼气生产、沼气净化与储存、沼气发电及上网等多项单元技术的优化组合，也涉及有关沼气发电的政府扶持政策和技术法规。通过对国内已有的沼气发电工程的剖析，对发达国家沼气发电经验的借鉴，以国家对可再生能源的政策导向为依据，沼气发电产业将成为朝阳产业，我国沼气发电产业将有突破性进展。

4.2.5 垃圾焚烧发电

4.2.5.1 国内外垃圾焚烧发电现状

1. 国外垃圾焚烧发电

自20世纪80年代起，美国、日本等发达国家就开始应用并实现了垃圾焚烧发电，垃圾焚烧法可以快速减容并回收能源，目前已作为一门新兴产业蓬勃发展。日本全国运行的垃圾焚烧厂280～300座（其中东京19座），承担着处理全日本75%以上城市垃圾的任务，因此成为世界上以焚烧方式处理城市垃圾数量最多的国家。

从20世纪80年代起，美国政府投资70亿美元，兴建了90座焚烧厂，年垃圾总处理能力为3000万t。2008年美国有垃圾发电厂400多座，其中最大的垃圾发电厂装机容量达65MW，可日处理垃圾4000t；德国拥有世界垃圾发电效率最高的技术，1996年其已研发了75台垃圾焚烧锅炉。英国垃圾焚烧厂发展很快，英国最大的垃圾电站位于伦敦，共有5台滚动炉排式锅炉，年处理垃圾40万t。法国有垃圾焚烧锅炉300多台，可处理40%的城市垃圾，其中巴黎有四台处理垃圾450t/d的马丁式锅炉。2008年新加坡垃圾焚烧处理率就达100%，世界主要发达国家的垃圾发电设施及发电容量见表4.8。

表4.8　世界主要发达国家的垃圾发电设施及发电容量

项　目	德国	丹麦	瑞典	瑞士	法国	荷兰	美国	日本
设施数	50	17	3	30	90	5	114	149
发电容量/MW	1000	90	100	100	160	180	7650	557

垃圾焚烧发电可成为实用性很强的新能源，世界各发达国家都将其作为资源综合利用、生态环境保护的一项重要措施大力推行，而欧美是垃圾焚烧发电较普及的地区。各国政府对垃圾焚烧发电给予了许多优惠政策，大多数国家规定：垃圾焚烧炉有回收能源的义务；电力公司也有购入垃圾发电厂所发电力的义务。丹麦还对垃圾焚烧发电厂建设进行补助。

2. 国内垃圾焚烧发电

生活垃圾焚烧技术在国内起步较晚。1988年，深圳市市政环卫综合处理厂作为我国第一家焚烧处理发电厂，从日本进口了两台“三菱”马丁式垃圾焚烧炉，揭开了我国采用焚烧技术处理城市生活垃圾的序幕。在此基础上，“八五”期间，国家建设部科技司设立了“城市生活焚烧处理技术”的科技攻关项目，分别对低热值垃圾焚烧工艺、垃圾焚烧炉主体结构、余热锅炉制造、烟气净化工艺和设备等专题进行了开发，并取得了可喜成果，为我国城市生活垃圾焚烧处理奠定了技术基础。

“九五”期间，国内许多沿海发达城市和地区积极筹备和建设生活垃圾焚烧厂，促进了垃圾焚烧技术在国内发展进程的加快。无论在处理规模还是在技术水平上，都使我国生活垃圾焚烧技术的基础理论研究和工程实践提高到了一个新的层次，预示着推广生活垃圾焚烧技术及其成套设备国产化的条件已经成熟。

(1) 随着国家环保产业扶持政策的日趋完善，我国各大中城市都在争相启动垃圾焚烧发电项目。据不完全统计，国内现建成并运行的生活垃圾焚烧发电厂已有几十个，拟建和在建的还有许多，其特点如下：垃圾焚烧发电的投资建设形式多元化，包括政府投资、政府运行管理或企业运行管理；借用外国政府贷款、企业运行管理；采用BOT方式（建设-经营-转让，即一种私人企业资本参与基础设施建设并管理和经营该设施的方式，以政府与私人机构之间达成协议为前提）建设；企业投资、企业运行管理等形式。

垃圾焚烧发电技术日趋完善和成熟。大多数新建垃圾焚烧发电厂的建设标准、处理规模、环保等均达国际领先水平。如上海浦东新区生活垃圾焚烧厂、浦西江桥生活垃圾焚烧厂、广州垃圾发电厂、深圳市南山区垃圾发电厂等几座垃圾电厂的设计均达到了国际领先水平，垃圾处理能力均在1000t/d以上，烟气处理标准均能达到欧盟20世纪90年代制定的烟气排放标准，甚至略有超前。

(2) 国内研究开发国产垃圾焚烧设备和技术的企业和厂家，基本上研究的都是直接燃烧法，在炉型上有固定床、活动炉排和流化床。以焚烧减容、降污为目的的小型垃圾焚烧炉，也以直接燃烧法为主。目前垃圾焚烧炉主要存在以下不足：

1) 垃圾焚烧前需进行分拣。

2) 投资过高，焚烧炉的性价比太小。

3) 由于余热利用时中间转换环节太多，且均以水蒸气为热能中间载体，从而使效率低下，垃圾热量资源利用率太低。

4) 不少垃圾焚烧炉炉温偏低，且内置大量吸热降温的余热利用装置，导致部分二噁英未能充分分解而逸出炉外。

(3) 确保垃圾稳定燃烧的措施。在垃圾进入焚烧炉前，先烘干潮湿垃圾的水分并预热垃圾；预热助燃空气至较高温度；焚烧炉内不设置余热利用装置。采用三级不同速比，且有一定落差的链板式炉排，使垃圾在焚烧过程中有两次跌落翻动的过程以利于燃尽。炉排可变速。

4.2.5.2 生活垃圾焚烧发电

城市生活垃圾的焚烧发电是指利用焚烧炉对生活垃圾中可燃物质进行焚烧处理，通过高温焚烧后消除垃圾中大量的有害物质，使其无害化、减量化，同时利用回收到的热能进行传热、供电，实现资源化。

垃圾由运输车运至电厂，经地磅称重后，送达投料门，卸到垃圾坑内。储坑可容纳3d以上的垃圾焚烧量。垃圾在坑内发酵、脱水后，由吊车将垃圾送入送料器，并进入炉排，在焚烧炉内燃烧。点炉时，需用助燃装置喷油助燃，点燃后，送风机经过蒸汽式空气预热器送入炉排下部送入热风，垃圾开始充分燃烧，助燃装置随即停用。送风机的入口与垃圾坑连通，这样可将垃圾的异味送入燃烧温度为800～900℃的焚烧炉内进行热分解，变为无臭气体。

燃烧完的灰渣落入出灰装置，由输灰机送到灰坑。输灰机上部配有调湿机，分离出来的灰渣经调湿机加入适量的水分而成为湿灰运出，避免灰渣向四周飞扬。燃烧的火焰及高温烟气经过单炉膛双汽包自然循环锅炉时产生过热蒸汽，并为汽轮发电机组提供汽源。

燃气经过锅炉，再通过脱硝装置、脱盐装置、机械式集尘器及电气除尘器后，由引风机将烟气送入烟囱排向大气。此时排入大气的烟气应符合国家排放标准。锅炉、汽轮发电机组正常运行时，由中央控制室进行集中控制与监视。

工厂排水在进入公共下水道之前，还可以设置排水处理装置进行预处理。

垃圾要具有一定的发热值，垃圾低位发热值大于5000kJ/kg时，燃烧效果较好；垃圾中低位发热值为3344kJ/kg时，则需掺煤或投油助燃。城市生活垃圾低位发热值一般在3344～8360kJ/kg范围内。垃圾中含水量小于50%，具有非匀质性和多变性。另外，各地区、各季节，垃圾的变化是很大的，这给垃圾焚烧带来一定困难。

影响城市垃圾组分的因素包括：城市居民的生活水平，居民燃气化普及率，季节变化，生活习惯和分类收集等。危险废物不准进入生活垃圾焚烧处理厂。进入焚烧厂的垃圾不能随便堆放，必须储存于具有良好防渗性能且处于负压状态的垃圾储存仓内，以避免对地下水的污染和恶臭的散发。

4.2.5.3 垃圾焚烧发电产业化发展

1. 制约发展的因素

(1) 国家政策鼓励。具体操作困难。在国务院核发的《关于进一步开展资源综合利用的意见》中，对于利用垃圾等低热值燃料生产的电力和热力在上网配套费、上网电价、调峰等方面，国家采用的是鼓励和支持的政策。在1999年年初召开的全国生活垃圾处理及资源利用经验交流会上，科技部和建设部强调要树立垃圾资源化观念，希望各级政府在政策和资金方面加大对垃圾处理事业的支持。但在具体操作时，涉及多部门的协调合作、国家税收减免、政策倾斜等许多方面，实施起来难度较大。

(2) 现有体制有弊端。难以进行有效管理。我国的城市环境卫生实行“条块结合，以块为主”的市、区、街道三级管理体，主要费用由政府负担，发生问题时责任亦由政府承担。这样使得环卫部门既是监督机构，又是管理部门和执行单位，政企合一，不能形成有效的监督和竞争机制，制约了垃圾管理的科学化和有效化。而且环卫部门疲于进行垃圾清理，也无法通盘考虑垃圾的削减、回收和再利用。

（3）垃圾成分复杂。尚未分类收集。我国垃圾成分较复杂，含水量较高，发热值较低，具有不均匀性及多变性的特点，其组成会随着季节的变化和收集地点的不同而有很大差异。此外，垃圾成分还受城市规模、性质、地理条件、居民生活习惯和燃烧结构等因素的影响。我国大中城市和沿海开放城市中，只有少数地区在进行垃圾的分类收集试点。垃圾的混合收集使部分有价值的可回收再生资源得不到利用，也使大量有害物质，如干电池、废油等未经分类直接进入垃圾，增大了垃圾无害化处理的难度，降低了可用于堆肥的有机物资源化价值，影响了垃圾的高效焚烧。

（4）设备国产化率低，引进费用太高。如全套引进垃圾焚烧发电设备，其费用相当高。据报道，天津市计划与澳大利亚合作，投资4500万美元引进流化床垃圾焚烧炉并发电，预计要运行19.3年才能收回成本。而国外垃圾发电机组的初投资比国内同等规模的初投资大4倍多，运行费用高出30%～50%；且国外垃圾焚烧设备主要适用于已经过分拣、热值较高的垃圾。因此，对于垃圾燃烧设备，我们要做到引进与消化吸收相结合，并努力使焚烧设备国产化，推动我国环保产业的发展。

2. 实现产业化发展的措施

通过对目前制约垃圾焚烧发电产业化发展的因素比较分析，借鉴外国产业化经验和其他行业的产业化过程，发展我国垃圾焚烧发电产业化可以考虑采取如下措施。

（1）适应市场经济，组建集团公司。要逐步改变目前垃圾处理完全由政府负担的局面，组建包括电力、热力、环保、环卫、物质回收等部门和企业的集团公司，负责垃圾焚烧发电综合利用的相关事务，并建立起与市场经济相符合的运行机制，国家可以通过提供低息贷款、减免税收、制定特殊政策等措施来扶植垃圾焚烧发电产业的发展。或者通过国际合作，走垃圾发电的“BOT”模式，由企业投资、经营、管理垃圾焚烧发电产业。

（2）加强处罚力度，征收排污费。美国、芬兰、日本、新加坡等国家对随意丢弃垃圾、破坏环境有严格的处罚条例。而我国（除香港外）基本上没有，市民普遍感受不到压力。垃圾治理经费一直由国家和地方政府拨款，给地方财政造成了巨大压力。增设排污费制度可以使市民和企业充分认识到垃圾问题与自己息息相关，从而调动起公众参与的积极性，这也能体现“谁污染，谁治理；谁治理，谁受益”的原则。

（3）提高节能意识，推进分类收集。垃圾的分类收集的目的是回收垃圾中的废纸、废塑料、废玻璃、废金属等可再生物质，使其再利用。混合垃圾成分多样，会影响垃圾焚烧的稳定性，这就需要对燃烧前的垃圾进行预处理，将其破碎成小粒径，并去除不可燃物。严格的预处理要求不仅使工人劳动强度加大，而且设备投资大、运行费用高。国家应通过各种形式采取措施，增强市民的节能与环保意识，大力推进垃圾分类收集，建立起统筹安排的垃圾综合处理、利用体系，加强废物资源化利用。

（4）推进设备国产化，促进产业化发展。高等院校、科研机构等应加强与企业合作，开发出国产化垃圾焚烧发电设备。清华大学与太原重型机械集团合作开发出了处理能力为150t/d的垃圾焚烧炉和垃圾焚烧发电厂成套设备；浙江大学、哈尔滨工业大学等单位在设计、制造国产化垃圾焚烧炉方面也做了大量工作，其研究和开发的重点仍放在垃圾焚烧炉主体和烟气净化设备方面。垃圾焚烧发电一定要回收热能，充分利用资源，走能源化道路。

我国人多地少，焚烧处理垃圾，利用其余热发电和供热是城市垃圾处理无害化、减量化和资源化最有前景的措施，更适合中国国情。目前，国内一些城市采用国外技术和国内自行开发技术相结合的方式，已建和在建了一批垃圾发电厂，并已取得了一些经济效益，特别是取得了较好的社会效益。随着国家环保政策的实施和城市基础建设的加快，垃圾发电在我国将会得到迅速发展，必将成为非常有发展前途的产业之一。

我国应继续借鉴国外先进技术，结合我国国情，发展适合我国国情的先进的垃圾焚烧技术。从国内发电机械制造行业技术水平和加工能力等方面来看，我国完全有能力实现垃圾焚烧技术和垃圾发电设备的国产化。

截至 2020 年年底，全国已建成和在建的垃圾焚烧发电厂超过了 470 座，日焚烧垃圾在 1000t 以上的发电厂有很多家。

中国已出台了有关政策，鼓励外商投资城市垃圾处理产业。如在税收方面，实行“即征即退”的增值税政策；在融资上，可以得到银行优先安排的建设贷款，国家给予 2%的财政贴息。此外，各地方政府也分别出台了相应的优惠政策，如垃圾发电厂满负荷发电，将给予优惠的售电价格等。有关专家称，中国已开始全面实行城市垃圾处理收费制度，这将进一步保证投资者的未来收益。

从中国第一座生物质电厂——山东单县国能生物质电厂建成算起，中国生物质发电产业在逐步向前发展。从无到有，从“舶来品”变成中国造，从苦苦挣扎到盈利的曙光初现。如今，无论是在技术装备上，还是全流程管理上，不少生物质发电企业都已积累了成熟的经验，适合不同地域、不同气候环境的生物质电厂的盈利样本也开始涌现，贴近中国农村实际的生物质发电商业模式也正在积极实践。

习　题

1. 名词解释

（1）生物质能。

（2）能源植物。

（3）沼气。

（4）生物质发电。

2. 简答题

（1）生物质能的开发利用是在怎样的背景下提出来的？有何重要意义？

（2）概述世界主要国家生物质能开发利用现状。

（3）我国生物质能开发利用现状。

（4）列举 10 个生物质能研究热点问题。

第5章

海洋能及其利用

5.1 潮 汐 能

5.1.1 潮汐能概述

到过海边的人，都会发现海水有周期性的涨落现象，每天大约涨落两次。海水的这种有规律的周期运动，就是海洋潮汐现象。古人把海水白天的上涨称为“潮”，晚上的上涨称为“汐”，合起来总称为“潮汐”。

是谁把海水掀起来又推下去的呢？古代的科学家们早已洞察到潮汐和月球的吸引力有关。我国东汉时期著名的思想家王充说过：“涛之兴也，随月盛衰。”甚至唐代张若虚（660—720年）在《春江花月夜》诗中就有“春江潮水连海平，海上明月共潮生”的诗句。

17世纪，科学家发现了万有引力定律，18世纪提出了潮汐的动力理论，使人们对潮汐现象的产生原因有了进一步的认识。潮汐是由于月亮和太阳对地球不同地方的海水质点的引力不同而形成的。

近海岸处，海水呼啸澎湃。科学家在海水中竖起一根刻有刻度的尺杆，随时从尺杆上读出海面的高度，即从尺杆零点起算的潮位高度（潮高）。这种尺子称为水尺。进行这项工作称为验潮。海面在水尺上的读数随时间而变化，每隔一定时间记下一个读数值，就可以得到一组时间与潮高的数据。如果以时间为横坐标，以潮高为纵坐标，就可以绘出形状与正弦曲线相似的曲线，从曲线中可以直观地看出海面的变化。海面升到最高位置时，称为高潮；海面降到最低位置时，称为低潮。

低潮过后潮位上涨，上涨速度由慢到快，到低潮和高潮的中间时刻涨得最快，然后上涨速度又由快到慢，一直到高潮。这时，在一个短时间内，出现海面不涨不落的现象，称为平潮。取平潮的中间时刻为高潮时，平潮时的潮高就称为潮高；从低潮到高潮的过程，称为涨潮。高潮过后，潮位下落，下落速度由慢到快；同样，到低潮和高潮的中间时刻落得最快，然后又由快到慢，一直到低潮。这时，在一个短时间内，又出现海面不涨不落的现象，称为停潮。

取停潮的中间时刻为低潮时，停潮时的潮高，称为低潮高；从高潮到低潮的过程，称为落潮。停潮过后，海面又开始上涨。就这样，由涨潮转落潮，由落潮转涨潮，日复一日，年复一年，循环往复，海水涨落不停，这就是潮位随时间变化的基本轮廓。

人们习惯地把海面的一涨一落两个过程，称为一个潮，或称为一个潮汐循环。在一个潮汐循环中，高潮与前一个低潮的潮位差，称为涨潮潮差；与后一个低潮的潮位差，称为落潮潮差。涨潮潮差与落潮潮差的平均值，就是这个潮汐循环的潮差。

涨潮所经过的时间，称为涨潮历时。很明显，涨潮历时等于高潮时减去前一个低潮时。落潮所经过的时间，称为落潮历时。落潮历时等于后一个低潮时减去高潮时。涨潮历时和落潮历时之和，就是这个潮汐循环的周期。

有些地区（例如我国的温州港），大约在一天中，海面有两涨两落，也就是说有两个潮汐循环。一个潮汐循环的周期大约为半天，这种潮汐称为半日潮。而有些地区（如我国海南岛西部濒临北部湾的洋浦港），大约在一天时间内，海面只有一涨一落，即一个潮汐循环的周期大约为一天，这种潮汐称为全日潮。总之，各地的潮汐情况不相同，可分为半日潮、全日潮和混合潮三大类型。

1775年，法国著名科学家拉普拉斯开创了潮汐动力学理论，这是海洋潮汐研究的一个里程碑。此后的200多年内，特别是近30多年来，由于科学技术的发展，潮汐能的开发，使潮汐理论日臻完善。

潮汐动力学理论认为，海洋潮汐现象是在月球和太阳引潮力作用下，海水的一种强迫振动。

这种振动形成了一个长周期的波动，称为潮波。潮波在大洋（如太平洋、印度洋等）中产生，传播到世界各海港湾（如黄海、东海、南海、北部湾等）。潮波波峰到达之处，形成高潮；波谷到达之处，形成了千姿百态的潮汐现象。在潮汐能的开发利用中，人们最关切的问题是海区的潮差和潮时。因为潮差的大小直接反映了潮汐能量的大小，潮差大的海区开发价值大，反之就小。潮差的情况在潮汐能的开发利用中也是十分重要的。特别是在潮汐发电站建成后，潮时直接关系到潮汐发电站的操作运行，以及发电量的大小，发电的稳定性等一系列技术问题和经济效益问题。

由于各海区形式、水深等自然地理条件的差别，使各海区中海水的振动频率各不相同，当某海区海水的振动频率与潮波频率接近或相等时，就会发生共振现象，因此这里的潮差特别大，反之就小一些。地形复杂的海区，即使是相距很近的港口，潮汐性质差别也很大；同纬度上的海区潮汐现象也各不相同。加拿大芬地湾，为什么是世界潮差最大的海区呢？它的最大潮差可达19.6m，这就是由于海区海水的振动频率与大洋潮波的振动频率接近或相等造成的。芬地湾长约270km，平均深度约70m，海水振动周期为11.5h，与半日潮波的周期比较接近，于是发生共振，从而产生很大的潮差。

此外，潮差大小还与海岸地形、海底地形变化有关。世界上一些喇叭形的河口地区所出现的涌潮现象，例如，扬名中外的钱塘江大潮，就是涌潮的典型例子。潮波进入杭州湾，由于两岸急骤变窄，水深急剧变浅，大块水体的能量高度集中在狭窄的水道中，同时潮波进入浅水后，传播速度受到水深影响，使潮峰的速度远远大于潮谷的速度，到一定时候，潮峰追上了潮谷，潮波前坡趋于陡立，并发生倾倒和破碎，那时，潮声如雷，似万马奔腾，滚滚而来，形成钱塘潮涌的壮观景象。

5.1.2 潮汐发电

海水的潮汐运动蕴涵着巨大的能量，在水力发电的基础上，近代又将潮汐能用于发电。

据初步统计，全世界海洋一次涨落循环的能量为8TkW，比世界上所有水电站的发电量要大出100倍，全世界的潮汐能约30亿kW，是目前全球发电能力的1.6倍。

据测量得知，世界上所有深海，例如太平洋、大西洋、印度洋等，潮汐能量并不大，总共只有100kW，平均$3W/km^2$。而浅海及狭窄的海湾却包含有巨大的潮汐能，例如英吉利海峡有8000kW，马六甲海峡有5500kW，黄海5500kW，芬地湾2000万kW等。因此，一般潮汐电站都选择在海湾差大的地方。

世界上最大的潮汐电站，是法国的朗斯潮汐发电站。在法国的西南部，面对着英吉利海峡的圣马洛湾内，有一条长约100km的小小的郎斯河主流入海。约20多km长的朗斯河口区宛如一个内海，宽广的水域面积达$2200hm^2$，来自大西洋的潮波，涌进朗斯河口，潮位陡然上涨，成为世界上潮差较大的区域之一，最大潮差可达13.5m，最小也有5m，平均8.5m，每天两涨两落，属于半日潮区。水库筑在最窄处的花岗岩基岩上，坝高12m，宽38m，全长750多m，面积$22km^2$，涨潮平均进水量在1亿m^3以上。

核电站1966年8月建成，安装有24台单机容量为1万kW的双向贯流式水轮发电机组，总装机容量为24万kW，每年发电量达5亿kW·h以上。

20世纪50年代末，我国浙江省开始建起小型潮汐电站，1961年在温岭县建成一座40kW的沙山潮汐电站。沿海曾先后建成60座潮汐发电站，目前正常运转的有7座，每年可发电约为1000多万kW·h，其中规模最大的浙江省温岭的江夏潮汐发电站装机容量3900kW，在世界上排第三位。

温岭县濒临东海，岛屿众多，港湾交错。广阔无限的太平洋的潮波，经过我国台湾省和日本的九州、琉球群岛一线，汹涌东来，温岭县沿海首当其冲，所以这里的潮汐现象十分显著，是我国潮差较大的半日潮区。江夏潮汐试验电站，自1980年5月4日正式发电以来，已并入电网，为温岭地区的用电做出了贡献。据普查结果，如果我国沿海可开发的潮汐能都利用起来的话，年发电量将达到600亿～800亿kW·h，相当于现在我国全国发电总量的7%～8%。我国海岸线长达1.8万多km，岛屿岸线长1.4万多km，而且港湾交错，蕴藏着极其丰富的海洋潮汐能源，如果把我国潮汐能源利用起来，每年可以得电3000亿kW·h。

潮汐发电是利用潮汐能的一种基本方式。潮汐发电的原理，与河流水力发电的原理是相似的。它可以分成两种形式：一种是利用潮流的动力推动水轮机，水轮机带动发电机发电，称为潮流发电；另一种是潮位发电，就是在河口、海湾处修筑堤坝，形成一个水库，涨潮时打开堤坎（落差），就像河流水库开闸门发电一样，利用落差的势能，推动水轮发电机组发电，通常称为潮汐发电。

5.1.3 潮汐发电的展望

在利用海洋能发电方面，潮汐发电可以称得上是“老大哥”了。早在1913年，法国就在诺德斯特兰岛和大陆之间长达2.6km的铁路坝上，建立了一座潮汐发电站，并且取得了世界上第一次潮汐发电试验的成功。自20世纪60年代开始，潮汐发电在世界范围内才有了比较迅速的发展。目前，潮汐发电正处在由试验性发电转向商业性发电的时期。从规模上看，已经开始由中、小型向大型化发展；从发电研究工作看，已经跨越了原理性、可行性的研究阶段，转入重点研究工程中的一些实质性技术问题，如工程的防腐等。高效率水轮发电机组设计，以及以减少发电波动、提高发电质量、降低发电成本、缩减工程投资为中心的各项研究，同时开始进行预后性研究，即对潮汐发电站建成后存在的一些问题的探讨，如对海洋环境和生态平衡的影响、潮汐发电站的水库淤积和综合利用等。

潮汐发电在世界各国发展很不平衡，以法国、俄罗斯、英国、加拿大等国发展较快，并取得了一些成就。我国的潮汐发电也有20～30年的历史了，虽然目前还处在以小型、试验性为主的阶段，但已积累了许多经验，已有新的规划。

我国有不少海湾河口可以建设潮汐电站，其中最引人注目的有杭州湾潮汐电站方案，计划装机容量450kW，年发电量180亿kW·h以上。其次有长江北口潮汐电站方案和浙江乐清湾潮汐电站方案，装机容量都在50万kW级以上。

此外，英国、美国、阿根廷、西班牙、澳大利亚等许多国家，都有各自的潮汐发电计划。据联合国调查资料表明，全世界将有100个站址可以建设大型潮汐电站。

5.1.4 未来的潮汐发电站

目前的潮汐发电站有一个共同的弱点，即必须选择有港湾的地方修筑蓄水坝，造价昂贵，还可能损坏生态自然环境，同时又有泥沙淤积库内，必须经常清理。能否不建筑蓄水坝，在没有海湾的广大沿海地区也能利用潮汐能呢？这是长期以来科学家绞尽脑汁想解决的问题。

西班牙科学家安东尼·伊尔温斯·阿尔瓦发明了不用建筑蓄坝就可以利用潮汐发电的技术。虽然从发明到实施还会有一段过程，但他已使潮汐能的开发利用产生了革命性的变化。阿尔瓦发明的新式潮汐发电系统中的一个关键设备是固定在浅海底地基上的一个中空容器。这个中空容器有点像一个抽水机的泵，其中有一个活塞。在活塞上有一根很长的连杆和浮在海面上的一个悬浮的平板随潮汐的涨落上下运动，并带动中空容器内的活塞上下运动。

这个装置的试验性原型机可以产生1MW的电力，用6个月就可以建成并投产，它的维护费用低，所以将来的发电成本也较低。而且因不需要建筑蓄水坝，对自热景观和环境不会有较大的影响。

新的潮汐发电站装置的中空容器固定在200m深处的海底地基上，地基是水泥和耐蚀金属制成的复合材料。在200m深处，海洋生物很稀少，对海洋生态不会有多大影响。为了不干扰沿岸游客的游览观光，整装置将设在离海岸3000m的海域，一座1MW的潮汐发电站约占5000m^{2}的海面，发出的电力将通过海底电缆送到岸上。

5.2 海流能和潮流能

5.2.1 海流能及其开发利用

海流发电不必像潮汐发电那样，需要修筑大坝，担心泥沙淤积；也不必担心电力输出不稳定。目前海流发电虽然还处于在小型试验阶段，它的发展还不及潮汐发电和海浪发电，但人们相信，海流发电将以稳定可靠、装置简单的优点，在海洋能的开发利用中独树一帜。

海流发电装置的基本形式与风车、水车相似，所以海流发电装置常被称为水下“风”

车，或潮流水车。海流发电装置基本上有以下几种形式。

叶轮式发电原理就是海流推动轮叶，轮叶带动发电机发电。轮叶可以是螺旋架式的，也可以是转轮式的。轮叶的转轴有与海流平行的，也有与海流垂直的。轮叶可以直接带动发电机，也可以先带动水泵，再由泵产生高压来驱动发电机组。整个装置可以是固定式的，也可以是半潜式的。虽然形式不同，但它们的原理都是相同的。

日本设计的这种形式的海流发电装置，轮叶的直径达53m，输出功率可达2500kW。美国设计的类似海流发电装置，螺旋桨直径达73m，输出功率为5000kW。澳大利亚建成的一台"潮流水车"，可装在锚泊的船上或者海上石油开采平台上，用时放下发电，不用时可以吊起来。法国设计了固定在海底的螺旋桨式海流发电装置，直径为10.5m，输出功率达5000kW。

降落伞式整个装置设计独特，别具一格，结构简单，造价低廉，不论流速大小，都能顺利工作。整个装置用12个"降落伞"组成，它们串联在环形的铰链绳上。"降落伞"长约12m，每个"降落伞"之间相距约30m。当海流方向顺着"降落伞"时，依靠海流的力量撑开"降落伞"，并带动它们向前运动；当海流方向逆着"降落伞"时，依靠海流的力量收拢"降落伞"，结果铰链绳在撑开的"降落伞"的带动下，不断地转动着。铰链绳又带动安装在船上的绞盘转动，绞盘则带动发电机发电。

磁流式这种海流发电方式还处在原理性研究阶段。它的基本原理与磁流体发电原理大体相同。磁流体发电是当今新型的发电方式，它用高温等离子气体为工作介质，高速垂直流过强大的磁场后直接产生电流。现在以海水作为工作介质，当存有大量离子（如氯离子、钠离子）的海水垂直流过放置在海水中的强大磁场时，就可以获得电能。磁流式发电装置没有机械传动部件，不用发电机组，海流能的利用效率很高，可成为海流发电的最优装置。

5.2.2　潮流能及其开发利用

潮流是海（洋）流中的一种，海水在受月亮和太阳的引力产生潮位升降现象（潮汐）的同时，还产生周期性的水平流动，这就是人们所说的潮流。由于潮流和潮汐有共同的成因（都是由月亮和太阳的引力产生的），有共同的特性（都是以日月相对地球运转的周期为自己变化的周期），因此，人们把潮流和潮汐比作一对"双胞胎"。所不同的只是潮流要比潮汐复杂一些，它除了有流向的变化外，还有流速的变化。

潮流的流速一般可达2～5.5km/h。潮流的流速虽然很大，但因它的流向有周期性的变化，所以流不远，只是限于一定海区内往复流动或回转流动。回转流动就像运动员在运动场上练习长跑一样，只是围绕跑道不停地做圆周运动。

由于潮流的流速很大，因此，潮流蕴藏有巨大的能量，可以用来发电。潮流发电的原理和风车的原理相似，都是利用潮流的冲击力，使水轮机的螺旋桨迅速旋转而带动发电机。潮流发电的水轮机有多种形式，比较简易的是潮流发电船，发出的电流通过电缆输送到陆地上。

潮流的流向是有周期性变化的，尤其是往复流动潮流流向的周期性变化更为显著。这样，安装在船体两侧的水轮机螺旋桨应对称，并且方向相反，以便顺流时由一侧螺旋桨旋转发电；逆流时就由另一侧的螺旋桨旋转发电。据计算，直径为50m的螺旋桨，可以利用通过海水能量的15%，在潮流流速为13km/h的时候，一台发电机每小时能发出约4kW·h的电量。

我国在舟山群岛进行潮流发电原理性试验已获成功，试验是从1978年开始的。发电装置采用锚系轮叶式，螺旋桨直径2m，共4叶，双面对称翼型，以适应潮流的变化。发电最小流速1m/s，最大流速4m/s。螺旋桨水轮机带动液压油泵，正向反向都能输出高压油，高压油驱动液压油电机，液压油电机带动发发电机发电。

5.3 海 浪 能

5.3.1 惊涛骇浪中的能量

海浪是由风产生的。除了风作用下引起的海面波动外，还有由月球和太阳引潮力引起的潮波，火山爆发和海底地震等原因引起的海啸，由于海面气压的突然变化引起的气象海啸，以及出现在海水内部上下密度不同界面上的内波等。

习惯上，海浪指的是风浪、涌浪和近岸浪这三种形式。归根结底，海浪是由风形成的，只不过在不同情况下表现形式不同而已。

1894年，在西班牙的巴布里附近，海浪冲翻重达1700t的大岩块；1929年，仅北大西洋和北海海区就因风暴而损失600艘大船。有人做过这样的测试，近岸浪对海岸的冲击力，大到每平方米可达20～30t，最大可达60t。巨大的海浪可把一块13t的岩石抛到20m的高处，能把1.7万t的大船推上岸去。

在1967年的阿以战争中，埃及关闭了沟通印度洋和大西洋的苏伊士运河，船舶不得不重新通过“咆哮的好望角航路”。1968年6月，一艘名叫“世界荣誉”号的巨型油轮，装载着约4.9万t原油，从科威特经好望角驶往西班牙。当驶入好望角时，遭到了波高20m的狂浪袭击，浪头从中间将船高高托起，船头和船尾悬在空中，船体变形了，甲板上出现了裂缝，接着，又一个狂浪从船头袭来，就像折断一根木棍一样，把大轮折成两段，沉没了。

但是，如果人类驾驭了海浪，它就是一种可观的能源。海浪的能量蕴藏在无数海水质点运动当中，它可以科学地计算出来。对于波高为H（m）、周期为T（s）、宽为1m的海浪水，它具有的功率P（kW）为

$$P=H^2T \tag{5.1}$$

由公式得知，海浪的能量与周期（T）成正比，与波高（H）的平方成正比。周期长，波高高的海浪，能量就大，尤其波高对海浪能的影响最大。但是，这个公式是对于波高规则的海浪而言的，实际上海浪时高时低，大小不一，分布也杂乱无章，所以用有效波高（即$H^2/3$）来表示，更符合海浪的实际情况。式（5.1）改写为

$$P=\frac{0.49H^2}{3}T \tag{5.2}$$

有了计算公式，就可以很方便地计算出海浪能。例如，我国海区的有效波高为1m，周期为5s，则1m宽的海浪可产生功率为2.5kW。如果有效波高为3m，周期为7s，则1m宽海浪可产生的功率迅速增加到31kW。

据估计，全世界的波浪能约为30亿kW，其中可利用的能量约占1/3。不同地域的波浪并不一样，南半球的波浪比北半球大，如夏威夷以南、澳大利亚、南美和南非海域的波浪能较大。北半球主要分布在太平洋和大西洋北部北纬30°～50°。我国沿海的波浪能分布也是南大于北，年平均波高东海为1～1.5m，南海大于1.5m。据推算，在风力为2～3级的情况下，微浪在1平方米的海面上，就能产生20万kW的功率。利用海岸波浪能来发电，可以获得大量电能。

5.3.2 海浪发电

早在19世纪初，人们就对利用巨大的波浪能产生了浓厚的兴趣，直到20世纪40年代，才有人对波浪发电进行研究和试验；50年代出现了可供应用的波浪发电装置；60年代进入了实用阶段。

波浪发电的原理（图5.1）很简单。与使用打气筒给自行车打气相似，利用波浪的一起一伏的上下垂直运动，推动装有活塞的浮标，这个浮标就像一个倒装的打气筒。打气筒是人从上面一下一下地压活塞，而浮标则是从下面借助波浪的起伏运动一下一下地向上推活塞。由活塞与浮标的相对运动，产生的压缩空气就可以推动涡轮机，并带动发电机发电。

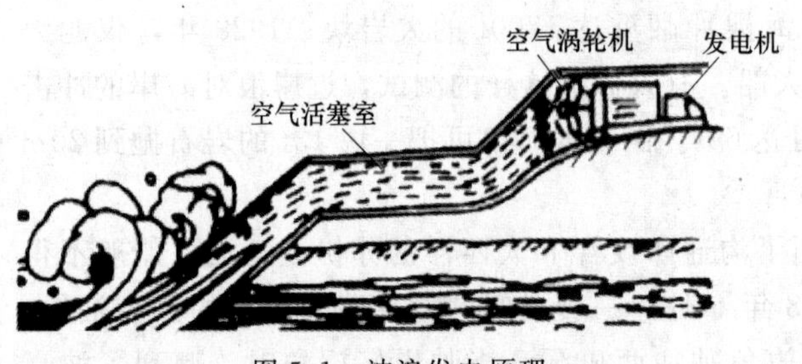

图5.1 波浪发电原理

目前，世界上已有能产生这种波浪发电的装置，并在海洋中运行。不过，这种波浪发电机的功率比较小，仅有60W或500W，或1000W，多用于导航或安装在灯塔上。

随着科学技术的发展，近年来波浪发电也有了新的进展。科学家利用在一根杆子的一端装上螺旋桨，当它浮在水面上下移动时螺旋桨就会转动起来的原理，设计了一种新型的波浪发电装置。

现在全世界已研制成功几百种不同的波浪发电装置，主要可归纳为以下四类：

（1）浮力式。利用海面浮体受波浪上下颠簸引起的运动，通过机械传动带动发电机发电。

（2）空气汽轮机方式。利用波浪的上下运动，产生空气流，以推动空气汽轮机发电。

（3）波浪整流方式。该装置由高、低水位区及单向阀门组成，当该装置处于浪峰时，海水由阀门进入高水位区；当它处于波谷时，高水位区的水流向低水位区，再流回海里，这种装置就是利用两水位之间的水流推动小型水轮机工作。

（4）液压方式。利用波浪发电装置的上下摆动或转动，带动液压马达，产生高压水流，推动涡轮发电机。

波浪发电比其他的发电方式安全、不费燃料，清洁而无污染。如果在沿海岸设置一系列波浪发电装置，还可起到防波堤的作用。目前，英国和日本在波浪发电方面走在世界前列。从20世纪70年代中期开始，我国也开始研究波浪能发电技术，现在已经能够生产系列化的小型波浪能发电装置，以作为航标灯、浮标的电源。1985年，中国科学院广州能源研究所研制成功BD-102号波力发电装置，达到世界先进水平。1990年12月，我国第一座具有实际使用价值的海浪发电站发电试验成功，但是距离商业使用还有很大差距。直至2009年，葡萄牙才生产出世界上第一座商用海浪发电站。

目前阻碍海浪发电装置普及使用的不是技术问题，而是经济效益的问题。通过一些国家的应用试验，每度电的费用在1美元以上，比潮汐发电还要贵几十倍，更不能同普通电站相比了。

5.4 温差、浓差发电

海水因为分布的地域不同，深度不同，其温度是有差异的。在地球赤道附近和低纬度地区，太阳直射的时间长，海水温度比较高。随着地理纬度的增高，太阳越来越斜射，海水温度也就越来越低。在北半球，夏季，太阳比较直射，海水温度上升；冬季，太阳比较斜射，海水温度就下降。在一天中，白天海水吸收太阳的辐射热，海水温度提高；晚上，不但吸收不到太阳的辐射热，海水中的热量还要散发一些到空气中去，海水温度就降低。海水表层，太阳直接照射，温度高；阳光照射不到的深层，海水温度低。

全世界海水温度总的变化范围在－2～30℃，最高温度很少有超过30℃的。海水温度的水平分布，一般随纬度增加而降低。海水温度的垂直分布，随着深度增加而降低，大体上可分成如下三层：

(1) 均匀层。从海面至海面以下几十米甚至上百米，由于直接受到太阳照射，水温较高，又由于风和海浪所引起的混合作用十分强烈，所以温度均匀，上下变化大。

(2) 变温层。在几百米至1000m，那里不但太阳照射不到，而且海水运动的混合作用很弱，所以海水温度随水深的增加急剧下降。

(3) 恒温层。大约在1000m到海底，那里的海水温度常在2～6℃。超过2000m，海水温度保持在2℃左右，变化很小，即恒定温度。

当高温海水量越大，与低温海水的温度差越大，海水温度差能也就越大。热带海洋表层都是高温海水，海洋深层的低温海水也很多，所以潜在的海水温度差能是非常可观的。根据今天的科学技术条件，利用海水温差发电要求具有18℃以上的温差。在地球上，从南纬20°到北纬20°的辽阔海洋中，表层海水和深层海水的温度差绝大部分在18℃以上。我国的南海，表层海水温度全年平均在25～28℃，其中有300多万km^2海区，上下温度差为20℃左右，是海水温差发电的好地方。

5.4.1 海水温差发电

1926年11月15日，在法国法兰西科学院的大厅里，克劳德和布射罗当众进行了温差发电的试验。他们取来2只烧瓶，在其中一只烧瓶中装入28℃的温水，在另一只烧瓶中装入冰块，然后用导管和喷嘴把2个烧瓶连接起来，在导管内装了汽轮发电机，在发电机的输出端接了3只小电灯泡。当克劳德用真空泵抽出烧瓶内的空气时，不一会儿，28℃的温水在低压下沸腾了，蒸汽从喷嘴喷出，形成一股强劲的气流推动汽轮发电机转动。瞬时，3只小灯泡同时发出了光芒。从此，翻开了温差发电的第一页。

克劳德和布射罗接受记者采访时说："热带海洋表层的水温通常在26～30℃，600m深处的海水稳定在4～6℃，如果把两层海水分别抽到蒸发器和冷凝器，用刚才试验的原理发电，我们将可以从海洋中取得无限的有效能源。”

但是在随后的十几年里，克劳德所进行的海水温差发电总因环境、地理、经济等多种原因搁浅，直至第二次世界大战，克劳德的将海水温差发电付诸实践的计划始终未能实现，但他的精神，对广大科学家产生了前所未有的启发和鼓舞。

第二次世界大战结束后，人们又开始沿着克劳德一系列试验的足迹继续迈进。

1948年，法国开始在非洲象牙海岸首都阿比让附近修造一座海水温差发电站，这是世界上第一座海水温差试验发电站。这里海水表层水温高达28℃，数百米深的海水温度仅有8℃，既可以在这里获得温差为20℃的冷热海水，又不必安装又长又深的冷水管道，所以这里的自然条件十分理想。

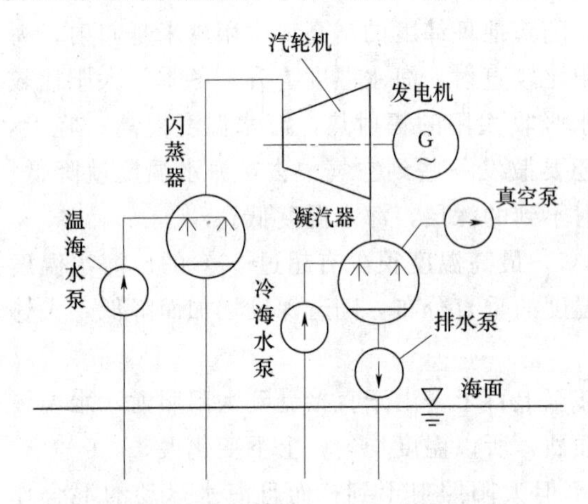

图5.2　海水温差发电开式循环流

世界上第一座海水温差试验发电站的发电原理，还是克劳德于1929—1930年试验时所采用的原理，表层高温海水用泵泵入蒸发器，高温海水在低压下蒸发，产生的水蒸气推动汽轮发电机发电，工作后的水蒸气沿着管道进入冷凝器，水蒸气被冷却凝结成水后排出。冷凝器内部不断用泵泵入深层冷海水，冷海水冷却了水蒸气后又回到海里。作为工作物质的海水，一次使用后就不再重复使用，工作物质与外界相通，所以称这样的循环为开式循环（图5.2）。

当时这座海水温差发电站，安装了两台为3500kW的发电机组，总功率为7000kW，它不但可以获得电能，而且还可以获得很多有用的副产品：其一，温海水在蒸发器内蒸发后所留下的浓缩水，可被用来提炼很多有用的化工产品；其二，水蒸气在冷凝器内冷却后可以得到大量的淡水。所以开式循环海水温差发电是一举两得。

不过，实践也证明，这种方式发电也有其弱点，阻碍了海水温差发电的发展。

在低温低压下海水的蒸汽压很低，为了使汽轮发电机能够在低压下正常运转，机组必须制造得十分庞大。例如，阿比让海水温差发电站的汽轮发电机组，它的功率只有3500kW，而汽轮机直径却有14m；开式循环的热效率很低，只有2%左右，为了减少损耗，不得不把各种装置和管道设计得很大，庞大的海水温差发电站，发电量却不大；开式循环需要耗用巨量的温海水和冷海水，它们都靠泵来泵入蒸发器各冷凝器内，同时为了保持蒸发器的低压状态，也要靠泵来抽空，因此电站发电量的1/4～1/3要消耗在系统本身的工作上；在海洋深处提取大量的冷海水，不但存在许多技术困难，而且要用大量的投资。

面对第一座海水温差发电站，即开式循环发电的阿比让电站的弱点，许多科学家立志对它进行改进，进一步完善它的发电原理。

1964年，美国海洋热能发电的创始人安德森和他的儿子，在一次工程师会议上，首次公布了对海水温差发电的研究成果。他们提出了用低沸点液体（如丙烷和液态氨）作为工作介质，所产生的蒸汽作为工作流体的方案。这样可使蒸汽压提高数倍，发电装置体积变小。他们还提出，如果将整个发电装置安装在一个巨大的容器中，将容器锚系在大海中并潜沉到适当深度，就可以避免风暴的破坏，所生产的电能由海底电缆输送到陆地上。

由于安德森父子提出的低沸点工作介质是在一个闭合回路中循环使用，所以称这种温差发电方式为闭式循环。闭式循环虽然未能解决开式循环中所存在的各种困难，但克服了开式循环中最致命的弱点，所以此方案一经提出，就得到全世界的赞同和重视。海水温差发电闭式循环流程如图 5.3 所示。

闭式循环虽然比开式循环向前迈进了一步，但仍存在一些问题，例如，庞大的热交换器不但占去了电站全部投资的一半，而且直接影响整个装置效率的提高。又如闭式循环中的压力要比开式循环高，因而也就提高了对装置结构的要求。这些都是闭式循环中亟待解决的重大技术问题。虽然闭式循环并不完善，但还是逐渐取代了开式循环，成为目前海水温差发电的主要形式。

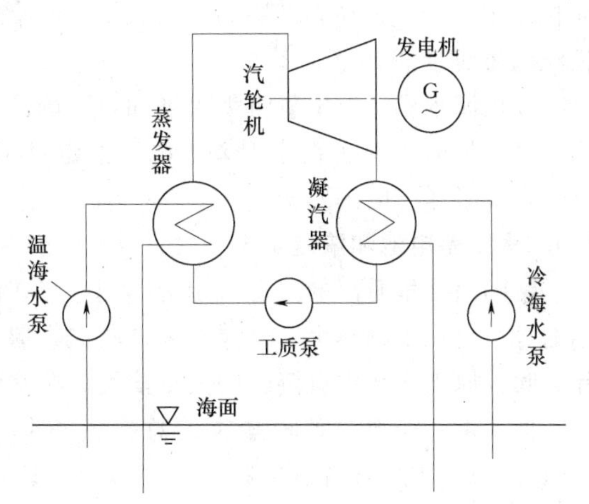

图 5.3 海水温差发电闭式循环流程图

目前，科学家们又开始尝试将开式循环和闭式循环的优点结合在一起，制造一种混合循环方式。为了解决深海提取冷海水的种种困难，有的科学家设法与太阳能利用相结合，例如，把海水引进太阳能加温池加温；制造人工海水膜来提高表层海水的温度；也有科学家设想利用高山上的积雪来代替深层冷海水。这样，不仅不必到深层去提取冷海水，而且在温带海洋也有可能进行海水温差发电了。还有些科学家试图到冰封的极地去进行海水发电。在极地，冰层下海水温度在－1～3℃，而空气温度都在－20℃以下，它们的温差很大，但距离却很近，相距只有几米到几十米，如果利用它们的温差来发电，是再方便不过了。

不难看出，以上各种方案，发电原理都离不开克劳德的科学试验。有的科学家脱离克劳德实验方案，提出利用温差发电现象，进行海水温差发电的研究。温差发电现象就是指两种不同的导体（半导体），因两个接头的温度不同，而在两接头间产生电动势的现象。这一新设想，将给海水温差发电带来一场革命。

1979 年 5 月 29 日，世界上第一座正式海水温差发电站在美国的夏威夷成功地投入工业发电，为岛上的居民、车站和码头供应照明用电。夏威夷岛在太平洋中部，地处北纬 20°，附近海域的表层海水温度常年很高，冬季为 24℃，夏季为 28℃。在离岸只有 1.2km 的地方，水深 400m 处就可获得 10℃的冷海水，水深 800m 处就有 5℃的冷海水，为海水温差发电提供了优越的自然条件。总装机容量可达 1000kW 以上。

世界第一座海水温差发电站的建成和运行，不但证明了海水温差发电技术的可行性，提供了大量丰富的实践经验，同时还标志着海水温差发电已经开始从试验性发电转向规模性的开发利用阶段。

最近10～20年来，热衷于海水温差发电的科学家越来越多，而且目标越来越高。已经制定出的各种设计方案，如浮式、海底固定式，以及各种循环系统等都十分成熟可行。例如，美国洛克希德设计方案，装机容量达16万kW，整个装置半潜于海水中，总长450m，直径为75m，露出海面18m，用液态氨作为工作介质，用钛合金做热交换器的材料，整个装置耗用26万t混凝土，每千瓦造价2660美元，总投资4亿～5亿美元。

目前，世界上海水温差发电站的规模正在向大型化发展，例如，建造一座40万kW的温差发电站，其中仅冷却水管就是一个直径30m、长900m的庞然大物，宛如一座建筑面积为21万m^2、高300层的摩天大楼。冷水管内的冷水抽取量将是30000m^3/s，相当于长江入海流量的1/10。

今后海水温差发电量将大大增加，美国预计2030年海水温差发电的发电量将达到美国总发电量的12%。海水温差发电已经走过了100多年的崎岖历程，象征着成功的明星已经在太平洋上闪闪发光。

5.4.2 浓差电池和浓差发电

常到海水里游泳的人，一定会感到它与在游泳池或江河湖泊的不同之处。首先会觉得你的身子比在游泳池里容易浮起来；其次，偶尔喝进一口海水，会觉得又咸又苦。这是为什么呢？原来海水中有溶解的大量盐类。海水的含盐量高，托起人体的浮力就大。

据测量，海水中各种盐类的总含量一般为3%～3.5%，科学家通过计算得知，在1km^3的海水中，含有氯化钠2000多万t、氯化镁320万t、碳酸镁220万t、硫酸镁120万t等，整个海水中含有5×10^{16}t无机盐。

世界各地海水中的盐类量都是一样多的吗？不是的，蒸发量大的海域，海水中盐的浓度大；反之，降水量多，或河水流入的海域，海水中盐的浓度就小。因而在有些特殊的海域里，盐的浓度可以特别高。如亚洲与非洲交界处的红海，太阳辐射强烈，海水蒸发量很大，四周又都是沙漠，气温很高，降雨量又特别少，所以，那里的海水盐度就高达4%，甚至高达4.3%，成为世界盐度最大的海区。

有些海区的盐度又可能特别低，如降水和河流流入特别多的波罗的海北部的波的尼亚海，海水盐度降低到只有0.3%，甚至0.1%～0.2%，成为世界海洋里海水盐度最低的海区。我国海区的海水盐度，由于河流入海很多，所以平均盐度只有3.2%左右，有的海区甚至还要低。

在河流入海之处的淡水和海水交汇的地方，有显著的盐度差，海水盐度差能最丰富，是开发利用海水中化学能最理想的地方。在大气中，冷空气和暖空气之间有一个倾斜的交界峰面，密度大的冷空气在下方，密度小的暖空气在上方。淡水和盐水之间与大气相似，也有一个倾斜的交界面，盐水密度大，沉在下面，淡水密度小，浮在上面，盐水像人的舌头一样伸入到淡水下部，所以有“盐水舌”之称。盐水和淡水的交界面，是海水盐度差能粉墨登场的地方，只有在这里，深含于海水中的化学能才会显出能量来。

为什么盐水和淡水之间存在盐差能呢？海水中溶解有很多盐，盐溶在水里会电离成带正负电荷的两种离子，例如，氯化钠，就电离为带正电荷的钠离子和带负电荷的氯离子。如果海水和淡水隔着一层只允许水分子通过，而不让正负离子通过的半透膜，那么它们之间就会产生渗透现象，淡水向海水渗透，并且产生一个渗透压。

有人做过测定，温度20℃时，盐度为3.5%的标准海水，与纯淡水之间的渗透压高达2.48MPa，相当于256.2m水柱高或250m海水柱高。可见。渗透压是很大的压力。渗透压的大小与温度、浓度有关。温度越高，渗透压越大；浓度差越大，渗透压也越大。在海洋中，海水与淡水的盐度差最大，它们之间的渗透压也就越大。这就是为什么河流入海处海水和淡水交汇的地方是海水盐度差能蕴藏最丰富的地方。对海水盐度差能的利用，同其他海洋能的利用相比，它开发比较晚，成熟度比较低，但潜能很大。海水盐度差能利用的主要形式，仍是转化为电能来使用。

目前海水盐度差发电主要有两种方式：一种是利用数百米水柱高的渗透压，使海水升高，然后获得海水从高处流向低处的势能来发电，这种发电的原理和能的转换方式与潮汐发电相同；另一种是化学能直接转换成电能的形式，也就是浓差电池（也称为渗透式电池）的形式。

人们设想中的浓差发电，就是利用渗透压发电装置来发电。那么，这是一个什么样的装置呢？设想把它装置在河口附近与海水的交汇出，全部装置由拦水坝、水压塔、半透膜、水轮机、发电机、海水导出管、海水补充泵、淡水导出管等部分组成。

渗透压发电大致的工作原理和过程：淡水和海水用半透膜隔开，淡水通过半透膜渗透到海水中，使海水在水压塔内升高，上升到一定高度，由海水导出管流出，这样具有一定势能的海水就推动水轮机转动，水轮机带动发电机发电。为了保持水压塔内的海水有较高的盐度，用海水补充泵补充海水，海水补充泵由水轮机带动。淡水导出管用来调节淡水量，将过剩的淡水排出，使淡水保持在一定的水位高度上。

渗透压发电装置发电量的大小，取决于海水导出管的流量大小和水位的高度。而流量大小又取决于淡水渗透过半透膜的速度。半透膜的面积越大，海水盐度越大。水压塔中的水压越小（即水位高度越小），淡水渗透的速度就越快。淡水渗透速度还与半透膜的性质有关，在其余条件相同的情况下，应采用渗透效率高的半透膜。发电装置输出的能量中，有一部分要消耗在装置本身上，如海水补充泵所消耗的能量、半透膜进行洗涤所消耗的能量。预计此装置的总效率可达25%，也就是说只要每秒能渗入1m^3的淡水，就可以得到500kW的电力输出。

这一咸一淡浓差发电，要投入实际使用，尚需要解决许多困难。例如，要建设几千米或几十千米的拦水坝河，200多m高的水压塔，工程太浩大了。又如半透膜要承受2MPa的渗透压，难以制造；如果期望得到1万kW的电力输出，则需要4万m^2的半透膜，无法制造。如果半透膜的高度为4m，那么它的长度就有10km，相应的拦水坝就要超过10km，投资将是十分惊人的。

海洋盐差能发电的设想是1939年由美国人首先提出来的。最先引起科学家浓厚兴趣的试验地点是位于以色列和约旦边界的死海。死海是世界最咸的湖，湖水比一般海水含盐量高5～6倍。每升海水含盐250g左右，110m深处可增至270g，水的密度特别大，人可以横躺在海面上而不会下沉。离死海不远的地中海比死海高出400m，如果把地中海和死海沟通，利用两个海面之间的高差，让地中海里的水向死海流动，在其流动过程中就可以发出电来。目前，一座沟通地中海和死海间的引水工程及建在死海边的试验性的发电站工程已经开始进行，一旦投入运行，该电站将能发出60万kW的电力。

5.5 海洋生物电站

生物资源是每日照射到地球上的太阳能，通过植物的光合作用被吸收，并变换成物质能量而蓄积的资源，在海洋中有海藻或水草等水生植物、单细胞微小藻类等。生物资源是可再生资源，如果经过适当管理，是不会枯竭的。太阳能可照射到的地球上的每个角落，都有可加以利用的生物资源。另外，生物资源也是太阳能量的良好储藏方式。

海洋是生命的摇篮。在海洋的表层，阳光射入浅海，这里生长着许多单细胞藻类：绿藻、褐藻、红藻、蓝藻等。它们从海水中吸取二氧化碳和盐类，在阳光下进行着光合作用，形成有营养的碳水化合物，同时放出氧在海水中形成过多的带负电的氢氧离子（OH^-）。

海洋的底层是海洋动植物残骸的集聚地，也是河流从陆地带来丰富有机质的沉积场所。在黑暗缺氧的环境下，细菌分解着这些海底沉积物中的动植物残体和有机质，形成多余的带正电荷的氢离子（H^+）。于是海洋表层和底层的电位差产生了。实际上这是一个天然的巨大的生物电池。

从海洋生物中生产生物电池的可能性，是从科学家曾经做过的一个试验获得证实的。这个试验如下：把酵母菌和葡萄糖的混合液放在具有半透膜壁的容器里，将这个容器浸沉在另一个较大的容器中。容器中盛有纯葡萄糖溶液，其中有溶解的氧气。在两个容器中都插入铂电极，连接两个电极便得到了电流，这说明微生物分解有机化合物的时候，就有电能随之释放出来。根据这个原理制造的电池，称为生物电池。

生物电池与电化学电池相比有许多优点：生物电池工作时不放热，不损坏电极，不但可以节约大量金属，而且电池的寿命也比电化学电池长得多。

现在，以生物电池作为电源，已用于海洋中的信号灯、航标和无线电设备。有一种用细菌、海水和有机质制造的生物电池，用作无线电发报机的电源，它的工作距离已达到10km，用生物电池作动力的模型船已在海上停放。

从生物电池的工作原理，科学家们想到了海洋。他们认为一望无际的海洋就是一个巨大的天然生物电池。所以，科学家们提出了在海洋上建立天然生物电站的设想，即利用海洋表层水和海洋底层水的电位差来产生电流。可以预料，随着科学技术的不断进步，人们定会在海洋上建立起大型的天然生物电站，发出巨大的电流，造福人类。

习　题

1. 简述下潮汐发电的原理及优缺点。
2. 潮流与海流的区别？环流的定义？
3. 海浪能的发电方式、原理是什么？
4. 温差发电的原理及怎么做温差发电机？

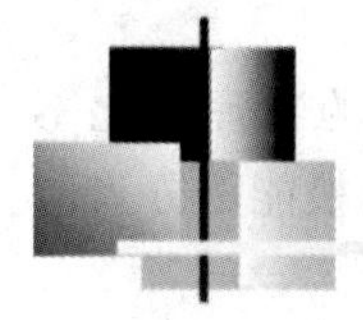

第6章

核能及其利用

6.1 概　　述

核能的开发和利用是20世纪出现的最重要的高新技术之一。1942年12月2日，在美国芝加哥大学原阿隆·史塔哥（AlonzoStagg）运动场西看台下面的网球厅内，以著名意大利物理学家恩里科·费米（EnricoFermi，1901—1954）领导的研究小组首次在“芝加哥一号”核反应堆（ChicagoPile-1，CP-1）内实现了人工自持核裂变链式反应，达到了运行临界状态，实现了受控核能释放。当时正处于第二次世界大战期间，核能主要为军用服务，配合原子弹的研制。美国、苏联、英国和法国先后建成了一批钚生产堆，随后开发了潜艇推进动力堆。在第二次世界大战末期，美国就用铀-235和钚制造了三颗原子弹，分别起名为“小男孩”“胖子”和“瘦子”，并使用其中的两颗，于1945年8月6日和9日轰炸了日本的广岛、长崎，使这两座城市在大火和疾风中化为废墟，显示了原子反应的巨大威力。原子弹爆炸是用中子轰击铀-235的原子核，使其产生裂变。原子核裂变放出的能量很大，1kg铀-235全部裂变释放的能量相当于2万t TNT炸药爆炸时放出的能量。

核武器带给人类的是沉重的阴影，以至于很多人谈核色变，有良知的科学家们都在极力反对核武器的发展和扩散。但是，核能发电给人类带来的却是绿色和光明。

从20世纪50年代开始，核能从军用向民用发展。2019年全球核反应堆的总发电量为2657TW·h，高于2018年的2563TW·h，仅次于2006年的2661TW·h。这是核能发电量连续第七年增长。到2019年年底，全球442座在运反应堆的容量为392GWe，较2018年年底相比下降了5GWe。2019年，新增6座反应堆并网发电，总容量为5.2GWe；开始新建5座反应堆，总容量为5.8GWe；关闭了13座反应堆，总容量为10.2GWe。2019年的核电容量因子为82.5%，高于2018年的79.8%。核电厂的种类也从原始的石墨水冷反应堆发展到以普通水、重水、沸水、加压沸水为慢化剂的轻水堆、重水堆、沸水堆和先进沸水堆等；同时还有700多座用于舰船的浮动核动力堆、600多座研究用反应堆。目前来看，核能发电不仅十分安全，也比较清洁、经济。一座100万kW的火电厂，一年要烧270万～300万t煤，排放出600万t二氧化碳、约5万t二氧化硫和氮氧化物，以及30万t煤渣和数十吨有害废金属。而一座100万kW的核电厂，一年只消耗30t核燃料，而且不排放任何有害气体和其他金属废料。同时，煤炭和原油还是不可再生的宝贵化工原料，发展核电不仅可以把这些资源省下来留给子孙后代，还能有效改善人类的生存环境。

6.1.1　世界核电厂发展的概况

核能是由原子核发生反应而释放出来的巨大能量。与化学反应和一般的物理变化不同，在核能生成的过程中，原子核发生变化，由一种原子变成了其他原子。核能可分为两种：一种是核裂变能，另一种是核聚变能。

核裂变反应是由较重的原子核分裂成为较轻原子核的反应。例如，一个铀-235（$^{235}_{92}U$）原子核在中子的轰击下可裂变成两个较轻的原子核。1kg 铀-235 裂变时可放出 8.32×10^{13}J 的能量，相当于 2000t 汽油或者 2800t 煤燃烧时释放出来的能量。

氢有三种同位素，氕（pie，$^{1}_{1}H$），符号为 H，质量数为 1，是氢的主要成分；氘（dao，$^{2}_{1}H$，又称为重氢），符号为 D，质量数为 2，可用于热核反应；氚（chuan，$^{3}_{1}H$，又称为超重氢），符号为 T，质量数为 3，可用于热核反应。

核聚变反应是由较轻原子核聚合成为较重原子核的反应。例如，氘和氚的原子核结合在一起生成氦核，这个过程可以释放出核聚变能。

1kg 氘聚变时放出的能量为 3.5×10^{14}J，相当于 4kg 铀。如果能实现可控核聚变，则一桶水中含有的聚变燃料就相当于 300 桶汽油。不过，目前核聚变的利用技术还在开发过程中，预计到 2050 年前后才能实现大规模商业化应用。

1938 年，德国的哈恩和斯特拉斯曼首先发现了铀的裂变反应，揭开了原子能技术发展的序幕。在费米教授的领导下，美国在 1942 年建成第一座原子反应堆，1945 年制成第一颗原子弹；1951 年 12 月 20 日，美国的一个反应堆开始发电，点亮了 4 盏灯泡；1954 年，苏联建成世界上第一座核电厂，6 月发电，功率为 5000kW。这一时期的核反应堆技术以军事应用为主，逐步向民用转化。进入 20 世纪 50 年代之后，核能的和平利用技术开始得到快速发展。

目前，国际上通常把核电技术的发展划分成四个阶段。第一个阶段是 20 世纪的五六十年代，是核电大规模商业化应用之前的实验验证阶段，其中比较典型的有美国的希平港（Shippingport）压水堆核电站，它是较早的商业运行核电厂，装机容量为 60MW，1957 年 12 月首次临界。1982 年 10 月关闭。该反应堆最初是作为航母的动力装置设计的，后改为民用，且于 1977 年改为轻水增殖堆。还有英国发展的镁诺克斯合金（Magnox）核反应堆技术，采用二氧化碳作为冷却剂，石墨作为慢化剂，镁诺克斯合金作为包壳材料。该技术的首次应用是英国的卡德霍尔（CalderHall）核电站，1956 年 3 月并网发电，2003 年 3 月关闭。该种核反应堆技术目前已被淘汰。这一阶段的核反应堆技术被称为第一代核能系统（generation Ⅰ）。从 20 世纪 50 年代末期到 70 年代末期是核电厂发展的高潮期。继苏联建成核电厂之后，美国研制了轻水反应堆（轻水压水堆和轻水沸水堆），英国和法国发展了气冷反应堆，加拿大发展了坎杜型（CANDU）重水反应堆。利用核裂变的核电厂已经达到了技术上走向成熟、经济上有竞争力、工业上大规模推广的阶段。特别是能源危机的影响，使很多经济发达国家把发展核电放在重要的位置。到 1979 年年底，已有 22 个国家和地区建成核电厂反应堆共 228 座，总容量 1.3 亿多 kW，其发电量占全世界发电总量的 8%。

20 世纪 80 年代，核电的发展比较缓慢，核电发展进入了低潮期，主要原因是：①工业国家发展趋于平稳，产业结构由高能耗向高技术、低能耗的方向调整，能源供给不足的局面得到缓解；②核电的安全性受到社会的进一步关注，特别是美国三里岛事故和苏联的切尔诺贝利事故，使核电的发展受到很大影响。

从20世纪80年代末到90年代，由于许多发展中国家、特别是亚洲很多国家经济的迅速发展，对能源的需求日益加大，同时人们对核电技术及其安全性也有了更充分的认识，促进了核电的快速发展。到1998年，世界上已有核电机组429台，装机容量达345407MW，其中美国104台，英国35台，俄罗斯29台，韩国14台，日本52台，印度10台，法国58台，中国大陆3台，中国台湾6台。新建核电厂主要在发展中国家。

从20世纪60年代后期至21世纪初世界上大批建造的、单机容量在600～1400MW的标准型核电厂反应堆称为第二代核能系统（generationⅡ），目前世界上在运行的核电机组基本上都是第二代核能系统。和第一代核能系统不同的是，第二代核能系统是基于几个主要的反应堆技术形式，每种堆型都有多个核电厂应用，是标准化和规模化的核能利用。第二代核能系统的堆型分布为：PWR（轻水压水堆）约为66%（290GW）；BWR或ABWR（沸水堆和先进沸水堆）约为22%（97GW）；PHWR（重水压水堆）约为6%（26GW）；其他堆型为6%。

第三代核能系统是20世纪80年代开始发展、90年代中期开始投放核电市场的先进轻水堆，主要包括GE公司的先进沸水堆（advanced boiling water reactor），法国法马通和德国西门子公司联合开发的欧洲压水堆（EPR），ABB－CE公司开发的系统80（system 80），以及西屋公司开发的AP600。第三代核能系统是在第二代核能系统的基础上进行的改进，均基于第二代核能系统的成熟技术，提高了安全性，降低了成本。第三代核能系统研发的市场定位是欧美等发达国家20世纪90年代末期和21世纪初期的电力市场。由于第二代核电厂的设计寿命一般为40年，20世纪60年代前后建设投运的一批核电厂将在20世纪末和21世纪初相继开始退役，核电会有一定的市场发展空间。不过，实际上，第三代核能系统的市场竞争力较弱，主要原因是：全球电力工业纷纷解除管制，进行电力工业的市场化改革，而核电系统的初投资太高、建设周期长，因此投资风险较大，在自由竞争的电力市场中吸引投资的能力较弱；同时，核电厂的退役费用较高，很多第二代核电厂倾向于采用延寿技术推迟退役时间。为此，第三代核能系统只能进一步改进，主要是降低成本和缩短建设周期，这种改进的第三代核能系统也称为第三代核能系统，典型的如西屋公司的AP1000。

21世纪初，在美国的倡导下，一些国家的核能部门开始着手联合开发第四代核能系统（generation Ⅳ）。按预期要求，第四代核能系统应在经济性、安全性、核废处理和防扩散等方面有重大变革和改进，到2030年实现实用化的目标。目前，第四代核能系统处于概念设计和关键技术研发阶段。

6.1.2 我国的核电发展的历史和现状

我国的核工业起步于1955年，1964年10月16日成功爆炸了第一颗原子弹，而后相继研制了氢弹和核潜艇。1955—1978年，我国的核工业以军事应用为主。1978年之后，我国核工业的重点转向和平利用。我国自20世纪70年代开始筹建核电厂，到2007年，我国大陆已建6个核电厂的11台核电机组，设计总装机容量870万kW。我国现已建成独立完整的核科技工业体系，成为世界上为数不多的几个拥有完整核科技工业体系的国家之一。我国大陆已建核电机组主要有以下8个。

1. 秦山核电厂

秦山核电厂是我国自行设计建造的第一个实验型反应堆核电厂，1985年开工建设，1991年并网发电。反应堆为双回路轻水压水堆，功率为300MW，主要是为积累核电经验。实际上，建设核电厂的任务早在1970年就已列入党中央和国家领导人的重要议事日程。1970年2月8日，时任国务院总理的周恩来在听取上海市缺电情况汇报后说："从长远看，要解决上海和华东用电问题，要靠核电。二机部不能光是爆炸部，要搞原子能发电。"因此，秦山核电工程最初命名为"728"工程。不过，受当时社会政治环境的影响，核电发展的初期走了很多弯路，在核反应堆堆型的选择上主观反对国外建设核电厂普遍采用的压水堆技术，而盲目选用了"熔盐增殖堆"（该堆型目前国际上仍在研究开发之中，尚未实现规模化应用，是第四代核能系统的概念设计堆型之一）。在当时的技术条件下，开发该种堆型是不可行的。为此，一批专家提议改变设计堆型，1974年3月31日，在周恩来总理主持的中央专门会议上批准采用压水堆技术，研制、建设300MW试验性原型反应堆，我国压水堆核电厂的研究、设计进入正常轨道。但到了1979年3月28日，美国三里岛核电厂2号机组发生了由于一系列人为误操作引起的堆芯失水熔化的重大事故，带有放射性的气体从电站通风系统中外逸。尽管事故未对周围环境和居民健康造成危害，但在美国国内引起了较大的核电恐慌，也对我国的核电计划造成了巨大的压力，核电的科研设计工作再次陷入停顿。1981年10月31日，国务院正式批准建设我国大陆第一座300MW压水堆核电厂，1982年4月正式确定浙江省海盐县秦山为核电厂厂址，1982年12月30日，我国政府向全世界郑重宣布了建设秦山核电厂的决定。

1985年3月20日，秦山核电一期工程正式开工建设，1991年8月8日全部燃料组件装填完毕，1991年10月31日反应堆首次临界，1991年12月15日发电并网成功。秦山核电厂是我国第一座自行设计、建造的核电厂，实现了我国大陆核电事业"零"的突破，是我国核电发展史上的一个重要里程碑。

秦山核电一期工程实际建成总投资17.75亿元，比投资为5916元/kW，约合713美元/kW。项目建成投运以来，运行业绩良好，为我国核电事业积累了宝贵的经验，培养了大批国家急需的核电人才。目前，该种堆型已出口巴基斯坦，其中第一台300MW核电机组已于2000年9月投入商业运行，第二台机组于2006年1月开工建设。

2. 大亚湾核电厂

广东大亚湾核电厂位于广东省深圳市东部大鹏半岛大亚湾畔，是我国大陆第一座从国外引进的百万千瓦级大型商用核电厂，堆型为轻水压水堆，有两台额定出力为900MW的核电机组。该电站通过500kV和400kV两种电压等级的输电线路为广东电网和香港电网提供电力。建设和营运单位为广东核电合营有限公司，该公司由广东核电投资有限公司（在广东省注册）和香港核电投资有限公司（在香港注册）分别占有75%和25%的股份。大亚湾核电厂是全套引进的，比投资为2000美元/kW。该电站于1994年投入商业运行，运行业绩和安全记录良好。

3. 秦山二期核电厂

秦山二期核电厂是我国首座自主设计、自主建造、自主管理、自主运营的2×

650MW商用压水堆核电厂，由中国核工业集团公司控股。反应堆堆型为轻水压水堆(pressure water reactor，PWR)，是国家批准的“九五”开工建设的第一座核电工程。1996年6月2日，秦山核电二期主体工程正式开工，两台机组分别于2002年4月15日、2004年5月3日投入商业运行，使我国实现了由自主建设小型原型堆核电厂到自主建设大型商用核电厂的重大跨越，为我国自主设计、建设百万千瓦级核电厂奠定了坚实的基础，并对促进我国核电国产化发展发挥了重要作用。

秦山二期核电厂全面贯彻了国家制定的“以我为主、中外合作”的方针，并通过自主设计、建设，掌握了核电的核心技术，创立了我国第一个具有自主知识产权的商用核电品牌——CNP650，实现了国家建设秦山二期核电厂的目标。核电厂采用当今世界上技术成熟、安全可靠的压水堆堆型，设计与建设均采用国际标准。根据20世纪90年代国际先进压水堆核电厂的要求，在堆芯设计、安全系统设计等核电厂安全性、可靠性和经济性方面取得了多项创新性成果。通过优化设备设计和系统参数，有效提高了核电机组的出力，最大出力可达689MW，平均出力为670MW，高于600MW的设计值。秦山二期核电厂的设备国产化率达到了55%，通过该项目的建设，提升了我国核电设备制造的能力。其中，在55项关键设备中，有47项基本实现了国产化。秦山二期核电厂比投资为1330美元/kW，是国内已经建成的商用核电厂中最低的。

4. 岭澳核电厂一期

岭澳核电厂一期工程设计装机容量为2×984MW，堆型为轻水压水堆，由广东核电集团公司建设和营运，法国法马通公司总包，相当于是大亚湾核电厂的翻版。主体工程于1997年5月15日正式开工，2003年1月建成投入商业运行。

该工程的设备提供情况为：法国法马通公司为工程总承包，国内已从法马通公司和GEC阿尔斯通公司手中分包了部分技术含量较高的设备在国内生产，如蒸汽发生器、稳压器等关键设备已由东方锅炉厂和法国夏龙厂合作生产。汽轮机和发电机的静子部分分包给东方汽轮机厂和电机厂生产，转子部分由法国提供。法国德拉斯公司选择了杭州锅炉厂和哈尔滨锅炉厂为常规岛辅机部分的分包商。为了验证杭州锅炉厂制造低压加热器和凝汽器的能力和水平，业主要求外方为杭州锅炉厂提供一批火电站辅机订货合同，以便在为岭澳核电厂辅机设备制造之前，验证一下杭州锅炉厂的工艺水平。德拉斯公司同意将其出口菲律宾火电站的低压加热器和出口泰国的凝汽器交给杭州锅炉厂生产。

岭澳核电厂一期以大亚湾核电厂为参考，结合经验反馈、新技术应用和核安全发展的要求，实施了52项技术改进，全面提高了核电厂整体安全水平和机组运行的可靠性、经济性，实现了部分设计自主化和部分设备制造国产化，整体国产化率达到30%，因此降低投资，电厂建设比投资约为1700美元/kW。

5. 秦山三期核电厂

容量为2×720MW，堆型为坎杜型(CANDU)重水压水堆，由加拿大原子能源有限公司(Atomic Energy of Canada Limited，AECL)，投资、设计、建设并运营，运行20年后产权和管理权归中国。主体工程于1998年开工建设，2003年7月全面建成投产。该电站核电设备主要由加拿大进口，国内分包和合作的份额较小，电站建设比投资约为

1790美元/kW。

6. 田湾核电厂

田湾核电厂位于江苏省连云港市连云区田湾，一期工程建设2×1060MW的俄罗斯AES-91型压水堆核电机组，设计寿命40年，年平均负荷因子不低于80%，年发电量达140亿kW·h，由中国核工业集团公司控股建设。

田湾核电厂采用的俄AES-91型核电机组是在总结WWER-1000/V320机组的设计、建造和运行经验基础上，按照国际现行核安全和辐射安全标准要求，并采用一些成熟的先进技术而完成的改进型设计，在安全标准和设计性能上具有起点高、技术先进的特点。田湾核电厂的安全设计优于当前世界上正在运行的绝大部分压水堆核电厂，其安全设计在某些方面已接近或达到国际上第三代核电厂水平。电站采取"中俄合作，以我为主"的建设方式，俄方负责核电厂总的技术责任和核岛、常规岛设计及成套设备供应与核电厂调试，中方负责工程建设管理、土建施工、围墙内部分设备的第三国采购、电站辅助工程和外围配套工程的设计、设备采购及核电厂大部分安装工程。

田湾核电厂于1999年10月20日正式开工。2006年5月，1号机组并网成功，2007年5月，2号机组并网发电，电站建设比投资为1511美元/kW。

7. 清华大学10MW（热功率）高温气冷堆

清华大学10MW（热功率）高温气冷堆是国家863计划重大科技项目，由清华大学核能技术设计研究院设计和建造。该项目于1992年经国务院批准立项，1995年6月动工兴建，2000年12月建成并实现临界，2003年1月顺利实现10MW热功率满负荷运行。该反应堆是我国自行研究开发、自主设计、自主制造、自主建设、自主运行的世界上第一座具有非能动安全特性的模块式球床高温气冷实验堆。该反应堆的建造表明我国在高温气冷堆技术领域已达到世界先进水平。

我国在2006年2月发布的《国家中长期科学和技术发展规划纲要（2006—2020年）》中，将大型先进压水堆及高温气冷堆核电厂确定为16个重大科技专项之一。高温气冷堆具有安全性好、温度高、用途广等特点，是具有第四代核能利用系统主要技术特征的先进核能技术，也是目前国际上发展第四代核能系统的优选堆型之一。高温气冷堆技术的开发，对于提升我国的自主创新能力、优化能源结构、实现经济与社会可持续发展具有重要意义。

8. 中国试验快堆

中国试验快堆（热功率为65MW，电功率为20MW）也是国家"863"计划重大科技项目，于2000年5月开工建设，2002年8月完成了核岛厂房封顶，2009年建成、临界，2010年运行发电。

目前，我国建成的商用核电机组有4台，它们分别是：秦山二期核电厂扩建的两台同类型的机组，于2006年4月开工建设，2011年投入运行。岭澳核电厂二期项目规划建设的2台百万千瓦级压水堆核电机组，于2005年12月工建设，2010年建成并投入商业运行。这些已经建成的商业机组都属于国际上第二代核能系统的技术水平。

6.1.3 我国核电的发展前景

进入21世纪，我国能源安全面临的形势依然十分复杂，经济快速发展对能源需求的持续增长给能源供给带来很大压力，以煤为主的能源结构不利于环境保护，也不利于抵御市场风险，同时我国能源资源的相对短缺也制约了能源产业的发展。面对全面建设小康社会对能源需求的增长，核电是目前现实的、可大规模发展的首选替代能源形式。为此，2006 年 3 月国务院原则通过的《核电中长期发展规划（2005—2020 年）》中指出，积极推进核电建设是国家重要的能源战略，对于满足经济和社会发展不断增长的能源需求，实现能源、经济和生态环境协调发展，提升我国综合经济实力和工业技术水平，具有重要意义。规划中明确，到 2020 年，我国核电运行装机容量将达到 4000 万 kW，占全国电力装机总容量的比重达到 4%，同时，在建核电容量达到 1800 万 kW。我国核电装机容量的发展及规划如图 6.1 所示。

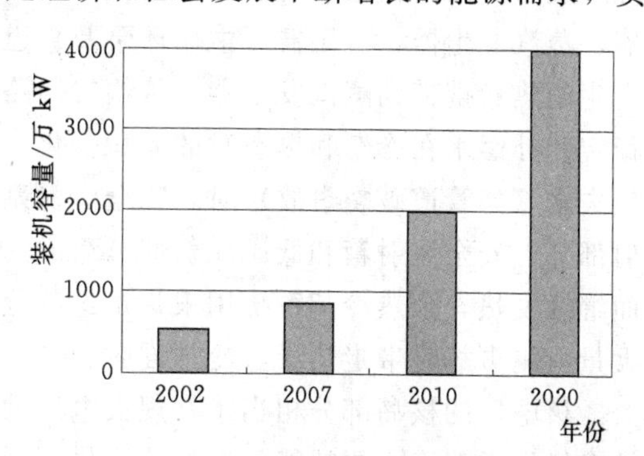

图 6.1 我国核电装机容量的发展及规划

通过秦山一期、秦山二期核电厂的建设和技术引进，我国已经掌握了第二代核能技术，形成了自主核电品牌 CNP650，完成了 CNP1000 的研制工作。但与国际先进水平相比还有一定的差距。我国核电发展的方针是“以我为主、中外合作”，积极推进核电建设。同时，要统一发展技术路线，坚持自主设计和创新。

6.2 核电厂的一般工作原理

核反应堆是核能和平利用的主要设施。核反应堆的用途很多，可以分为两个大类：一是利用反应堆中核裂变产生的能量，二是利用反应堆中核裂变产生的中子。核裂变的能量以热能的形式释放，直接利用热能的称为核供热，已显示出良好的发展前景；反应堆释热也可以进一步通过热力循环转化为机械能，用于推动舰船，核动力堆在航空母舰、潜艇、远洋商船、破冰船等舰船上都有应用，其突出优点是续航能力强、马力大、航速高。反应堆作为强大的中子源，可以用来生产核燃料、生产放射性同位素、进行中子活化分析、中子照相及科学研究等等。其中，用核反应堆发电是核能民用的最主要的形式，简称核电。

水电的能量来源是水的势能和运动动能，风电的能量来源是风的运动动能，而运动动能可以直接经过叶轮机械提取成为转动动能输出。一般火电厂是以化石燃料中的化学能作为能量来源的，化石燃料（煤、石油、天然气）通过在锅炉中燃烧将化学能转换为热能，热能经过蒸汽动力循环转换为机械能，再经过发电机转换为电能向外输出。

核电厂（核电站）中核裂变能也是以热能的形式利用的，因此，和常规火电厂类似，核电厂也要通过蒸汽动力循环来实现热功转换。不同的是，常规火电厂的热能来自于锅炉中化石燃料的燃烧，而核电厂的热能来自于核反应堆中的核裂变反应（物质、能量转换）。在核电厂中，反应堆和蒸汽发生器所在的部分称为核岛（nuclearisland），汽轮机和发电机所在的部分称为常规岛（conventional island）。一座反应堆和它带动的汽轮发电机组及相应的辅助设备称为一个机组（unit）。

6.2.1 基本概念

不同的核电厂可能采用不同的技术路线，核岛部分有较大区别，对于最常采用的压水堆核电厂，通常采用两个回路，以屏蔽放射性物质。典型的核岛包括蒸汽生成、供应系统、安全壳喷淋系统和辅助系统。其中，蒸汽供应系统由一回路（反应堆冷却剂循环系统）及与一回路相连接的系统所组成。一回路的主要设备包括反应堆堆芯、反应堆压力容器、蒸汽发生器、稳压器、主循环泵及管道。一回路中冷却剂的主要作用是将反应堆堆芯产生的热量携带到蒸汽发生器，传给二回路，生产蒸汽。稳压器则用以维持一回路压力的稳定和补偿水在冷态和热态时的体积变化。反应堆安全注射系统的主要作用是当一回路发生失水（如管道破裂事故）时，安全注射系统就作为安全给水系统启动。它主要由高压注射部分、安全注射箱和低压注射部分组成。核反应堆停堆后，燃料元件因裂变产物的衰变而继续发热，余热冷却系统用来带走这部分热量，用于停堆、更换燃料及一回路系统发生大量泄漏事故时带走热量，冷却堆芯。

核电厂的核岛部分相当于常规火电厂的锅炉系统；常规岛部分则和常规火电厂的汽轮发电机组类似，主要功能是把核蒸汽供应系统提供的热能在汽轮机中转变成机械能，再带动发电机转动而转变成电能。目前，核电厂的汽轮发电机组通常采用中温中压、饱和蒸汽并带有中间汽水分离再热器的汽轮机做原动机。这种汽轮机的特点是：一般采用低速汽轮机，汽轮机为单轴，一般有1个高压缸和3～4个低压缸，而无中压缸；由于蒸汽流量大，一般都把高压缸做成双流，以降低高压缸叶片的高度；在高压缸和低压缸之间的连接管道上装设汽水分离再热器。

核电厂的技术特点往往取决于采用的慢化剂和冷却剂。如前所述，慢化剂（moderator）的作用是使裂变中产生的快中子有效地慢化为热中子。核反应堆常用的慢化剂有石墨（C）、重水（D_2O）和轻水（H_2O）。重水是氘和氧的化合物，沸点为101.43℃，冰点为3.81℃，天然水中含有0.015%左右的重水。

冷却剂（coolant）的作用是将反应堆中产生的大量的热能有效地载出，使得反应堆的燃料元件和堆芯结构能够得到正常的冷却。核反应堆中常用的冷却剂有轻水、重水、二氧化碳、氦气、金属钠等。

6.2.2 核电厂的基本类型

通常可根据中子慢化剂和冷却剂的不同把反应堆分成多种类型。在运行核电厂堆型分布情况见表6.1，在建核电厂堆型分布情况见表6.2。

表6.1 在运行核电厂堆型分布情况

堆型	台数	电容量/GW
轻水压水堆	265	243.2
轻水沸水堆	94	85.0
重水压水堆	43	21.7
轻水-石墨堆	16	11.4
气冷堆	18	9.8
快堆	2	0.7
总计	438	371.8

表 6.2 在建核电厂堆型分布情况

堆型	台数	容量/MW
轻水压水堆	21	17371
重水压水堆	5	1953
轻水沸水堆	2	2600
快堆	2	1220
轻水-石墨堆	1	925
总计	31	24069

1. 轻水堆

轻水堆（light water reactor，LWR）采用轻水（即普通水 H_2O）做慢化剂和冷却剂。

轻水堆包括轻水压水堆（pressurized water reactor，PWR）和轻水沸水堆（boiling water reactor，BWR），是核电厂采用的最主要的堆型。美国在 20 世纪 50 年代中期由于发展核潜艇的需要，开始发展轻水压水堆技术，其后，美国的核电技术采用了压水堆和沸水堆并举的路线，但一直以压水堆为主。苏联也是从 20 世纪 50 年代开始发展轻水压水堆，俄语简称 VVER。法国在 20 世纪 50 年代最早发展的是石墨气冷堆，后来也改为压水堆的技术路线，进行了大规模的核电建设。轻水堆特点是结构和运行比较简单，尺寸小，造价低，具有良好的安全性、可靠性和经济性。目前在已建的核电厂中，轻水堆大约占 88%。其中轻水压水堆占 65%以上，轻水沸水堆占 23%左右。

轻水堆通常采用低浓缩的二氧化铀作燃料，烧结成细长的芯块，装在圆管包壳中。两端密封构成细长的燃料元件棒，然后按 15×15 或 17×17 排成栅阵构成燃料组件。反应堆的堆芯由 100～200 个燃料棒组件和多个控制棒组件成，置于压力壳中，作为慢化剂和冷却剂的轻水从堆芯的栅阵中流过，并将热量带到蒸汽发生器。

轻水压水堆采用两个回路，一回路（primarycooling circuit）采用高压水，压力为 12～16MPa，加热到 300～330℃，到蒸汽发生器（steam generator），将二回路的水加热成水蒸气。二回路（secondary circuit）蒸汽通常是压力为 5.0～7.5MPa 的饱和蒸汽或微过热蒸汽，温度为 275～290℃。因此，核电厂应采用焓降小、蒸汽流量大、转速比较低的饱和蒸汽轮机，并在高低压缸之间设置汽水分离器。压水堆核电机组的循环热效率为 30%～34%。

目前轻水压水堆技术类型较多，包括美国西屋公司、燃烧工程公司、巴威公司发展的堆型，俄罗斯的 VVER 堆型（也称为 WWER），法国法马通公司、德国西门子公司和日本三菱公司等引进美国西屋公司技术之后发展的堆型，我国独立研发的 CNP 系列（CNP300、CNP600 及 CNP1000）等。这些堆型中，美国巴威公司的压水堆由于发生了三里岛核事故而停止发展。

轻水沸水堆中冷却水压力较低，约为 7MPa，允许在堆内实现可控沸腾。堆内生成的蒸汽约为 285℃，并直接送到汽轮机发电。故沸水堆只有一个回路。无蒸汽发生器，结构简单。但由于蒸汽带有放射性，容易使汽轮机受到污染。

2. 重水堆

重水堆（heavy water reactor）采用重水（D_2O）作为中子慢化剂，重水或轻水做冷却剂。重水堆的代表堆型是加拿大发展的坎杜型（CANDU）重水堆，即压水重水堆(pressurised heavy water reactor，PHWR)，以重水作为慢化剂和冷却剂，采用压力管将慢化剂重水和冷却剂重水分开，慢化剂不承受高压。冷却剂在压力管内，压力约为9.5MPa，温度从250℃加热到约300℃，到蒸汽发生器中传递给水生成压力为4MPa的蒸汽。也有采用可控沸腾轻水做冷却剂的重水堆。

重水堆的特点是：①可采用天然铀做燃料，不需浓缩，燃料循环简单；②建造成本比轻水堆高。

3. 石墨气冷堆

石墨气冷堆（gas cooled graphite moderated reactor）采用石墨做中子慢化剂，气体做冷却剂。由于采用气体作为冷却剂，气冷堆的冷却剂温度可以较高，从而提高热力循环的热效率。目前，气冷堆核电厂机组的热效率可以达到40%，相比之下，水冷堆核电厂机组的热效率只有33%～34%。石墨气冷堆又可分为天然铀气冷堆、改进型气冷堆和高温气冷堆三种。

天然铀气冷堆以二氧化碳做冷却剂，冷却剂压力为2～3MPa，加热到400℃左右。优点是可采用天然铀做燃料，缺点是功率密度低、尺寸大、造价高、经济性差。由英、法两国发展，现在已经停止生产。

改进型气冷堆（AGR）是天然铀气冷堆的改进型，其功率密度、运行温度、热效率等指标都有所提高，体积也有所减小。但该种堆型天然铀需求量大，现场施工量大，经济能差，没有打开国际市场，目前在运行的改进型气冷堆都在英国。

高温气冷堆采用氦气做冷却剂，温度可高达800～1300℃。采用低浓缩铀或高浓缩铀加钍作燃料。其特点是温度高、燃耗深、功率密度高、发电效率也较高。如果直接推动氦气轮机，热效率更可高达50%以上，并使系统简化。但技术复杂，目前尚不成熟，是国际上重点研发的堆型之一。我国清华大学核能与新能源技术研究院建设的10MW高温气冷试验堆于2000年12月建成，2003年1月发电。

4. 石墨水冷堆

石墨水冷堆（light water graphite moderated reactor）是苏联基于石墨气冷堆技术开发的核电技术，只在苏联建设部分电站。该种堆型发生了切尔诺贝利核事故，暴露了设计中的缺陷，已较少发展。

5. 快堆

快堆（fast neutron reactor或fast reactor）也称为快中子增殖堆（fast breeder reactors)。这种反应堆不用慢化剂，而主要使用快中子引发核裂变反应。快中子增殖堆不用慢化剂，堆芯体积小、功率大，要求传热性能好、又不慢化中子的冷却剂。目前主要采用液态金属钠和高温高速氦气两种冷却剂。由于快中子引发裂变时新生成的中子数更多，可用于核燃料的转换和增殖。但相对于热堆，快堆需要使用高度浓缩的铀或钚作为核燃料。

(1) 钠冷快堆。通常采用三个回路，一回路钠（有放射性）将热量从反应堆载出，在热交换器中将热量传递给中间回路的钠（无放射性），再由中间回路的钠将热量载到蒸汽发生器，用于产生蒸汽。钠冷快堆采用氧化铀和氧化钚的混合物作燃料，其特点是可实现核燃料的增殖，但技术复杂、造价高，仍在发展之中。

(2) 氦冷快堆。增殖比大于钠冷快堆，是第四代核技术发展的重点堆型。氦气在反应堆中可以被加热到850℃，直接推动布雷顿循环燃气轮机进行热功转换，可以实现较高的循环热效率。

6.2.3 核电厂的特点

和常规火电相比，核电厂的突出特点是使用核燃料，因此核电的发展必然要建立在核燃料开采、加工的基础之上。而核燃料裂变之后会生成大量的强放射性产物，辐射防护和放射性废物的收集、处理是核电厂的重要特点。

1. 核燃料资源

实际可用的核裂变燃料有铀-235、钚-239和铀-233。自然界中的铀主要是铀-235和铀-238的混合物，铀-235的含量约为0.7%。因此，单纯采用铀-235做核燃料，则燃料资源十分有限。钚-239和铀-233是非天然的转换燃料，其转换原料铀-238和钍-232在自然界中含量丰富，如果能利用燃料增殖技术，则核燃料的可利用储量远远超过化石燃料的储量，可以满足长期发电的要求。

2. 核电厂的安全性

核电厂的危险性主要来自于裂变产物的强放射性形成的环境污染。裂变产物和反应堆中的其他物质经中子照射以后，原子结构变得不稳定，要进行放射性衰变（radioactive decay），向外发射粒子或电磁波辐射。

天然放射同位素的射线：①α粒子（带正电的氦原子核），速度达2万km/s，穿透力差，用普通的纸就可以挡住；②β粒子为高速电子流，速度为20多万km/s，0.5cm厚的水泥才能挡住；③γ射线为电磁波，波长短，频率高，能量大，射透力强，可以穿透10cm厚的水泥墙。

为防止裂变产物和放射性物质的逸出，核电厂主要的防护措施通常为以下三道屏障：

(1) 第一道屏障——燃料元件包壳。为了确保第一道安全屏障的完整性，核电厂运行时需要遵守以下两个安全限值：一是临界热流密度与反应堆内实际达到的最大局部热流密度之比大于1.22，即烧毁比DNBR>1.22；二是燃料棒的最大线功率密度小于设计值。

(2) 第二道屏障——反应堆冷却剂的压力边界，包括一回路的管道、容器、泵等相关设备。为了确保反应堆冷却剂边界的完整性，反应堆运行过程中需要确保一回路冷却剂的压力和温度不超过安全限值。

(3) 第三道屏障——安全壳。安全壳既可以提供有效的环境辐射防护，也可以保护一回路设备免受来自外部的破坏。针对内部封闭，反应堆的安全壳被设计成可以承受反应堆失水这样的极限事故工况。针对外部破坏，目前第三代核能系统的核电厂安全壳普遍设计为可以抵御军用和商业飞机的撞击而提供有效保护。对于第二代核能系统，如广东大亚湾核电厂的安全壳，设计为可以抵御最大质量为5.7t的飞机坠落后仍保证安全。

核电厂在正常运行时放射性物质的排放可控制在远低于允许标准以下，具备十分严格、比较完备的安全措施，与火电站相比，也可以认为是一种比较清洁的能源。不过，在核废料的处理方面，尽管不会带来现实的危害，但在是否会对地球的环境造成长期的影响方面，有些科学家持怀疑的态度。

3. 核电厂的经济性

(1) 反应堆的结构比锅炉复杂，核电厂的造价也比火电站要高。轻水堆核电厂的造价通常是同样规模的火电站造价的150%～200%，重水堆、气冷堆和钠冷堆的造价则更高。

(2) 燃料的价格（考虑成本、运输、储存）比常规火电要低。核电厂的发电成本比火电站的发电成本可以低30%～50%。核燃料能量大，一座1000MW级的轻水压水堆核电厂，采用低浓缩铀为燃料，燃料年消耗量为30～40t；同样规模的火电厂年耗煤量在300万t以上。

6.3 压水堆核电厂简介

核电厂是一个复杂的系统，本节只简单介绍轻水压水堆核电厂中反应堆和动力回路的基本结构。

6.3.1 反应堆的基本结构

反应堆是核电厂设备中技术难度最大、加工要求最高、生产周期最长的关键设备。反应堆工作中的主要困难在于需要承受放射性导致的辐照损伤。压水反应堆的主要部件有反应堆堆芯、反应堆内支撑结构、反应堆压力壳、控制棒驱动机构。

1. 反应堆堆芯

(1) 特点。反应堆活性区是发生裂变反应、释放热量、产生强放射性的核心区域。

(2) 组成。包括核燃料组件、控制棒组件、可燃毒物组件、中子源组件等。

(3) 布置。在压力壳进出水口以下，上下两端有开孔板、导流板，形成冷却剂流动通道。

(4) 分层。为了展平功率分布和提高燃料利用率，通常采取分区装料、局部换料的方式，外区燃料浓度高，内区燃料浓度低。换料时取出中心组件，而新料置于外区。

2. 反应堆内支撑结构

(1) 特点。结构复杂，尺寸大、质量大（质量在几十吨到百余吨），精度高，工作条件苛刻（在高温、高压水冲击和强辐照条件下，应保证尺寸、强度稳定）。

(2) 组成。分为两大主要组件：上部组件又称为压紧组件，包括上部压紧板、上堆芯板、控制竖棒导向筒上部支撑筒等；下部组件又称吊篮组件，包括堆芯吊篮、热屏蔽、下堆芯板、围幅板组件、防断支撑等。

(3) 作用。支撑燃料组件并限制其移动；使控制棒轴线和燃料组件保持一致；对冷却剂导流；对堆内测量仪器提供支撑和导向。

3. 反应堆压力壳

(1) 特点。承压（14～20MPa），高温（320℃以上），耐腐蚀，工作时间长（30～40年）。

(2) 作用。放置堆芯和堆内构件，防止放射性物质外溢，承受高温、高压和强辐照。

4. 控制棒驱动机构

(1) 特点。动作频繁，要求可靠性高；快速停堆时反应迅速，完成动作在2s之内。

(2) 作用。控制反应堆的启动、功率调节、停堆及事故情况下的安全控制（紧急停堆）。

6.3.2 一回路系统与主要设备

压水堆核电厂有两个流体循环回路：一回路，即冷却剂回路；二回路，即工质回路。除了反应堆以外，一回路的主要设备包括蒸汽发生器、冷却剂主循环泵、稳压器及阀门和管道，其主要工作特点是在高温、高压和带反射性条件下工作。

1. 蒸汽发生器

（1）特点。蒸汽发生器是压水堆核电厂主要设备中故障最多的设备。制造工艺难度大，生产周期长。

（2）作用。一回路的冷却剂在蒸汽发生器把热量传递给二回路的工质，以生产蒸汽。

（3）类型。立式U形管束自然循环蒸汽发生器和直流式蒸汽发生器。对于单回路300MW机组的蒸汽发生器，总高为20m，外径为6.6m，产汽量为3500t/h，净重为530t。

2. 主循环泵

（1）作用。推动高温、高压的冷却剂通过一回路及反应堆堆芯循环流动。

（2）要求。

1）耐腐蚀和耐辐照性能好；

2）具有较大的转动惯量（可以在停电时维持一段时间的流动，使冷却剂继续带走反应堆中剩余的热量。

3）一回路的冷却剂具有放射性，主循环泵必须严格限制介质的泄漏。

（3）类型。

1）屏蔽泵。全封闭结构，将电动机和泵体封装，防止介质泄漏。但这种泵的造价高，维护、维修困难，效率低，轴承寿命短，因此仅在小型堆中采用。

2）机械密封泵。电动机与水泵分开组装，不全密封。沿水泵轴设三道机械密封，有泄漏。电动机顶部装有飞轮，以增大转动惯量。

3. 稳压器

（1）作用。稳压器又称压力调节器，其作用是维持一回路冷却剂所需的压力，防止一回路超压，限制冷却剂由于热胀冷缩引起的压力变化。

（2）结构。稳压器通常是一个立式圆柱形压力容器，下半部分为饱和水，上半部分为饱和蒸汽，底部同一回路相连通，下部装有电加热器，可用于加热稳压器内的饱和水，使其升温、蒸发、压力升高；顶部接安全阀，用于紧急泄压；顶部还装有喷淋嘴，用于喷淋冷却水，使稳压器内温度降低、蒸汽凝结、压力降低。

（3）稳压器的工作过程。

1）一回路压力升高→稳压器内水位升高→喷淋管喷冷水→蒸汽凝结→压力回落。

如果压力上升太快，则安全阀打开直接泄压。

2）一回路压力下降→稳压器内水位下降→电加热器加热→产生蒸汽→压力回升。

3）正常运行时，电加热器部分工作，补偿稳压器自身散热的损失，稳压器内水和蒸汽处于饱和温度不变，维持压力稳定。

6.3.3 二回路系统与主要设备

核电厂的二回路与普通电站差不多，由汽轮机、回热加热器、再热加热器、汽水分离器、凝汽器和水泵等组成回路，完成中间再热、多级回热的蒸汽动力循环。

其主要特点为：二回路蒸汽为参数较低的饱和蒸汽或微过热蒸汽，目前通常在7.4MPa、290℃左右（大亚湾核电厂的蒸汽发生器出口蒸汽压力为6.75MPa；蒸汽发生器出口蒸汽温度为283.6℃）。蒸汽可用焓降低，汽耗大，容积流量大。因此：①核电厂经常采用半速汽轮机，即1500r/min，美国取1800r/min（但大亚湾核电厂采用的是3000r/min的汽轮机）。汽轮机的尺寸和质量都比常规汽轮机要大。②核电厂的汽轮机通常只有高压缸和低压缸，而不设中压缸，高压缸出口蒸汽即为湿蒸汽，在高、低压缸之间设置汽水分离器除水，蒸汽到再热器中加热成微过热蒸汽之后再进入低压缸膨胀做功。

6.3.4 简化压水堆核电厂

简化轻水堆是吸取美国三里岛核事故的教训而发展起来的一种反应堆设计思想，其目标是消除人和设备之间的复杂关系，尽量避免因为人为错误导致事故，简化反应堆系统。简化轻水堆首先在美国发展，日本和欧洲也在参与美国研究的同时，积极发展符合本国情况的简化轻水堆。下面简单介绍几种简化堆型的设计思路，从而了解“简化”的思想观念。

简化轻水堆设计的指导思想是：在安全性方面，设备会出故障，人也会犯错误，但自然反应堆力是不会出现故障的，因此强调非能动安全性，大幅度简化反应堆的系统设备；在经济性方面，通过简化系统和模块式设计，降低核电厂的建设成本，缩短核电厂的建设周期，提高核电的经济性。非能动（passive）安全系统全面采用通过自然力（重力）进行驱动，而不是使用属于典型能动（active）设备的泵进行驱动。例如，在简化轻水堆中，采用位于高位的水箱，利用重力向反应堆注入冷却水；非能动安全系统中的阀门通过蓄电池作为直流电源进行动作，而不是采用属于能动设备的柴油发电机。由于非能动安全系统利用的是不会出现故障的自然力，因此可以对一般反应堆中所采用的复杂系统设备进行简化。

在美国，西屋电器（WH）公司于1985年开始了60万kW级的AP-600简化压水堆的研究开发（AP-600和随后的AP-1000轻水压水堆技术目前已经成为第三代核能系统的代表堆型之一），简化压水堆SPWR的研究则以AP-600的安全系统为基础，不依赖于交流电源、泵之类的外部动力，采用依赖于蓄电池的直流电源、容器、阀门之类简化设备组成的非能动安全系统。

在日本研究的简化压水堆系统，设计思想则具有以下特点：

（1）非能动安全系统由可以自动对反应堆进行减压的自动减压系统构成，包括堆芯辅助给水箱（高压，根据反应堆压力可进行自动注水）、蓄压箱（中压）、安全壳内燃料更换用水箱（低压）等容器。该系统可以实现重力注水，在事故时对堆芯进行冷却。

（2）非能动安全壳冷却系统。在安全壳顶部安装冷却水储存箱，依靠重力进行冷却水喷淋，由水和空气对钢制安全壳外侧进行排气口冷却。

（3）“离开安全”设计思想。在事故发生后的短时间内不需要进行准确的运行判断和运行操作。

由于采用非能动安全系统，SPWR 系统的设备将会得到很大的简化。在安全性能方面，SPWR 系统可以做得更好，不需要失水事故时的运行操作，在小事故（如蒸汽管路泄漏）时操作也将得到简化。在一般的压水堆核电厂中，规程规定事故后 10min 不需要运行操作，对于 SPWR 系统，将时间延长到 3d。在运行和维修方面，SPWR 也将简化运行、减少维修。在建设成本方面，按照美国的评价方法，100 万 kW 级的 SPWR 相比普通的 SPWR 建设成本减少 10%。

6.4 核电技术发展趋势

自从美国三里岛核电厂和苏联切尔诺贝利核电厂发生严重事故以来，世界核电工业界一直试图开发新一代核电机组，使其具有更好的安全性和经济性。美国核电界编制了“先进轻水堆的电力公司要求文件”［URD，URD 是由美国电力研究所（EPR）组织编制的。参加 URD 编制工作的除美国的有关机构、公司和部门外，还有我国台湾 TPC、韩国 KEPCO、日本的原子能公司（JAPC）和关西（Kansai）电力公司、荷兰的 GKN/KEMA、意大利 ENEL、法国 EDF、德国 VDEW、西班牙 ENDESA、英国 NE 和比利时动力集团（Tractebel）等公司］，对核电的安全性和经济性提出了明确的目标；欧洲也着手编制“欧洲用户要求件”（EUR）。上述文件的基本原则已被普遍接受为新世纪新建核电厂应该遵循的原则，即第三代核能系统应该满足的基本条件。表 6.3 列出了第三代（URD）和第四代核能系统的目标和要求比较。

表 6.3　第三代（URD）和第四代核能系统的目标和要求比较

项　目	单　位	第三代核电厂（URD）	第四代核电厂
电站可利用率	%	>87	>95
比投资	美元/kW	1300（GW 级） 1475（60 万 kW 级）	≤1000
建造周期	月	54（GW 级）42（60 万 kW 级）　从第一罐混凝土到商业运行	<36 从第一罐混凝土到反应堆启动试验
堆芯损坏率	1/（堆·年）	$<1.0\times10^{-5}$	$<1.0\times10^{-5}$ 需证明不会发生堆芯严重损坏
严重事故放射性物质的释放频率	1/（堆·年）	$<1.0\times10^{-5}$ 对于非能动电厂只需提供简单的场外应急计划	不会有超标的厂外释放，不需厂外响应
运行和维修费	美分/（kW·h）	1.3（GW 级） 1.6（60 万 kW 级）	<1.0

鉴于切尔诺贝利核电机组在设计上未达到“故障安全”（设备发生故障或偏离正常状态时核电装置仍处于安全状态）的要求而导致了灾难性后果，而三里岛发生的核事故则证明正确设置的安全系统在反应堆运行出现问题时仍然能够阻止放射性物质向环境释放。因此，核电界提高核电站安全性的努力都集中在严重事故预防和缓解事故后果的技术发展上，形成多重安全屏障、纵深防御的设计思想，在这一点上，各种第三代核电技术都是类

似的。

而改善核电经济性可采取的措施一般是优化核电厂标准设计，简化系统和设备，增加安全设施并扩大容量，缩短建设周期，提高中子利用经济性及加深燃耗等。在实际的技术开发中已经形成了两条技术线路：一条是在降低燃料元件线功率密度的同时，增加安全系统的冗余度，使安全性提高；另一条是在降低线功率密度的同时，主要通过采用非能动安全技术增加核电厂的固有安全性功能简化系统设计。

6.4.1 第三代核能系统

第三代核能系统是目前已经成熟的核电技术，也必然是今后一段时间新建核电厂的主要技术形式。第三代核能技术全面总结了第二代核能技术的优劣，提高了系统的安全性和经济性，更适合于标准化、规模化发展。下面对第三代核能系统的典型技术加以介绍。

非能动安全概念的提出和发展，使得核电厂的安全性由外在转向内在，核电系统和设备由复杂转向简单，核电厂的安全和经济由相互矛盾开始转向和谐统一，因此，它成为提高核电厂的安全性和经济性的最重要的设计指导思想。

1. 先进沸水堆

先进沸水堆（advanced boiling water reactor，ABWR）是以美国通用电器（GE）公司为主设计的堆型，单堆设计电功率在 1350～1600MW，其设计基于传统的沸水堆（BWR）设计和多年运行经验，属于第三代先进核反应堆，基本符合国际上通行的核安全管理规定，基本满足美国用户要求文件（URD）对第三代先进轻水堆安全性、先进性、可靠性和经济性的要求。ABWR 也是一个已经完成了全部工程设计、有实际建造和运行经验的第三代核反应堆，其第一台机组于 1996 在日本建成投入运行。

早在 1978 年，美国 GE 公司就开始了 ABWR 的研发，并联合了瑞典的通用电气公司-原子能公司（Asea - Atom）、意大利的安莎尔多（Ansaldo）公司及日本的日立和东芝公司一起成立了“改进工程设计队（AET）”共同开发 ABWR。AET 综合了美国、欧洲和日本在沸水堆方面设计优点和成熟的运行经验，同时吸收了沸水堆用汽轮机、核燃料、电子及控制技术方面的先进技术，共同完成了 ABWR 的概念设计工作。在 AET 所做的概念设计的基础上，GE、日立和东芝三家公司合作，于 1985 年完成了 ABWR 的基本设计。

2. 简化型沸水堆

简化型沸水堆（economic simplified boiling water reactor，ESBWR）是通过电气（GE）公司最新开发的沸水堆堆型，属于Ⅲ$^+$反应堆堆型，已于 2005 年 12 月通过美国核管理委员会（NRC）的初步设计认证，2007 年进行安全评估。ESBWR 吸收了已有先进反应堆和简化型沸水堆的技术，采用非能动安全设计。ESBWR 的反应堆系统采用全自然循环，取消循环泵，堆芯上方设置烟囱，以增加重力驱动压头；反应堆控制系统采用控制棒微动电动机和水力双重驱动，增加功率调节的机动性和停堆可靠性；使用大直径的压力容器，保证事故时堆芯淹没；非能动的安全壳冷却系统可去除冷却剂丧失事故中由堆芯衰变热产生的蒸汽；重力驱动冷却系统向反应堆提供低压补给水；隔离冷凝器去除堆芯衰变热。这些设计特点在增强系统经济性能的同时保证了足够的安全裕度。

6.4.2 第四代核电技术

2001年7月美国等10个国家联合成立了“第四代核能系统国际论坛”（Generation Ⅳ International Forum，GIF），以共同开发第四代核能系统（简称Gen.Ⅳ），2002年9月，在东京达成共同研发Gen.Ⅳ的协议，协议明确了Gen.Ⅳ的定义为：具有先进的核反应堆和燃料循环技术的第四代核能系统。第四代核电技术较之目前的第三代核电技术有重大的飞跃和革新，在经济、安全、可靠、防止核扩散和减少核废物方面表现出很大的先进性，因此需要进行大量的研发工作，预计2030年左右可以推向市场，全面取代目前在运行的第二代核电机组。

第四代反应堆概念完全不同于前几代，对于列入第四代核电技术技术路线的各种技术方案还处于概念设计的初始阶段。目前已经确定的6种主要发展堆型方案中的3种堆型是快中子增殖堆，有5种堆型采取闭式燃料循环，并且对其中的全部锕系元素进行整体再循环。这几种发展堆型是：气冷快堆（gas-cooled fast reactors，GFR）、铅冷快堆（lead-cooled fast reactors，LFR）、熔盐堆（molten saltreactor，MSR）、钠冷快堆（sodium-cooled fast reac-tors，SFR）、超临界水冷堆（supercritical water-cooledreactors，SWCR）和超高温反应堆（very high-temperature gas-cooledreactors，VHTR）。作为超高温气冷堆的初步研究阶段，模块式高温气冷堆是目前研究开发的主要堆型。

6.5 核能的其他应用

核能除了用于发电之外，还可以应用于集中供热和海水淡化。用于供热或者海水淡化的核反应堆和核电厂的核反应堆区别不大，而且往往采用多联产的形式。就位置选择而言，电能易于远距离传输，因此核电站可以远离人口密集的城市地区，但水资源和热能的远距离输运是不经济的，因此核能海水淡化，特别是核能供热，必须在水用户或热用户的附近。

1. 核能海水淡化

淡水资源的短缺是很多国家和地区面临的严重问题之一。我国有2/3的城市缺水，其中大约1/5的城市属于严重缺水。淡水资源短缺已经成为很多地区制约经济和社会发展的主要因素。目前解决供水不足问题的方法是节水、水的循环再利用、调水（如中国的“南水北调”工程）、蓄水及海水淡化等。与调水、蓄水不同的是，海水淡化（seawater desalination）是可以增加淡水供给总量的有效方法。我国于2006年正式出台《海水利用专项规划》，预计到2010年，海水直接利用能力超过每年500亿m^3。

目前，工业规模的海水淡化技术分为两类：一类是利用膜技术的耗电工艺，即反渗透（reverseosmosis，RO），消耗的能量主要来自于高压泵所需的电能；另一类是耗热工艺，即利用热能加热海水，通过蒸发-冷凝物理过程生产淡水，包括低温多效蒸馏（multi-effectdistillation，MED）和多级闪蒸（multi-stageflash，MSF）技术等。利用核能进行海水淡化具有良好的发展前景。

早在20世纪60年代，国际原子能机构（IAEA）就曾调查利用核反应堆进行海水淡化的可行性，并且发表了一些有关这个主题的技术和经济方面的报告，并在1968年召开了核能海水淡化的国际会议。这些研究引起了国际上对核能水电联供的关注。

核能海水淡化曾在很多缺水地区进行了项目准备工作，但实际上只在哈萨克斯坦和日本得到实际应用。哈萨克斯坦的阿克套核能海水淡化厂具有多功能性，不仅为城市居民供水，也同时供电和供热，其海水淡化能力为 8 万 m^3/d。阿克套核能海水淡化厂的核反应堆为钠冷快堆，在成功运行了 26 年后，于 1999 年初关闭。日本的核能海水淡化厂几乎都是为厂区供水。在日本，所有的核电厂都在海边，有些核电厂同时有海水淡化系统，或者是用核电厂的热或电来生产蒸汽动力循环用水和厂区的饮用水。日本核能海水淡化采用的技术有 MED（多效蒸发）、MSF（多级闪蒸）和 RO（反渗透），各厂生产淡水的能力为 $1000\sim3000m^3/d$，经过长期运行，取得了核能海水淡化的良好经验。表 6.4 是日本的核能海水淡化情况。

表 6.4　日本的核能海水淡化情况

核电厂名称	反应堆			海水淡化		
	类型	单堆功率/MWe	并网年份	方法	产能/(m^3/d)	启动年份
大阪一Ⅰ、Ⅱ	PWR	1175	1979 1979	MSF/MED	1300 2600	1974 1976
大阪一Ⅲ、Ⅳ	PWR	1180	1991 1993	R0	2600	1990
高滨	PWR	870	1985	MED	2000	1983
伊方Ⅰ、Ⅱ	PWR	566	1975 1975	MSF	2000	1975
伊方Ⅲ	PWR	566	1992	R0	2000	1992
玄海Ⅲ、Ⅳ	PWR	1180	1992 1997	R0 MED	1000 1000	1988 1992
柏崎·刘羽	BWR	1100	1985	MSF	1000	1985

在我国，低温核供热堆海水淡化已经列入了国家优先支持的高技术产业。2001 年，国家计委将山东核能海水淡化项目列为“高技术产业化示范工程”。2005 年，国家发展和改革委员会、国家海洋局和国家财政部发布的《海水利用专项规划》中，又将“山东烟台核能海水淡化项目”列为重点工程。该项目的可行性研究工作已经结束，2006 年获得了国家发展和改革委员会立项批准。

山东烟台核能海水淡化项目地点位于山东烟台牟平区养马岛，根据规划，将建设热功率为 200MW 的低温核供热堆、日产 16 万 t 纯净水的淡化装置及其辅助设施。建设工期预计为 4 年，预计可年产 5200 万 t 纯净水，所生产的高纯水可直接作为工业用水，也可在进一步处理后供生活用水和饮用。该项目计划采用的是清华大学具有自主知识产权的 200MW 低温核供热反应堆，与高温多效蒸馏淡化工艺相耦合生产淡水。

2. 核能供热

在能源的消费中，大约有 2/3 的能量在终端利用中是以热能的形式被消耗的，如北方地区冬季的居民区供暖、生产工艺用热、生活用热水供应等。在我国的煤炭消费中，约有 80%的煤炭是直接燃烧利用的，这也成为大气环境的重要污染源。近年来，由于环境质量控制、煤炭资源和运力紧张，城市供暖中的大气污染问题、资源不足问题及价格矛盾也越来越突出。

核能供热是20世纪80年代才发展起来的一项新技术。核能是一种经济、安全、清洁的热源，因而在世界上受到广泛重视。发展核反应堆供热，对于缓解煤炭供应和运输紧张、净化环境、减少污染等方面都有十分重要的意义。核供热是具有良好的发展前景，不仅可以用于居民冬季采暖，也可用于工业生产供热。特别是高温气冷堆提供的高温热源，可以用于煤的气化、炼铁等高耗热行业。当然，核能既然可以用来供热、也一定可以用来制冷。因此，在核能的利用中，可以单纯发电，或利用核反应堆生产的能量直接单纯供热，也可以用综合利用，如热电联供、热电冷联供等。核能供热的优点是环境污染小，燃料运输量小，因此核能供热的市场前景十分广阔。

目前应用核能供热的方式主要有两种：

(1) 在发电的同时采用汽轮机抽气供热。这种方式和常规燃煤电站的热电联产类似。从有效利用燃料的角度来分析，汽轮机抽气供热的热经济性较好，可以实现能量的梯级利用。不过，在目前广泛采用的轻水压水堆技术核电站中，冷却剂的温度低于水的临界温度，因此远低于燃煤锅炉的烟气温度，蒸汽动力循环本身的热效率不高，能量梯级利用的效果也就不明显了。

(2) 建造单纯核供热反应堆，即核反应堆只产生低压蒸汽和热水而不用于发电。这样，反应堆就不必采用高温高压，只需要1.5～2.0MPa甚至更低的冷却系统压力，反应堆和所有一回路系统设备管道就可以降低要求，从而降低设备制造、安装成本。此外，由于核供热反应堆低温低压，安全可靠，完全可以建造在热负荷中心附近，降低热管网投资，直接向城市居民区供热。

目前世界已有的主要低温供热堆型有：①壳式一体化自然循环压水堆，如苏联设计的AST-500，其热功率为500MW，工作压力为2.0MPa；②池式核供热堆，如加拿大建成的SLOWPOKE堆，热功率为2000kW。反应堆为池式常压；自然循环，冷却水出口温度为80℃，在热交换器处被冷却剂50℃后通用反应堆，热利用率可达50%。此外，瑞典的通用电气公司—原子能公司也设计成类似的供热站。

我国自行设计建造的第一座低温核供热模式堆采用深水池式低温供热堆，热功率为5MW，池表面为常压，冷却水温度可达114℃，向热网提供90℃左右热水，该核供热站已于1989年建成运行。

目前，我国已设计完成壳式一体化自然循环核低温供热堆，其热功率为200MW，工作压力为2.5MPa，反应堆堆芯和主热交换器均布置在压力壳内。由于采用了一体化、自稳压、全功率自然循环冷却，控制棒动压水力驱动，双层结构及非能动安全系统等措施，具有优异的固有安全特性，因此该堆可以建造在居民区附近。

习　题

1. 选择题

(1) 下列关于核能的说法错误的是（　　）。

A. 核电站是利用核能来发电的

B. 核反应堆中发生的是链式反应

C. 核电站发生泄漏时会对人和生物造成伤害

D. 核废料不会对环境造成污染

（2）能源、信息和材料是现代社会发展的三大支柱，关于它们下列说法中正确的是（ ）。

A. 雷达是利用电磁波来进行定位和导航的

B. 核能是可再生能源

C. 光导纤维是利用超声波来传递信息的

D. 光电池和 VCD 光碟都应用了磁性材料

（3）下列叙述中，有的是经过科学证明的事实，有的是各抒己见的观点，其中属于观点的是（ ）。

A. 核能是安全、洁净、廉价的能源

B. 太阳每天向地球辐射大量能量

C. 能量在转化或转移过程中总量保持不变

D. “永动机”不可能制成

（4）下列说法正确的是（ ）。

A. 风能、太阳能都属于可再生能源

B. 原子弹是利用核聚变，核电站是利用核裂变

C. 声、光和电磁波都能够传递信息

D. 红外线属于电磁波

（5）核电站利用核能发电，它的核心设备是核反应堆。下列说法错误的是（ ）。

A. 目前核电站都是通过聚变反应来利用核能

B. 核反应堆中发生的链式反应是可以控制的

C. 原子核分裂或聚合时释放出核能

D. 核能是一种不可再生的能源

（6）《不扩散核武器条约》缔约国第八次审议大会在纽约联合国总部召开，消除核武器与和平利用核能成为参会国讨论的焦点。关于原子弹与核电站的叙述正确的是（ ）。

A. 原子弹对聚变的链式反应不加控制，核电站控制裂变的链式反应速率

B. 原子弹对聚变的链式反应不加控制，核电站控制聚变的链式反应速率

C. 原子弹对裂变的链式反应不加控制，核电站控制裂变的链式反应速率

D. 原子弹对裂变的链式反应不加控制，核电站控制聚变的链式反应速率

2. 简答题

（1）什么是链式反应？

（2）查阅有关核电站的资料，说说核能发电的优点和带来的问题。

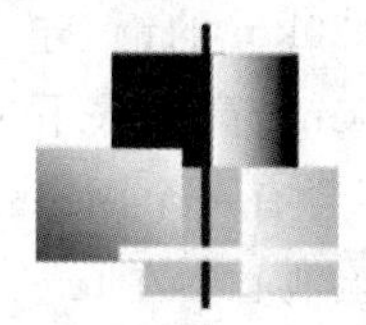

第7章

地热能及其利用

7.1 概　　述

人类很早以前就开始利用地热能，例如，利用温泉沐浴、医疗，利用地下热水取暖、建造农作物温室、水产养殖及烘干谷物等。但真正认识地热资源并进行大规模的开发利用则始于20世纪中叶。

地热能是来自地球深处的热能，它源于地球的熔融岩浆和放射性物质的衰变。深部地下水的循环和来自深处的岩浆侵入到地壳后，把热量从地下深处带至近地表层。在有些地方，热能随自然涌出的蒸汽和水而到达地面。严格地说，地热能不是一种可再生的资源，而是像石油一样，是可开采的能源，最终的可回采量将依赖于所采用的技术。如果将水重新注回到含水层中，使含水层不枯竭，可以提高地热的再生性。

地热能开发利用的物质基础是地热资源。地热资源是指地壳表层以下5000m深度内、15℃以上的岩石和热流体所含的总热量。全世界的地热资源达1.26×10^{27}J，相当于4.6×10^{16}t标准煤，即超过世界技术和经济力量可采煤储量含热量的7万倍。地球内部蕴藏的巨大热能，通过大地的热传导、火山喷发、地震、深层水循环、温泉等途径不断地向地表散发，平均年流失的热量约达1×10^{21}kJ。但是，由于目前经济上可行的钻探深度仅在3000m以内，再加上热储空间地质条件的限制，因而只有当热能运移并在浅层局部富集时，才能形成可供开发利用的地热田。

近年来地热能还被应用于温室、热泵和地球供热。在商业应用方面，利用过热蒸汽和高温水发电已有几十年的历史。利用中等温度（100℃）水通过双流体循环发电设备发电的技术现已成熟。地热热泵技术也取得了明显进展。由于这些技术的进展，地热资源的开发利用得到较快的发展。研究从干燥的岩石中和从地热增压资源及岩浆资源中提取热能的有效方法，可进一步增加地热能的应用潜力。

7.2 地球的内部构造

地球本身就是一座巨大的天然储热库。所谓地热能就是地球内部蕴藏的热能。有关地球内部的构造是从地球表面的直接观察、钻井的岩样、火山喷发、地震等资料推断而得到的。现认为地球的构成是：地球是一个巨大的实心椭球体，表面积约为5.1亿km^2，体积约为$1.0833Pm^3$，赤道半径为6378km，极半径为6357km。地球的构造像是一只半熟的鸡蛋，主要分为三层，在约2800km厚、温度在1000℃的铁-镁硅酸盐地幔上有一厚约30km的铝-硅酸盐地壳，它的厚度各处不一，介于10～70km之间，陆地上平均为30～40km，高山底下可达60～70km，海底下仅为10km左右；地幔下面是液态铁-镍核心，其内还含有一个固态的内核，温度在2000～5000℃，外核深2900～5100km，内核深5100km以下至地心。在6～70km厚的表层地壳和地幔之间有个分界面，通常称之为莫霍不连续面。莫霍界面会反射地震波。从地表到深100～200km为刚性较大的岩石圈。由于地球内圈和外圈之间存在较大的温度梯度，所以其间有黏性物质不断循环。地球内部各区段特性见表7.1。

表7.1　地球内部各区段特性

区段	状态	结合带	深度/km	温度/℃	密度/(g/cm³)	成　分
地壳	刚性板块	—	0	0～50	—	—
		—	10～20	—	2.7	钠、钾、铝硅酸盐
		莫霍面	6～70	500～1000	30	铁、钙、镁、铝硅酸盐
地幔	固态	固相线	100～200	1200	—	—
	黏性物质	—	—	—	3.6～4.4	铁、镁硅酸盐
	固相线	700km	1900	—	—	—
	刚性地幔	固相线	2800	3700	4.5～5.5	铁、镁、硅酸盐和/或氧化物
地核	液态	固相线	5500	4300	10～12	铁、镍
	固态	中心	6340	4500	—	铁、镍

7.3　地热能的来源

地球的内部是高温高压的，蕴藏着无比巨大的热能。假定地球的平均温度为2000℃，地球的质量为6×10^{24}kg，地球内部的比热容为1.045kJ/(kg·℃)，那么整个地球内部的热含量大约为1.25×10^{31}J。即便是在地球表层10km厚这样薄薄的一层，所储存的热量就有1×10^{25}J。地球通过火山爆发、间歇喷泉和温泉等途径，源源不断地把它内部的热能通过导热、对流和辐射的方式传到地面上来。如果把地球上储存的全部煤炭燃烧时所放出的热量作为100%来计算，则石油的储量约为煤炭的8%，目前可利用的核燃料的储量约为煤炭的15%，而地热能的总储量则为煤炭的1.7亿倍。

地壳中的地热主要靠导热传输，但地壳岩石的平均热流密度低，一般无法开发利用，只有通过某种集热作用才能开发利用。例如，盐丘集热，盐比一般沉积岩的导热率大2～3倍。大盆地中深埋的含水层，也可大量集热，每当钻探到这种含水层，就会出过大量的高温热水，这是天然集热的常见形式。岩浆侵入地壳浅处，是地壳内最强的导热形式。侵入的岩浆体形成局部高强度热源，为开发地热能提供了有利条件。岩浆侵入后，冷却的时间相当长，一般受下列因素影响：

（1）侵入的岩浆总体积。

（2）侵入的深度或岩浆体顶面的埋深。

(3) 侵入岩浆的性质，酸性岩浆温度较低，为650～850℃；基性岩浆温度较高，为1100℃左右。结晶潜热也有差异，酸性岩浆为272kJ/kg，碱性岩浆为335kJ/kg。

(4) 侵入体的形状。

(5) 有无水热系统。

据推测，一个埋深为4km的酸性岩浆侵入体，体积为1000km^3，初始温度为850℃，若要使侵入体的中心温度冷却到300℃，大约需几十万年。可见地热的扩散是非常慢的。若要利用这种热能则也是比较稳定的。一个天然温泉，长年不息地流出地热水，而且几百年温度变化不大。

在地壳中，地热的分布可分为3个带：可变温度带、常温带和增温带。可变温度带，由于受太阳辐射的影响，其温度有着昼夜、年份、世纪，甚至更长的周期性变化，其厚度一般为15～20m；常温带，其温度变化幅度几乎等于零，深度一般为20～30m；增温带，在常温带以下，温度随深度的增加而升高，其热量的主要来源是地球内部的热能。地球每一层次的温度状况是不相同的。在地壳的常温带以下，地温随深度增加而不断升高，越深越热。这种温度的变化，称为地热增温率。各地的地热增温率差别是很大的，平均地热增温率为每加深100m，温度升高8℃。到达一定的温度后，地热增温率由上而下逐渐变小。根据各种资料推断，地壳底部至地幔上部的温度为1100～1300℃，地核的温度为2000～5000℃。假如按照正常的地热增温率来推算，80℃的地下热水，大致是埋藏在2000～2500m的地下。

按照地热增温率的差别，把陆地上的不同地区划分为正常地热区和异常地热区。地热增温率接近3℃的地区，称为正常地热区；远超过3℃的地区，称为异常地热区。在正常地热区，较高温度的热水或蒸汽埋藏在地壳的较深处；在异常地热区，由于地热增温率较大，较高温度的热水或蒸汽埋藏在地壳的较浅部位，有的甚至露出地表。那些天然露出的地下热水或蒸汽称为温泉。温泉是在当前技术水平下最容易利用的一种地热资源。在异常地热区，除温泉外，人们也较易通过钻井等人工方法把地下热水或蒸汽引导到地面上来加以利用。

要想获得高温地下热水或蒸汽，就得去寻找那些由于某些地质原因，破坏了地壳的正常增温，而使地壳表层的地热增温率大大提高了的异常地热区。异常地热区的形成，一种是产生在近代地壳断裂运动活跃的地区，另一种则是主要形成于现代火山区和近代岩浆活动区。除这两种之外，还有由于其他原因所形成的局部异常地热区。在异常地热区，如果具备良好的地质构造和水文地质条件，就能够形成大量热水或蒸汽，热水田或蒸汽田统称为地热田。在目前世界上已知的一些地热田中，有的在构造上同火山作用有关，另外也有一些则是产生在火山中心地区的断块构造上。

7.4 地 热 资 源

从技术经济角度来说，目前地热资源勘察的深度可达到地表以下5000m，其中2000m以上为经济型地热资源，2000～5000m为亚经济型地热资源。资源总量为：可供高温发电的约5800MW以上，可供中低温直接利用的约2×10^{11}t标准煤当量以上。我国总量上是以中低温地热资源为主。

7.4.1 地热资源的分类及特性

一般说来，深度每增加100m，地球的温度就增加3℃左右。这意味着地下2km深处的地球温度约70℃；深度为3km时，温度将增加到100℃，依此类推。然而在某些地区，地壳构造活动可使热岩或熔岩到达地球表面，从而在技术可以达到的深度上形成许多个温度较高的地热资源储存区。要提取和实际应用这些热能，需要有一个载体把这些热能输送到热能提取系统。这个载体就是在渗透性构造内形成热含水层的地热流。这些含水层或储热层便称为地热液田。热液源在全球分布很广，但却很不均匀。高温地热田位于地质活动带内，常表现为地震、活火山、热泉、喷泉和喷气等现象。地热带的分布与地球大构造板块或地壳板块的边缘有关，主要位于新的火山活动区或地壳已经变薄的地区。

7.4.1.1 类型分类

地质学上常把地热资源分为蒸汽型、热水型、地压型、干热岩型和岩浆型五类。还有另一种分类方法，就是把蒸汽型和热水型合在一起统称为热液。

1. 蒸汽型

蒸汽型地热田是最理想的地热资源，它是指以温度较高的饱和蒸汽或过热蒸汽形式存在的地下储热。形成这种地热田要有特殊的地质结构，即储热流体上部被大片蒸汽覆盖，而蒸汽又被不透水的岩层封闭包围。这种地热资源最容易开发，可直接送入汽轮机组发电，腐蚀较轻。可惜蒸汽型地热田因很少，仅占已探明地热资源的0.5%，而且地区局限性大，到目前为止只发现两处具有一定规模的高质量饱和热蒸汽储藏处，一处位于意大利的拉德雷罗，另一处位于美国的盖瑟尔斯地热田。

2. 热水型

热水型是指以热水形式存在的地热田，通常既包括温度低于当地气压下饱和温度的热水和温度高于沸点的有压力的热水，又包括湿蒸汽。这类资源分布广，储量丰富，温度范围很大。90℃以下称为低温热水田，90～150℃称为中温热水田，150℃以上称为高温热水田。中、低温热水田分布广，储量大，我国已发现的地热田大多属这种类型。

3. 地压型

这是目前尚未被人们充分认识的一种地热资源。它以高压高盐分热水的形式储存于地表以下2～3km的深部沉积盆地中，并被不透水的页岩所封闭，可以形成长1000km、宽几百千米的巨大的热水体。地压水除了高压（可达几十兆帕）、高温（温度在150～260℃范围内）外，还溶有大量的甲烷等碳氢化合物。所以，地压型资源中的能量，实际上是由机械能（高压）、热能（高温）和化学能（天然气）三部分组成。由于沉积物的不断形成和下沉，地层受到的压力会越来越大。地压型常与石油资源有关。地压水中溶有甲烷等碳氢化合物，形成有价值的副产品。

4. 干热岩型

干热岩是指地层深处普遍存在的没有水或蒸汽的热岩石，其温度范围很广，温度在150～650℃之间。干热岩的储量十分丰富，比蒸汽、热水和地压型资源大得多。目前大多数国家把这种资源作为地热开发的重点研究目标。不过从现阶段来说，干热岩型资源是专指埋深较浅、温度较高的有经济开发价值的热岩。提取干热岩中的热量需要有特殊的办法，技术难度大。干热岩体开采技术的基本概念是形成人造地热田，亦即开凿通入温度高、渗透性低的岩层中的深井（4～5km），然后利用液压和爆破碎裂法形成一个大的热交换系统。这样，注水井和采水井便通过人造地热田连接成一个循环回路，水便通过破裂系统进行循环。

5. 岩浆型

岩浆型是指蕴藏在地层更深处处于动弹性状态或完全熔融状态的高温熔岩，温度高达600～1500℃。在一些多火山地区，这类资源可以在地表以下较浅的地层中找到，但多数则是深埋在目前钻探还比较困难的地层中。火山喷发时常把这种岩浆带至地面。岩浆型资源据估计约占已探明地热资源的40%左右。在各种地热资源中，从岩浆中提取能量是最困难的。岩浆的储藏深度为3～10km。

上述5类地热资源中，目前应用最广的是热水型和蒸汽型，干热岩型和地压型两大类尚处于试验阶段，开发利用很少。仅按目前可供开采的地下3km范围内的地热资源来计算，就相当于2.9Tt煤炭燃烧所发出的热量。虽然至今尚难准确计算地热资源的储量，但它仍是地球上能源资源的重要组成部分。据估计，能量最大的为干热岩地热，其次是地压地热和煤炭，再次为热水型地热，最后才是石油和天然气。可见地热作为能源将会对人类的生活起着重要的作用。随着科学技术的不断发展，地热能的开发深度还会逐渐增加，为人类提供的热量将会更大。表7.2为各类地热资源开发技术概况。

表7.2　　各类地热资源开发技术概况

热储类型	蕴藏深度（地表下3km）/km	热储状态	开发技术状况
蒸汽型	3	200～240℃干蒸汽（含少量其他气体）	开发良好（分布区很少）
热水型	3	以水为主，高温级>150℃ 中温级90～150℃ 低温级50～90℃	开发中（量大，分布广） 是目前重点开发对象
地压型	3～10	深层沉积地压水，溶解大量碳氢化合物，可同时得到压力能、热能、化学能（天然气）温度>150℃	热储试验
干热岩型	3～10	干热岩体，150～650℃	应用研究阶段
岩浆型	10	600～1500℃	应用研究阶段

我国处于全球欧亚板块的东南边缘，在东部和南部分别与太平洋板块和印度洋板块连接，是地热资源较丰富的国家之一。两个高温地带或温泉密布地带就分别位于上述两个板块边缘的碰撞带上，而中、低温泉密布带则多集中于板块内的区域构造边界的断层带上。西藏的地热资源最为丰富；云南的地热点最多，已知的就达706处。在常规能源比较缺乏的福建省，已探明的地热能达3.34×10^{20}J，相当于1.17×10^{10}t标准煤。

7.4.1.2 温度分级与规模分类

根据《地热勘察国家标准》（GB 11615—89）规定，地热资源按温度分为高温、中温、低温三级，按地热田规模分为大、中、小型三类（表7.3和表7.4）。地热资源的开发潜力主要体现在具体的地热田规模的大小。

表 7.3　　地热资源温度分级表

温度分级		温度（t）界限/℃	主要用途
高温		$t \geqslant 150$	发电、干燥
中温		$90 \leqslant t < 150$	工业利用、干燥、发电、制冷
低温	热水	$60 \leqslant t < 90$	采暖、工艺流程
	温热水	$40 \leqslant t < 60$	医疗、洗浴、温室
	温水	$25 \leqslant t < 40$	农业灌溉、养殖、土壤加工

表 7.4　　地热资源规模分类表

规模	高温地热田		中、低温地热田	
	电能/MW	能利用年限（计算年限）/年	电能/MW	能利用年限（计算年限）/年
大型	＞50	30	＞50	100
中型	10～50	30	10～50	100
小型	＜10	30	＜10	100

7.4.2　地热资源研究状况

1. 热液资源

热液资源的研究主要为储层确定、流体喷注技术、热循环研究、废料排放和处理、渗透性的增强、地热储层工程、地热材料开发、深层钻井、储层模拟器研制。近年来，地质学、地球物理和地球化学等学科取得了显著的进步，已开发出专门用于测定地热储层的勘探技术。通过采用能对断裂地热储层的特征进行分析的新方法和能仿真预报储层对开采和回灌的反应的新方法，热液储层的确定技术和开采工程也取得了很大的发展。

2. 地压资源

开展这种研究的目的是为了弄清开发这种资源的经济可行性和增进对这种储藏的储量、产量和持久性的了解。

3. 干热岩资源

美国洛斯·阿拉莫斯（Los Alamos）国家实验室自 1972 年起就在美国新墨西哥州芬顿山进行了长期的干热岩资源的研究工作。初步的研究结果证明，从受水压激励的低渗透性结晶型干热岩区以合理的速度获取热量，在技术上是可行的。二期地热储层项目后期工作的主要目标是确定能否利用干热岩资源持续发电。在 1986 年地热储层二期工程的 30d 初步热流试验中，生产出 190℃的热水，其热功率约相当于 10MW。

7.4.3　地热资源评估方法

各种物质在地壳中的保有量称为资源。地热作为一种热能，存在于地壳中也有一定数量，因此也是一种资源。对于地热资源的评价也像其他矿物燃料一样，要在一定的技术、经济和法律的条件下进行评定，而且随着时间的推移要做一定的修改。地热是一种既古老又新的能源，目前虽有一些国家做了较多的地热资源评价工作，但尚缺乏世界性的全面评价。下面简要介绍几种地热资源的评价方法。

1. 天然放热量法

先测量一个地区地表各种形式的天然放热量的总和，再根据已开发地热田的热产量与天然放热量之间的相互关系加以比较，以估计出该区域开发时的产热能。这种方法估算的地热储量较接近合理数量，也是地热系统经长期活动而达到的某种平衡现象，其值在相当长的时间内是较稳定的。显然，天然放热量要比热田开采后的热量低，实际地热资源要比它大得多，并且因地而异。当然，这种方法只适用于已有地热开发的地区，对于未开发的地热地是无法估算的。

2. 平面裂隙法

在渗透性极差的岩体中，地下水沿着一个水平的裂隙流动，岩体中的热能靠传导传输传到裂隙面，再在裂隙表面与流水进行换热。这样流水受热升温，把不透水岩体中的热能提取出来。在岩性均一的情况下，开采热水的速率如果较慢，则提取出来的某一温度限额以上的热能总量就较大。这种方法计算的结果也是能流率。使用这种方法有许多特定要求，如要求估算出裂隙的面积、裂隙的间距、岩层的初始温度、采出热水的最低要求温度，以及岩石的导热率和热扩散率等。

3. 类比法

类比法是一种较简便、粗略的地热资源评价方法。即根据已经开发的地热系统生产能力，估计出单位面积的生产能力，然后把未开发的地热地区与之类比。这种方法要求地质环境类似，地下温度和渗透性也类似。日本、新西兰等国都采用过类比法评价新的地热开发区，效果较好。采用这种方法，要求必须测出地热田的面积；还要求知道热储的温度，在没有钻孔实测温度的情况下，可以用地热温标计算出热储温度。

4. 岩浆热平衡法

岩浆热平衡法主要是针对干热岩地热资源的评价，以年轻的火成岩体为对象。计算方法是先估算出岩浆体初始含有的总热量 Q_t，再减去自侵入以来逸出的热量 Q_1，则现在存在岩浆体内的余热 Q_r 为

$$Q_r = Q_t - Q_1 \tag{7.1}$$

5. 体积法

这种方法是石油资源估价的方法，现广泛借用到地热评价方面。估算的地热能总量为

$$Q = ad[(l - \phi_e)(\rho_r c_r + \rho_w c_w)](T_r - T_{re}) \tag{7.2}$$

式中 Q——估算的地热能总量，kJ；

a——热储面积，km^2；

d——可及深度内的热储厚度，km；

ρ_r——热储岩石的密度，kg/m^3；

ρ_w——热储水的密度，考虑含有矿物质，kg/m^3；

c_r——热储岩石的比热容，kJ/(kg·℃)；

l——深度，m；

c_w——热储水的比热容，kJ/(kg·℃)；

ϕ_e——热储体的有效孔隙率，在0～20%之间；

T_r——热储体的平均温度，℃；

T_{re}——参比温度，取当地多年平均气温，℃。

实际影响计算精度的主要是热储面积，因而此式（7.2）也可简化为

$$Q = ad\rho_c (T_r - T_{re}) \tag{7.3}$$

式中 ρ_c——热储岩石和水一起的比体积热容，kJ/(m³·℃)。

地热资源评价方法中，体积法较为可取，使用普遍，可适用于任何地质条件。计算所需的参数原则上可以实测或估计出来。地热能若用于发电，则总发电量可估算为：

$$E = Qf \tag{7.4}$$

式中 E——总发电量，kW·h；

Q——可获得的总地热能资源，kJ；

f——地热能转化为电能的系数，即发电效率，%。

7.4.4 地热开采技术

地热资源的开发从勘探开始，即先圈划和确定具有经济可开发的温度、储量和可及性的资源的位置。利用地球科学（地质学、地球物理学和地球化学）来确定资源储藏区，对资源状况进行特征判别及最佳地选择井位等。

地热开发中所用的钻井技术基本上是由石油工业派生出来的。为了适应高温环境下的工作要求，所使用的材料和设备不仅需要满足高温作业要求，还必须能适应在坚硬、断裂的岩层构造中和多盐的、有化学作用的液体环境中工作。因此，现已在钻探行业中形成了专门从事地热开发的分支行业。研究人员正在努力研究能适应高温、高盐度和有化学作用的地热环境的先进方法和材料，以及能预报地热储藏层情况的更好方法。大部分已知的地热储藏是根据像温泉那样的地表现象发现的，而现在则是越来越依靠技术。例如，火山学图集、评估岩石密度变化的重力仪、电子学法、地震仪、化学地热计、次表层测绘、温度测量、热流测量等。虽然重力测量有助于解释那些情况不明区域的地质学结构，但在勘探初期并不常用，它们主要用于监测地下流体运动情况。电阻率法测量是主要的方法（现在用得越来越多的是磁力普查），其次是化学地热测量法和热流测量法。

在热液资源调查中，使用电阻率法的最大优点是它依靠实际被寻找的资源（热水本身）的电学性质的变化。其他大部分方法是依靠探索地质构造，但并非所有的地热储藏都完全与任何地质构造模型相符。勘探钻井和试采是为了探明储藏层的性质。如果确定了适合的储藏层，就进行地热田的开发研究，如模拟储层的几何形状和物理学性质，分析热流和岩层的变化，通过数值模拟预报储藏的长期行为，确定生产井和废液回灌井的井位（回灌也是为了向储热层充水和延长它的供热寿命）。地热水既可以用自流井的方法开采（即凭借环境压差将热流从深井压至地面），也可用水泵抽到地面。前一种情况下，热流会迅速变成气液两相，而用泵抽吸时，流体始终保持液相。选用什么样的生产方式，要视热流的特性和热能转换系统的设计而定。地热田一般适合于分阶段开发。在地热田的初期评估阶段，可建适度规模的工厂。其规模可以较小，以便根据已掌握的资源情况，能使其运转起来。通过一段时间的运行，可获得更多的储层资料，为下一阶段的开采利用铺平道路。

其他形式的地热能在勘探阶段还有特殊要求。例如，把流体从地热过压卤水储层中压

到地表的力与把天然气和石油从油气层中压出的力有很大的区别，要预测地热过压储层的性能需要有专门的技术。勘测岩浆矿床除了地震方法外，还需要有更好的传感测量技术。随着地热环境变得更热、更深及钻井磨削力的加大，对钻井技术要求就越高，所需经费也越多。开采地热过压能需要高压技术和使用稠重型钻井泥浆，勘探开采干热岩体资源需要在非常坚硬的岩体上钻深井和制造一个可使液体在里面循环的人造热交换断裂层构造，还需要有一个或多个便于流体进出的深井井口装置。现在还没有研究出成功的岩浆钻井技术。岩浆开发将需要专门的钻井技术，以解决钻头和岩浆的相互作用问题、溶解气体的影响问题和岩浆中的热传输机理等方面的问题。

7.4.5 地热资源的生成与分布

7.4.5.1 地热资源的生成

地热资源的生成与地球岩石圈板块发生、发展、演化及其相伴的地壳热状态有着密切的内在联系，特别是与构造应力场、热动力场有着直接的联系。从全球地质构造观点来看，大于150℃的高温地热资源带主要出现在地壳表层各大板块的边缘，如板块的碰撞带、板块开裂部位和现代裂谷带；小于150℃的中、低温地热资源则分布于板块内部的活动断裂带、断陷谷和凹陷盆地地区。地热资源赋存在一定的地质构造部位，有明显的矿产资源属性，因而对地热资源要实行开发和保护并重的科学原则。

7.4.5.2 全球地热资源的分布

在一定地质条件下的地热系统和具有勘探开发价值的地热田都有它的发生、发展和衰亡过程。作为地热资源的概念，它也和其他矿产资源一样，有数量和品位的问题。就全球来说，地热资源的分布是不平衡的。明显的地温深度梯度大于30℃/km的地热异常区，主要分布在板块生长、开裂-大洋扩张脊和板块碰撞、衰亡-消减带部位。环球性的地热带主要有下列4个。

1. 环太平洋地热带

它是世界上最大的太平洋板块与美洲、欧亚、印度板块的碰撞边界。世界许多著名的地热田，如美国的盖瑟尔斯、长谷、罗斯福，墨西哥的塞罗、普列托，新西兰的怀腊开；中国的台湾马槽，日本的松川、大岳等均在这一带。

2. 地中海-喜马拉雅地热带

它是欧亚板块与非洲板块和印度板块的碰撞边界。世界上第一座地热发电站——意大利的拉德瑞罗地热田就位于这个地热带中，中国的西藏羊八井及云南腾冲地热田也在这个地热带中。

3. 大西洋中脊地热带

这是大西洋海洋板块开裂部位。冰岛的克拉弗拉、纳马菲亚尔和亚速尔群岛等一些地热田就位于这个地热带。

4. 红海-亚丁湾-东非裂谷地热带

它包括吉布提、埃塞俄比亚、肯尼亚等国的地热田。

除了在板块边界部位形成地壳高热流区而出现高温地热田外，在板块内部靠近板块边界部位，在一定地质条件下也可形成相对的高热流区。如中国东部的胶辽半岛、华北平原及东南沿海等地。

7.4.6 我国地热资源

7.4.6.1 成因类型

根据地热资源的成因，我国地热资源分为以下几种类型，见表7.5。

表7.5 中国地热资源成因类型表

成因类型	热储温度范围	代表性地热田
现（近）代火山型	高温	台湾大屯、云南腾冲
岩浆型	高温	西藏羊八井、羊易
断裂型	中温	广东邓屋、东山湖，福建福州、漳州，湖南灰汤
断陷盆地型	中低温	北京、天津、河北、山东西部、云南昆明、陕西西安、山西临汾、山西运城
凹陷盆地型	中低温	四川、贵州等省分布的地热田

1. 现（近）代火山型

现（近）代火山型地热资源主要分布在台湾北部大屯火山区和云南西部腾冲火山区。腾冲火山高温地热区是印度板块与欧亚板块碰撞的产物。台湾大屯火山高温地热区属于太平洋岛弧之一环，是欧亚板块与菲律宾小板块碰撞的产物。在台湾已探到293℃高温地热流体，并在靖水建有装机3MW地热试验电站。

2. 岩浆型

在现代大陆板块碰撞边界附近，埋藏在地表以下6～10km，隐伏着众多的高温岩浆，成为高温地热资源的热源。如在我国西藏南部高温地热田，均沿雅鲁藏布江即欧亚板块与印度板块的碰撞边界出露，是这种成生模式的较典型的代表。西藏羊八井地热田ZK4002孔，在井深l1500～2000m处，探获329℃的高温地热流体；在地热田ZK203孔，在井深380m处，探获204℃高温地热流体。

3. 断裂型

主要分布在板块内侧基岩隆起区或远离板块边界由断裂形成的断层谷地、山间盆地，如辽宁、山东、山西、陕西以及福建、广东等。这类地热资源的成生和分布主要受活动性的断裂构造控制，热田面积一般几平方千米，有的甚至小于1km²。热储温度以中温为主，个别也有高温。单个地热田热能潜力不大，但点多面广。

4. 断陷、凹陷盆地型

主要分布在板块内部巨型断陷、凹陷盆地之内，如华北盆地、松辽盆地、江汉盆地等。地热资源主要受盆地内部断块凸起或褶皱隆起控制，该类地热源的热储层常常具有多层性、面状分布的特点，单个地热田的面积较大，达几十平方千米，甚至几百平方千米，地热资源潜力大，有很高的开发价值。

7.4.6.2 我国地热资源的分布

中国地热资源中能用于发电的高温资源分布在西藏、云南、台湾，其他省（自治区）均为中、低温资源，由于温度不高（小于150℃），适合直接供热。全国已查明水热型资源面积10149.5km²，分布于全国30个省（自治区、直辖市），资源较好的省（自治区、直辖市）有：河北、天津、北京、山东、福建、湖南、湖北、陕西、广东、辽宁、江西、安徽、海南、青海等。从分布情况看，中、低温资源由东向西减弱，东部地热田位于经济发展快、人口集中、经济相对发达的地区。

我国地热资源的分布，主要与各种构造体系及地震活动、火山活动密切相关。根据现有资料，按照地热的分布特点、成因和控制等因素，可把我国地热资源的分布划分为以下6个带。

1. 藏滇地热带

藏滇地热带主要包括冈底斯山、唐古拉山以南，特别是沿雅鲁藏布江流域，东至怒江和澜沧江，呈弧形向南转入云南腾冲火山区。这一带，地热活动强烈，地效显示集中，是我国大陆上地热资源潜力最大的地带。这个带共有温泉1600多处，现已发现的高于当地沸点的热水活动区有近百处，是一个高温水汽分布带。据有关部门勘察，西藏是世界上地热储量最多的地区之一，现已查明的地热显示点达900多处，西藏拉萨附近的羊八井地热田，孔深200m以下获得了172℃的湿蒸汽；云南腾冲热海地热田，浅孔测温，10m深135℃，12m深145℃。

2. 台湾地热带

台湾是我国地震最为强烈、最为频繁的地带，地热资源主要集中在东、西两条强震集中发生区。在8个地热区中有6个温度在100℃以上。台湾北部大屯复式火山区是一个大的地热田，自1965年勘探以来，已发现13个气孔和热泉区，热田面积50km^{2}以上，在11口300～1500m深度不等的热井中，最高温度可达294℃，地热蒸汽流量350t/h以上，一般在井深500m时，可达200℃以上。大屯地热田的发电潜力可达80～200MW。

3. 东南沿海地热带

东南沿海地热带主要包括福建、广东以及浙江、江西和湖南的一部分地区，其地下热水的分布和出露受一系列北东向断裂构造的控制。这个带所拥有的主要是中、低温热水型的地热资源，福州市区的地热水温度可达90℃。

4. 郯城-庐江断裂地热带

郯城-庐江断裂地热带是一条将整个地壳断开的、至今仍在活动的深断裂带，也是一条地震带。钻孔资料分析表明该断裂的深部有较高温度的地热水存在，已有低温热泉出现。

5. 川滇南北向地热带

川滇南北向地热带主要分布在从昆明到康定一线的南北向狭长地带，以低温热水型资源为主。

6. 祁吕弧形地热带

祁吕弧形地热带包括河北、山西、汾渭谷地、秦岭及祁连山等地，甚至向东北延伸到辽南一带。该区域有的是近代地震活动带，有的是历史性温泉出露地，主要地热资源为低温热水。

7.5 地热能的利用

7.5.1 地热流体的物理化学性质

目前开发地热能的主要方法是钻井，由所钻的地热井中引出地热流体——蒸汽或热水而加以利用，因此地热流体的物理和化学性质对地热的利用至关重要。地热流体蒸汽或热水，都含有 CO_2、H_2S 等不凝结气体，其中 CO_2 大约占 90%。表 7.6 为不同地区地热流体中放出的不凝结气体的成分和浓度。地热流体中还含有数量不等的 NaCl、KCl、$CaCl_2$、H_2SiO 等物质。地区不同，含盐量差别很大，以重量计地热水的含盐量为 0.1%～40%。

表 7.6　　不同地区地热流体中放出的不凝结气体的成分和浓度

地热井位置	w（气体）（重量百分率）/%					
	CO_2	H_2S	CH_4	H_2	N_2、Ar	NH_3
Geysers，加利福尼亚	80.1	5.7	6.1	1.6	1.4	5.1
Larderello，意大利	95.9	1.1	0.07	0.03	2.9	
Hveragerdi，冰岛	73.7	7.3	0.4	5.7	12.9	
Wairakei，新西兰	91.7	4.4	0.9	0.8	1.6	0.6
Otake，日本	94.7	1.5	3.8			
Broadlands，新西兰	96.9	1.1	0.8	0.05	0.7	0.5
Wairakei，新西兰	95.6	1.8	0.8	0.1	1.6	0.1
Waiotaqu，新西兰	93.3	6.1	0.2	0.1	0.3	
Kawerau，新西兰	96.6	2.0	0.74	0.01	0.65	
Salton Sea，美国	90	10.0				
Cerro Prieto，墨西哥	81.5	3.7	7.1	0.6	7.1	
Nedall，冰岛	42.8	51.6	0.7	1.4	3.5	
Lake Myvatn，冰岛	54.1	32.0	1.6	2.6	9.7	

在地热利用中通常按地热流体的性质将其分为以下几大类：①pH 值较大，而不凝结气体含量不太大的干蒸汽或湿度很小的蒸汽；②不凝结气体含量大的湿蒸汽；③pH 值较大，以热水为主要成分的两相流体；④pH 值较小，以热水为主要成分的两相流体。

在地热利用中必须充分考虑地热流体物理化学性质的影响，如对热利用设备，由于大量不凝结气体的存在，就需要对冷凝器进行特别的设计；由于含盐浓度高，就需要考虑管道的结垢和腐蚀；如含 H_2S，就要考虑其对环境的污染；如含某些微量元素，就应充分利用其医疗效应等。

7.5.2　地热能的利用概况

地热能的利用可分为地热发电和直接利用两大类，而对于不同温度的地热流体可能利用的范围如下：

（1）200～400℃，直接发电及综合利用。

（2）150～200℃，双工质循环发电、制冷、干燥、工业热加工。

（3）100～150℃，双工质循环发电、供暖、制冷、干燥、脱水加工、回收盐类、罐头食品加工。

（4）50～100℃，供暖、温室、家庭用热水、干燥。

（5）20～50℃，沐浴、水产养殖、饲养牲畜、土壤加温、脱水加工。

为了提高地热利用率，常采用梯级开发和综合利用的办法，如热电联产、热电冷三联产、先供暖后养殖等。

近年来，国外十分重视地热能的直接利用。因为进行地热发电，热效率低，温度要求高。所谓热效率低，是指地热发电的效率一般只有6.4％～18.6％。所谓温度要求高，是指利用地热能发电，对地下热水或蒸汽的温度要求一般在150℃以上；否则，将严重地影响其经济性。而地热能的直接利用，不但能量的损耗要小得多，并且对地下热水的温度要求也低得多，15～180℃的温度范围均可利用。在全部地热资源中，这类中、低温地热资源是十分丰富的，远比高温地热资源大得多。但是，地热能的直接利用也有其局限性，受载热介质——热水输送距离的制约。

目前地热能的直接利用发展十分迅速，已广泛地应用于工业加工、民用采暖和空调、洗浴、医疗、农业温室、农田灌溉、土壤加温、水产养殖、畜禽饲养等各个方面，收到了良好的经济效益，节约了能源。地热能的直接利用，技术要求较低，所需设备也较为简易。在直接利用地热的系统中，尽管有时因地热流中的盐和泥沙的含量很低而可以对地热加以直接利用，但通常都是用泵将地热流抽上来，通过热交换器变成高温气体和高温液体后再使用。

地热能直接利用中所用的热源温度大部分在40℃以上。如果利用热泵技术，温度20℃或低于20℃的热液源也可以被当作一种热源来使用。热泵的工作原理与家用电冰箱相同，只不过电冰箱实际上是单向输热，而地热热泵则可双向输热。冬季，它从地球提取热量，然后提供给住宅或大楼（供热模式）；夏季，它从住宅或大楼提取热量，然后又提供给地球蓄存起来（空调模式）。不管是哪一种循环方式，水都是加热并蓄存起来，发挥了一个独立热水加热器的全部或部分功能。因此地热泵可以提供比自身消耗的能量高3～4倍的能量，它可以在很宽的地球温度范围内使用。美国到2030年地热泵可为供暖、散热和水加热提供高达6.8×10^{7}t油当量的能量。

对于地热发电来说，如果地热资源的温度足够高，利用它的最好方式就是发电。发出的电既可供给公共电网，也可为当地的工业加工提供动力。正常情况下，它被用于电网基本负荷的发电，只在特殊情况下才用于峰值负荷发电。理由为：一是对峰值负荷的控制比较困难；二是换热器的结垢和腐蚀问题，一旦换热器的液体不满或空气进入，就会出现结垢和腐蚀问题。总结上述情况，地热能利用在以下四方面起重要作用。

（1）地热发电。地热发电是地热利用的最重要方式。高温地热流体应首先应用于发电。地热发电和火力发电的原理是一样的，都是利用蒸汽的热能在汽轮机中转变为机械能，然后带动发电机发电。所不同的是，地热发电不像火力发电那样要备有庞大的锅炉，也不需要消耗燃料，它所用的能源就是地热能。地热发电的过程，就是把地下热能首先转变为机械能，然后再把机械能转变为电能的过程。要利用地下热能，首先需要有载热体把地下的热能带到地面上来。目前能够被地热电站利用的载热体，主要是地下的水蒸气和热水。按照载热体类型、温度、压力和其他特性的不同，可把地热发电的方式划分为蒸汽型地热发电和热水型地热发电两大类。

1）蒸汽型地热发电。蒸汽型地热发电是把蒸汽田中的蒸汽直接引入汽轮发电机组发电，但在引入发电机组前应把蒸汽中所含的岩屑和水滴分离出去。这种发电方式最为简单，但蒸汽地热资源十分有限，且多存于较深的地层，开采技术难度大，故发展受到限制。主要有背压式和凝汽式两种发电系统。

2）热水型地热发电。热水型地热发电是地热发电的主要方式。目前热水型地热电站有两种循环系统：

闪蒸系统。地热扩容闪蒸系统如图 7.1 所示。当高压热水从热水井中抽到地面，压力降低部分热水会沸腾并闪蒸成蒸汽，蒸汽送至汽轮机做功；而分离后的热水可继续利用后排出，当然最好是再回注入地层。

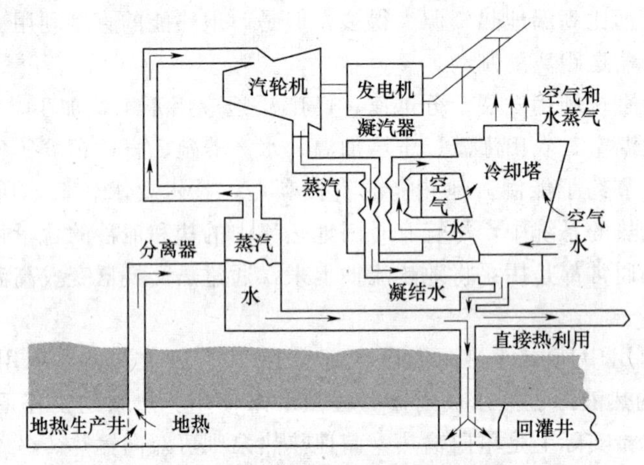

图 7.1　地热扩容蒸汽电站发电系统示意图

双循环系统。地热双工质发电系统的流程如图 7.2 所示。地热水首先流经热交换器，将地热能传给另一种低沸点的工作流体，使之沸腾而产生蒸汽。蒸汽进入汽轮机做功后进入凝汽器，再通过热交换器而完成发电循环。地热水则从热交换器回注入地层。这种系统特别适合于含盐量大、腐蚀性强和不凝结气体含量高的地热资源。发展地热双工质发电系统的关键技术是开发高效的热交换器。

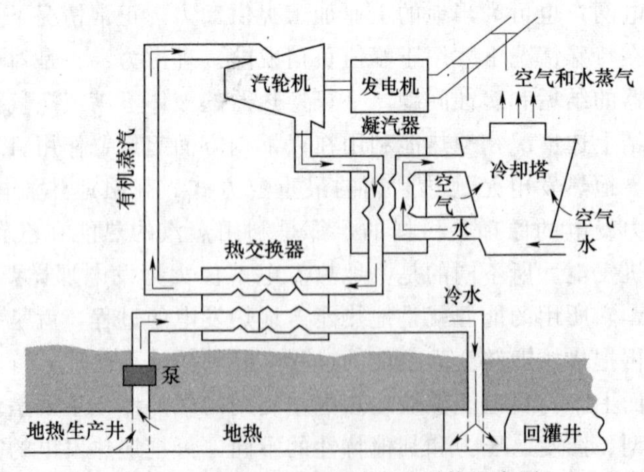

图 7.2　地热双工质电站发电系统示意图

(2) 地热供暖。热能直接用于采暖、供热和供热水是仅次于地热发电的地热利用方式。因为这种利用方式简单、经济性好，因此备受各国重视，特别是位于高寒地区的西方国家，其中冰岛开发利用得最好。冰岛早在1928年就在首都雷克雅未克建成了世界上第一个地热供热系统，现今这一供热系统已发展得非常完善，每小时可从地下抽取7740t、80℃的热水，供全市11万居民使用。由于没有高耸的烟囱，冰岛首都雷克雅未克被誉为世界上最清洁无烟的城市。此外，利用地热给工厂供热，如用作干燥谷物和食品的热源，用作硅藻土生产、木材、造纸、制革、纺织、酿酒、制糖等生产过程的热源也是大有前途的。目前世界上最大的两家地热应用工厂是冰岛的硅藻土厂和新西兰的纸浆加工厂。我国利用地热供暖和供热水的发展也非常迅速，在京津地区已成为地热利用中最普遍的方式。

(3) 地热务农。地热在农业中的应用范围十分广阔。如利用温度适宜的地热水灌溉农田，可使农作物早熟增产；可利用地热水养鱼，在28℃水温下可加速鱼的育肥，提高鱼的出产率；可利用地热建造温室，育秧、种菜和养花；也可以利用地热给沼气池加温，提高沼气的产量等。将地热能直接用于农业在我国日益广泛，北京、天津、西藏和云南等地都建有面积大小不等的地热温室。各地还利用地热大力发展养殖业，如培养菌种，养殖非洲鲫鱼、鳗鱼、罗非鱼、罗氏沼虾等。

(4) 地热医疗。地热在医疗领域的应用有诱人的前景，目前热矿水就被视为一种宝贵的资源，世界各国都很珍惜。由于地热水从很深的地下提取到地面，除温度较高外，常含有一些特殊的化学元素，从而使它具有一定的医疗效果。如含碳酸的矿泉水供饮用，可调节胃酸、平衡人体酸碱度；含铁矿泉水饮用后，可治疗缺铁贫血症；含氢泉水、含硫氢泉水洗浴可治疗神经衰弱关节炎、皮肤病等。由于温泉的医疗作用及伴随温泉出现的特殊的地质、地貌条件，使温泉常常成为旅游胜地，吸引大批疗养者和旅游者。日本有1500多个温泉疗养院，每年吸引1亿人次到这些疗养院休养。我国利用地热治疗疾病历史悠久，含有各种矿物元素的温泉众多，因此充分发挥地热的行医作用，发展温泉疗养行业是大有前途的。

未来随着与地热利用相关的高新技术的发展，将使人们能更精确地查明更多的地热资源；钻更深的钻井将地热从地层深处取出，因此地热利用也必将进入一个飞速发展的阶段。

7.5.3 地热能发电

1. 背压式汽轮机发电系统

最简单的地热蒸汽发电，是采用背压式汽轮机发电系统，如图7.3所示。其工作原理是：首先把饱和或过热蒸汽从蒸汽井中引出，再加以净化，经过分离器分离出所含的固体杂质，然后就可把纯净蒸汽送入汽轮机做功，由汽轮机驱动发电机发电。蒸汽做功后可直接排入大气，也可用于工业生产中的加热过程。这种系统，大多用于地热蒸汽中不凝结气体含量很高的场合，或者综合利用排汽于生产和生活场合。

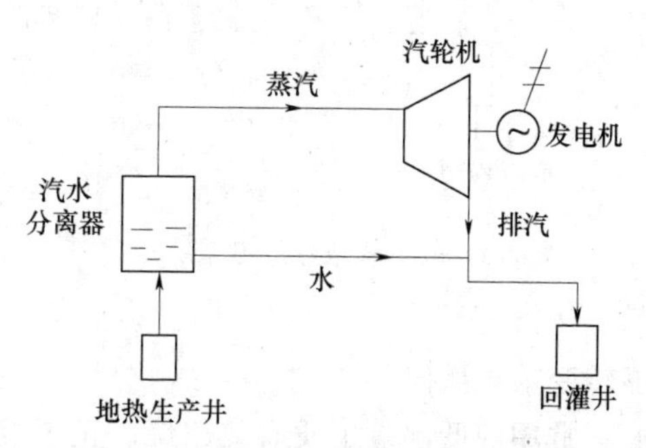

图7.3 背压式地热发电系统示意图

2. 闪蒸系统地热发电

此种系统的发电方式不论地热资源是湿蒸汽田还是热水层，都是直接利用地下热水所产生的蒸汽来推动汽轮机做功的。在101.325kPa下，水在100℃沸腾。如果气压降低，水的沸点也相应地降低。50.663kPa时，水的沸点降到81℃；20.265kPa时，水的沸点为60℃；而在3.04kPa时，水在24℃就沸腾。

根据水的沸点和压力之间的这种关系，就可以把100℃以下的地下热水送入一个密闭的容器中抽气降压，使温度不太高的地下热水因气压降低而沸腾，变成蒸汽。由于热水降压蒸发的速度很快，是一种闪急蒸发过程，同时热水蒸发产生蒸汽时它的体积要迅速扩大，所以这个容器就称为闪蒸器或扩容器。用这种方法来产生蒸汽的发电系统，称为闪蒸法地热发电系统，或者称为扩容法地热发电系统。它又可以分为单级闪蒸法发电系统、两级闪蒸法发电系统和全流法发电系统等。

两级闪蒸法发电系统，可比单级闪蒸法发电系统增加发电能力15%～20%；全流法发电系统，可比单级闪蒸法和两级闪蒸法发电系统的单位净输出功率分别提高60%和30%左右。采用闪蒸法的地热电站，基本上是沿用火力发电厂的技术，即将地下热水送入减压设备扩容器中，产生低压水蒸气，再进入汽轮机做功。在热水温度低于100℃时，全热力系统处于负压状态。这种电站设备简单，易于制造，可以采用混合式热交换器；缺点是设备尺寸大，容易腐蚀结垢，热效率较低。由于系统直接以地下水蒸气为工质，因而对于地下热水的温度、矿化度以及不凝气体含量等有较高的要求。

3. 凝汽式汽轮机发电系统

为提高地热电站的机组出力和发电效率，通常采用凝汽式汽轮机发电系统，如图7.4所示。在该系统中，由于蒸汽在汽轮机中能膨胀到很低的压力，因而能做更多的功。做功后的蒸汽排入混合式凝汽器，并在其中被循环水泵泵入冷却水冷却后凝结成水。在凝汽器中，为保持很低的冷凝压力，即真空状态，因此设有两台射汽抽气器来抽气，把由地热蒸汽带来的各种不凝结气体和外界漏入系统中的空气从凝汽器中抽走。

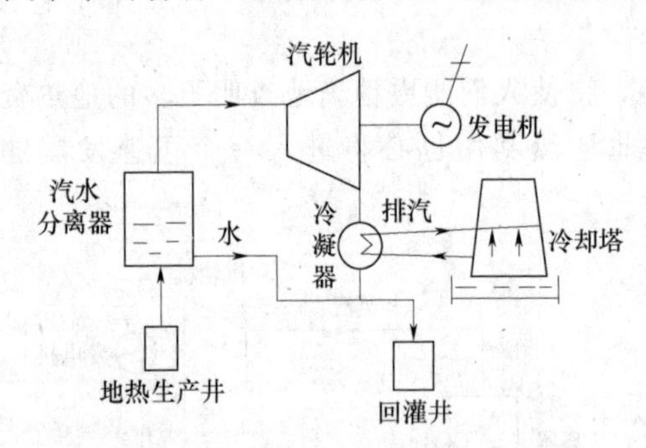

图7.4　凝汽式地热发电系统示意图

4. 双工质地热发电

双工质地热发电是20世纪60年代以来在国际上兴起的一种地热发电新技术。这种发电方式不是直接利用地下热水所产生的蒸汽进入汽轮机做功，而是通过热交换器利用地下热水来加热某种低沸点的工质，使之变为蒸汽，然后以此蒸汽去推动汽轮机并带动发电机发电。在这种发电系统中，采用两种流体：一种是采用地热流体做热源；另一种是采用低沸点工质流体作为一种工作介质来完成将地下热水的热能转变为机械能。

常用的低沸点工质有氯乙烷、正丁烷、异丁烷等。在常压下，水的沸点为100℃，而低沸点的工质在常压下的沸点要比水的沸点低得多。例如，氯乙烷在常压下的沸点12.4℃，正丁烷为−0.5℃，异丁烷为−11.7℃。这些低沸点工质的沸点与压力之间存在着严格的对应关系。例如，异丁烷在425.565kPa时沸点为32℃，在91.925kPa时为60.9℃；氯乙烷在101.25kPa时为12.4℃，162.12kPa时为25℃，354.638kPa时为50℃，445.83kPa时为60℃。根据低沸点工质的这种特点，就可以用100℃以下的地下热水加热低沸点工质，使它产生具有较高压力的蒸汽来推动汽轮机做功。这些蒸汽在冷凝器中凝结后，用泵把低沸点工质重新送回热交换器，以循环使用。这种发电方法的优点是：利用低温度热能的热效率较高，设备紧凑，汽轮机的尺寸小，易于适应化学成分比较复杂的地下热水。缺点是：不像扩容法那样可以方便地使用混合式蒸发器和冷凝器；大部分低沸点工质传热性都比水差，采用此方式需有相当大的金属换热面积；低沸点工质价格较高，有些低沸点工质还有易燃、易爆、有毒、不稳定、对金属有腐蚀等特性。此种系统又可分为单级双工质地热发电系统、两级双工质地热发电系统和闪蒸与双工质两级串联发电系统等。

单级双工质发电系统发电后的热排水还有很高的温度，可达50～60℃。两级双工质地热发电系统，是利用排水中的热量再次发电的系统。采用两级利用方案，各级蒸发器中的蒸发压力要综合考虑，选择最佳数值。如果这些数值选择合理，那么在地下热水的水量和温度一定的情况下，一般可提高发电量20%左右。这一系统的优点是能更充分地利用地下热水的热量，降低电的热水消耗率；缺点是增加了设备的投资和运行的复杂性。

7.5.4 我国地热电站介绍

我国自1970年在广东省丰顺县邓屋建立设计容量为86kW的扩容法地热发电系统以来，总装机容量已超过11.586MW。我国已建成的7座地热电站的概况见表7.7。

表7.7 我国已建成的7座地热电站概况

电站地址及名称	发电方式	组数/台	设计功率/kW	地热温度/℃	建成年份
河北怀来县怀来地热电站	双工质法	1	200	85	1971
广东丰顺县邓屋地热电站	双工质法	1	200	91	1977
	扩容法	1	86	91	1976
	扩容法	1	300	61	1982
江西宜春市温汤地热电站	双工质法	1	50	66	1974
	双工质法	1	50	66	1974
辽宁盖县熊岳地热电站	双工质法	1	100	75～84	1977
	双工质法	1	100	75～84	1982
湖南宁乡市灰汤地热电站	扩容法	1	300	92	1975
山东招远县招远地热电站	扩容法	1	200	90～92	1981
西藏拉萨羊八井地热电站	扩容法	1	1000	140～160	1977
	扩容法	1	3000	140～160	1981
	扩容法	1	3000	140～160	1982
	扩容法	1	3000	140～160	1985

目前国外发展地热发电所选用的地热温度均较高，一般在150℃以上，最高可达280℃。而我国地热资源的特点之一是除西藏、云南、台湾外，多为100℃以下的中低温地下热水。因此，地热发电的科研和应用，应以西藏和云南作为重点。我国相继建立的七座地热电站，通过运行试验取得了许多宝贵的数据，为我国发展地热发电提供了技术经济论证的初步依据。在这七座电站中，有六座是利用100℃以下的地下热水发电的电站。试验说明，利用100℃以下的地下热水发电，效率低，经济性较差，今后不宜发展。已建的

低温地热电站，应积极开展综合利用，以提高经济效益。这些电站对满足当地工农业生产和人民生活对于能源的需要起了良好的作用。

1. 怀来地热电站

自1978年11月至1979年4月，除发电外，实行综合利用，共计向温室提供75℃和52℃的地下热水约11.25万t，利用温度按30℃计，约为1.413×10^7kJ热能，相当于当地供暖锅炉用煤1126t发出的热量。

2. 温汤地热电站

发电后的热排水，可为两座农业温室供暖，为100多个床位的疗养院供热，供乡卫生院作理疗，给24亩室外热带鱼池和9个室内高密度温水放养鱼池供水，还为多个浴池提供热水。所在乡的大部分单位都安上了热水管，为居民提供热水。由于水质好，排出的水还可供农田进行灌溉。温度只有67℃，井深仅为70m的一口生产井和一口勘探井，流量为70～90t/h，进行逐级利用、分段取热，地热资源的节能效果和经济效益是很可观的。

3. 熊岳地热电站

除发电以外，还通过综合利用系统对发电后的排水进行综合利用，收到了显著效益。冬季发电后，60℃左右的热排水首先用其一部分采暖，而后用于养鱼。地热采暖面积3600m^2，省果树研究所有温室5亩，总计采暖面积约7000m^2。养鱼面积4亩，养殖非洲鲫鱼。夏季，热排水首先用于养鱼和鱼苗繁育，而后用于农田灌溉。在养鱼的同时，还利用热排水在冬季保存细绿萍以及常年繁殖细绿萍。

4. 邓屋地热电站

邓屋地热电站是于1970年建成的我国第一座地热电站，当时的装机容量为86kW。它的建成，证明用90℃左右的地下热水作为发电的热源是可能的。而后，随着技术的提高和采用大口径钻机打出了流量大的生产井，又相继安装了200kW和300kW两台发电机组。第一台机组经完成试验任务后已停止运行；第二台机组则由于质量不过关而在运行1000h取得必要数据后也已停止运行；第三台机组运转情况良好，出力正常，运行五个半月的净输出电力为6.95×10^5kW·h，每年可净输出电力达1×10^6kW·h左右。

5. 灰汤地热电站

灰汤地热电站于1972年5月开始筹建，1975年9月底建成。采用闪蒸法发电系统，设计功率300kW。由一口560m深的地热井供水，水温91℃。1975年10月中旬开始投入运行试验，经过部分改进和完善后，于1979年初达到稳定安全满负荷运行的要求，最高达330kW，每天运行两班计16h，并网向附近地区供电。1979年全年运行4744h，发电1.16×10^6kW·h。到1982年6月底止，机组累计运行12397h，发电2.92×10^6kW·h，除自用外，输送给电网1.72×10^6kW·h。从经济效益看，该电站也是好的。按照火电厂发电成本的计算方法，使机组在额定功率下每日三班连续发电，每年运行6000h，则全年可输给电网1.29×10^6kW·h电能，核算其成本为0.036元/(kW·h)。电站按0.055元/(kW·h)收费，这样，仅电费一项收入，扣除折旧、检修、管理、工资等运行开支，还略有节余。如果加上排水供热进行综合利用的收入，其经济效益是很明显的。该电站排出的水，温度为68℃，日排出量为100t左右。排出的水一部分送往 0.5 亩农业温室，因而取消了原用的供暖锅炉，使良种培育世代大大加快，一年完成三年的工作量，每年大约节省煤炭 1400t；另一部分送往规模较大的某个疗养院使用，同时还向澡堂、卫生院、商店及附近居民供应热水。此外，电站的冷却水排出后，尚可自流灌溉农田 800 余亩。从投资情况来看，该电站不包括钻井费和试验研究费在内，全部投资为 1460 元/kW。

6. 西藏羊八井地热电站

羊八井位于西藏拉萨市西北 91800m 的当雄县境内。热田地势平坦，海拔 4300m，南北两侧的山峰均在海拔 5500～6000m，山峰存有着现代冰川，藏布曲河流经热田，河水年平均温度为 5℃，当地年平均气温 2.5℃，大气压力年平均为 0.06MPa。附近一带经济以牧业为主，兼有少量农业，无电力供应。青藏、中尼两条公路干线分别从热田的东部和北部通过，交通很方便。

经勘探证实，浅层地下 400～500m 深，地下热水的最高温度为 172℃。平均井口热水温度超过 145℃。1977 年 10 月羊八井地热田建起了第一台 1000kW 的地热发电试验机组。经过几年的运行试验，不断改进，又于 1981 年和 1982 年建起了两台 3000kW 的发电机组，1985 年 7 月再投入第四台 3000kW 的机组，电站总装机容量已达 10MW。

羊八井地热发电是采用二级扩容循环和混压式汽轮机，热水进口温度为 145℃。羊八井地热田在我国算是高温型，但在世界地热发电中，其压力和温度都比较低，而且热水中含有大量的碳酸钙和其他矿物质，结垢和防腐问题比较严重。因此实现经济发电具有一定的技术难度。通过试验，解决了以下几个主要问题：

单相汽、水分别输送，用两条母管把各地热井汇集的热水和蒸汽输送到电站，充分利用了热田蒸汽，比单用热水发电提高发电能力 1/3。

汽、水二相输送，用一条管道输送汽、水混合物，不在井口设置扩容器。减少压降，节约能量。

克服结垢，采用机械通井与井内注入阻垢剂相结合的办法。利用空心通井器，可以通井不停机。选用合适的阻垢剂，阻垢效率达 90%，费用比进口阻垢剂大为降低。

进行了热排水回灌试验。羊八井的地热水中含有硫、汞、砷、氟等多种有害元素，地热发电后大量的热排水直接排入藏布曲河是不允许的。经过 238h 的回灌试验，热排水向地下回灌能力达每小时 100～124t。

该电站自发电以来，供应了拉萨地区用电量的 50%左右，对缓和拉萨地区供电紧张的状况起了很大的作用，尤其是二、三季度水量丰富时靠水力发电，一、四季度靠地热发电，能源互补效果良好。以拉萨现有水电、油电和地热电三类电站对比，1990 年地热电 0.12 元/（kW·h）。由于高寒气候，水电年运行不超过 3000h。因此，地热电在藏南地区具有较强的竞争能力。

7.6 地热能利用的制约因素

7.6.1 环境影响

在地热能开发的早期，蒸汽直接排放到大气中，热水直接排入江河，因此产生了一些

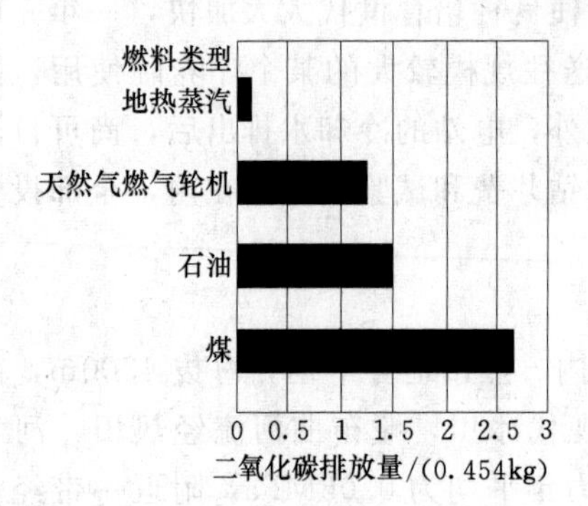

图 7.5 不同燃料的相对二氧化碳排放量

环境问题。蒸汽中经常含有硫化氢，也含有二氧化碳，盐水会被溶解的矿物质饱和。现代的三处理系统和回灌技术已经有效地减少了地热能对环境的影响。

利用地热能还有其他环境方面的优点，因为地热电站的占地面积少于其他能源的电站。

图 7.5 所示为不同燃料的相对二氧化碳排放量。

表 7.8 是不同能源每年每发出 1×10^6 kW·h 电所占用的土地面积对比。

表 7.8 不同能源占用土地面积

技 术	占地面积/m^2	技 术	占地面积/m^2
煤炭（包括采煤）	3642	风能（包括风力发电机和道路）	1335
太阳热能	3561	地热能	404
光电能	3237		

7.6.2 地热能的成本结构

典型的地热能计划的成本包含着多个非常明确的组成部分。已被确认的四个主要成本分量如下：

(1) 资源分析——发现和确定某一地热能资源。

(2) 热流生产——生产地热流并维持它的产量。

(3) 能量转换——从地热流中采集适用的能量。

(4) 其他作业——任何其他的资源应用成本因素。

表 7.9 所示的成本各种数量是通用的，它可应用于任何资源形式、任何转换系统或任何最终的应用方式（发电或直接使用）。

表 7.9 地热能成本构成

资源分析	勘探（包括勘探钻井）	能量转换	换热循环
	资源确定		涡轮发电机
	储层评价		热量回注循环
	井田设计		液流控制和排放
	储层监测		非热产品
	开发井测试		发电设备维护
热流生产	钻井和完井	其他作业	出租
	地热资源汲取		传输
	注入		环境和安全性
	井的维护		系统优化
	卤水处理		财务
	流体输送		

7.6.3 常见制约因素

在目前的市场情况下，只要存在可靠的地热源，地热能就能与小型热力电站或内燃式发电站竞争。这也正是地热资源的开发利用快速发展的原因之一。

地热发电市场的发展水平和发展速度在很大程度上取决于以下四个关键因素：

1. 与地热资源相竞争的燃料的价格，特别是石油和天然气的价格

燃料价格会对地热能资源的商业应用产生相当大的影响，其影响波及许多方面，从公用部门对电力的购买率到私人投资的积极性以及政府对研究和开发的支持程度。

2. 对环境代价的考虑

与常规能源技术有关的很多环境代价都未计算在发电成本之内，也就是说它们并没有完全计入这些技术的市场价格中。可再生能源技术在空气污染影响、有害废物产生、水的利用和污染、二氧化碳的排放等方面，具有常规发电技术不可比拟的明显优点。地热田所在地域通常比较偏远，它们中有的自然风光秀丽，也有的位于沙漠中。但无论哪种情况，几乎都有人反对建设新的地热发电站。

3. 未来的技术发展速度

通过开展研究，将降低能源的成本，而且也可能降低地热田性能的不确定度，这种不确定度现在仍然制约着地热能的快速发展。

4. 行政许可

地热能的优点之一是建设周期短，投产快（因为像双工质循环系统这样的发电装置可以实现模块化装配和预制）。

7.7 我国地热能利用现状

1. 技术现状

我国已建立了一套比较完整的地热勘探技术方法和评价方法；地热开发利用工程勘探、设计、施工已有资质实体；设备基本配套，国产化，有专业制造厂家；监测仪器基本完备并国产化。

2. 产业化现状

概括全国地热开发利用规模、技术、经济分析研究，可以认为：

(1) 地热发电产业已具有一定基础。国内可以独立建造30MW以上规模的地热电站，单机可以达到10MW。电站可以进行商业运行。

(2) 地热供热产业。全国已实现地热供热8Mm^2，在天津地区单个地热供暖小区面积已达80万～100万m^2。

(3) 地热钻井产业。目前已具备施工5000m深度地热钻探工程的技术水平，在华北地区，从事地热钻探的3200m型钻机就有15台（套），具备了大规模开发地热的能力。

(4) 地热监测体系、生产与回灌体系正逐步完善和建立，但当前正处在试验研究阶段，尚没有形成工业化运行。

(5) 地热法规和标准尚需健全和完善，特别是地下、地面工程设施的施工，需尽快完善和建立技术规程和技术标准。培育专业化施工（从地下到地上）企业，建立企业标准和行业标准。

习 题

1. 简述地热能的来源和特点。
2. 简述地热能的资源状况和地热能的分类。如何对地热资源进行评价？
3. 简述不同地热能资源的利用方法。
4. 简述常见的地热能发电方式和各自的特点。
5. 影响地热能利用的因素有哪些？简述地热能利用的现状和发展趋势。

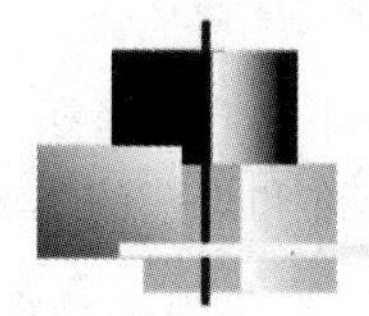

第8章

氢 能

8.1 概 述

8.1.1 氢能概述

能源与环境是人类永恒的主题。为了消除大气污染和温室效应给环境造成的灾害，维护国民经济的健康持续发展，人们期待着“清洁能源”的开发和应用。所谓清洁能源，是指那些在使用后不会给环境带来有害废料的能源，如天然气、水能、风能、地热、核能、太阳能和氢能等。氢能除了来源于水电解制氮外，还可以从城市煤气和天然气中获得，也可以通过太阳能、生物细菌分解农作物秸秆和有机废水中产生。氢燃料可再生和重复利用，不存在枯竭问题，使用时不产生任何污染排放，是一种洁净、易得和高效的能源。

为了解决能源短缺、环境污染日益严重和经济可持续发展等问题，洁净的新能源和可再生能源的开发迫在眉睫。氢能是人类能够从自然界获取的、储量最丰富且高效的含能体能源。作为能源，氢能具有无可比拟的潜在开发价值：氢是自然界最普遍存在的元素，它主要以化合物的形态储存于水中，而水是地球上最广泛的物质；除核燃料外，氢的发热值在所有化石燃料、化工燃料和生物燃料中最高；氢燃烧性能好，点燃快，与空气混合时有广泛的可燃范围，而且燃点高，燃烧速度快；氢本身无毒，与其他燃料相比，氢燃是最清洁的。氢能利用形式多，既可以通过燃烧产生热能，在热力发动机中产生机械功，又可以作为能源材料用于燃料电池，或转换成固态氢用做结构材料。用氢代替煤和石油，不需要对现有的技术装备作重大的改造，现在的内燃机稍加改装即可使用。在所有气体中，氢气的导热性最好，比大多数气体的导热系数高出10倍，在能源工业中，氢是极好的传热载体。所以，研究利用氢能已经成为国内外学者研究的热点。

8.1.2 氢能技术发展简史

1974年，在美国迈阿密首次召开了“国际氢能经济利用会议”。会后不久就成立了“国际氢能学会”，此后每两年举行一次国际氢能会议，1985年在中国北京举行过“国际氢能系统讨论会”。

2000年，“第一届国际氢能论坛”在德国的慕尼黑举行。

2002—2006年，在欧盟第六个框架研究计划中，氢能源的投资为2500万～3000万欧元，比第五个框架计划中的投资提高了1倍。

2002年1月28日，中国科学院正式启动科技创新战略行动计划重大项目“大功率质子交换膜燃料电池发动机及氢源技术”。项目以“863”项目“电动汽车重大专项”为背景，研究和开发具有自主知识产权的燃料电池发动机及氢源成套技术。

2003年11月，中国等15个国家和联盟共同签署了《氢经济国际合作计划》参考条款，为氢技术研发、示范和商业化提供了一个能推动和制定有关国际技术标准和规范的工作平台。

2004年5月11日，中国科技部与BP集团在英国伦敦签署了合作协议。BP将与科技部合作参与中国氢燃料汽车示范项目。

2004年5月25日，中国科技部与戴姆勒-克莱斯勒公司在北京签署了有关协议。戴姆勒-克莱斯勒公司将于2005年向北京市提供3辆氢燃料电池公共汽车用于示范运行。

2004年5月25—28日，第二届国家氢能论坛在中国北京举行。

2005年5月26—27日，第八届亚洲氢能会议在清华大学召开。

2005年11月23日，中国第一条有3辆氢能公交汽车示范线路在北京正式开始运行。

2006年8月17日，2辆燃料电池观光游览车在大连正式运营。

2006年9月12日，由中国工业气体工业协会主办的“中国（北京）国际氢能大会”召开。

2009年松下和东芝公司在全球首推家庭燃料电池ENE-FARM，能源效率超过95%。

2014年丰田在全球首推4人乘坐的燃料电池车Mirai，续航距离500千米，补充氢燃料仅需3分钟。

2015年世界首列氢能源有轨电车在中国南车四方股份有限公司竣工下线。

2016年本田公司发布5人乘坐的氢燃料电池车Clarity Fuel Cell，续航里\程高达750km，补充氢燃料仅需3分钟，达到了与常规动力车型相同的标准。

2016年法国阿尔斯通公司推出世界首款氢燃料电池客运列车，并将于2017年年底在德国正式投入运营。

2018年意大利宾尼法利纳公司设计的氢燃料电池超级跑车H2 SPEED量产车型于日内瓦车展亮相。

8.2 氢能的定义和特点

化学元素氢（hydrogen）在元素周期表中位于第一位，它是所有原子中最细小的。众所周知，氢原子与氧原子化合成水，但氢通常的单质形态是氢气（H_2），它是无色无味、极易燃烧的双原子气体，氢气是最轻的气体。在0℃和1个大气压（101325Pa）下，每升氢气只有0.0899g重——仅相当于同体积空气重量的2/29。氢是宇宙中最常见的元素，氢及其同位素占到太阳总质量的84%，宇宙质量的75%都是氢。

氢能是一种高效清洁的二次能源，具有许多独特的优点：第一，氢能来源广泛，可以从化石能、核能、可再生能源中制取，有利于摆脱对石油的依赖；第二，氢能作为燃料，能在传统的燃烧设备中进行能量转化，与现有能源系统易兼容；第三，氢能通过燃料电池技术转化能量，比利用热机转化效率更高，而且无环境污染；第四，氢能可储存，与电力并重而且互补。

氢是一种能源载体，人们可以大规模地利用储藏在氢中的能量。大约250年前人们就发现了氢，约150年前氢获得工业应用。在使用天然气之前，人们就使用所谓的城市瓦斯，在广泛使用的由煤制取的城市煤气中，氢的含量高达50%以上。但是人们对氢作为能源的认识并不深刻。随着石化能源的资源枯竭和所带来的危害日益严重，人们开始更加关注氢能。

为什么氢能将是人类未来的能源？因为氢具备如下一些其他能源所没有的特点。

(1) 氢的资源丰富。在地球上的氢主要以化合物（如水）的形式存在。水是地球的主要资源，地球表面的70%以上被水覆盖。水就是地球上无处不在的“氢矿”。

(2) 氢具有可再生性。氢由化学反应产生电能（或热）并生成水，而水又可由电解再转化为氢和氧，如此循环，永无止境。

(3) 氢气具有可储存性。氢可以像天然气一样，很容易地被大规模储存。这是氢能和电能、热能最大的不同。在电力过剩的地方和时段，可以用氢的形式将电能或热能储存起来，这也使氢在可再生能源的应用中可以起到其他能源载体所起不到的作用。

(4) 氢能是最环保的能源之一。利用低温燃料电池，通过电化学反应，将氢转化为电能和水，过程中不排放 CO_2 和 NO，没有任何污染；使用氢燃料内燃机，也是显著减少污染的有效方法。

氢由于具有以上特点，可以同时满足资源、环境和可持续发展的要求，是其他能源所不能比拟的，所以备受重视。能源是我国可持续发展的基础，没有能源，就谈不上发展。能源问题是任何政府都不能忽视的大问题。由于石油供求的巨大缺乏，我国今后将逐步调整以煤为主的能源供应战略，同时要着重改善能源利用对环境的影响，提高能源利用效率，建立能源供应和安全保障体系。为了达到这一目标，就不能不研究氢能，不能不利用氢能。

8.3 氢的制备方法和储运

清洁高效的氢能源具有高效和环保的特点。目前制氢技术在一些国家已经取得一定的发展，如副产氢气回收利用，化石燃料多联产制氢，可再生能源水力发电、风力发电等生产电能电解水制氢。氢气能够利用来储存能量，是一种重要的高效清洁二次能源（由于氢气必须从水、化石燃料等含氢物质中制得，因此是二次能源）。氢能即为氢气中所含有的能量，具有环境友好、资源丰富、热值高、燃烧性能好、潜在经济效益高的特点。虽然氢气在达到爆炸下限的时候容易爆炸，但由于质量轻、泄漏性强、扩散性大、燃烧范围宽、着火能低，从总体上说，氢气作为燃料，使用非常安全。对氢能制取、储存和利用技术的研究正朝着系统化、科学化和低成本方向进一步发展。制氢和储氢技术是人类是否能够大规模利用氢能的关键技术之一。

8.3.1 氢的制取技术

1. 电解水制氢技术

电解水制氢是目前最为广泛使用的将可再生资源转换为氢的技术。制氢过程是氢与氧燃烧生成水的逆过程，工艺过程比较简单，也不会产生污染。但分解水的能量需要由外界提供，且消耗量大。

2. 矿物燃料制氢技术

以煤、石油和天然气为原料是目前制取氢的最主要的方法，但其储量有限，且制氢过程会对环境造成污染。制得氢气主要作为化工原料，有些含氢气体产物也作为气体燃料为城市提供煤气。

(1) 以煤为原料制取氢气。以煤为原料制取含氢气体的方法主要有煤的焦化（又称高温干馏）和煤的气化两种。焦化是煤在隔绝空气的条件下，在900～1000℃制取焦炭，副产品为焦炉煤气。焦炉煤气可以作为城市煤气，也是制取氢气的原料。气化是指煤在高温常压或加压下，与汽化剂反应，转化成气体产物。气化的目的是制取化工原料或城市煤气。

(2) 以天然气或轻质油为原料制取氢气。该法是在有催化剂存在条件下，与水蒸气反应转化制得氢气。

(3) 以重油为原料，部分氧化法制取氢气。重油原料包括常压、减压渣油和石油深度加工后的燃料油。重油与水蒸气及氧气反应后，可制得含氢气体产物，因为原料成本较低，所以被人们重视。

3. 生物质制氢技术

生物质资源丰富，是重要的可再生能源，生物制氢技术具有良好的环境性和安全性。氢气因为能量密度大，转化率、利用率高，储运性能好等一系列突出优点，成为很有前景的新一代替代能源。生物质中含有大量的氢元素，并且来源广泛。将超临界流体应用于生物质气化制氢，更为将生物质中的低品位能源转化为高品位能源提供了可能。超临界生物质气化制氢目前还处于试验室研究阶段，并没有进行工业化的应用，但其在生物质能源转化方面的优势已经展现出一个广阔的发展前景。

(1) 生物质气化制氢。生物质原料（如薪柴、锯末、麦秸和稻草等）压制成型后，在气化炉（或裂解炉）中进行气化或裂解反应，可以制得含氢燃料气。

(2) 微生物制氢。江河湖海中的某些水藻，如小球藻、固氮蓝藻等，以太阳光为能源，以水做原料，能够源源不断地放出氢气。类似地，采用各种工业和生活有机废水及农副产品的废料作为原料，可以进行微生物制氢，该技术受到人们的关注。

4. 太阳能热化学循环制氢技术

太阳能热化学循环制氢技术采用太阳能聚光器聚集太阳能，以产生高温。推动热化学反应的进行。从整个生命周期过程看，热化学反应器的加工和最终的废物遗弃以及金属、金属氧化物的使用都会带来一定的环境污染。

另外，由于反应都是在高温下进行，氢和氧的重新结合在反应器中有引起爆炸的危险。

5. 其他制氢技术

除热化学方法外，太阳能半导体光催化反应制氢也是目前广泛研究的制氢技术。TiO_2 及过渡金属氧化物，层状金属化合物（如 $K_4Nb_6O_{17}$ 和 $Sr_2Ta_2O_7$ 等），以及能利用可见光的催化材料，经过研究发现，能够在一定光照条件下催化分解水，从而产生氢气。但由于很多半导体在光催化制氢的同时，也会发生光溶作用，并且目前的光催化制氢效率太低，距离大规模制氢还有待进行深入的研究。

核能制氢技术也是一种实质上利用热化学循环的分解水的过程，即利用高温反应堆或者核反应堆的热能来分解水制氢。

随着科学技术的不断发展，氢能从制取到储存的技术开始走向实用阶段。制氢的研究方向将转向以水为原料，因为只有从水中制取的氢才是再生氢，真正具有可持续性、洁净性和能源安全性。大规模、经济、高效和安全储氢技术的发展将直接影响到氢能技术的推广应用，尤其是在车辆和移动工具方面。

8.3.2　氢的储存运输技术

储氢成为实现大规模利用氢能的道路上必须解决的关键技术问题之一。储氢技术一般基于化学反应，如通过氢化物的生成与分解储氢，或者基于物理吸附，目前大量的储氢研究是基于物理吸附的储氢方法。

氢可以以高压气态、液态、金属氢化物、有机氢化物和吸氢材料强化压缩等形式储存。衡量一种氢气储运技术好坏的依据有储氢成本、储氢密度和安全性等几个方面。

1. 加压压缩储氢技术

加压压缩储氢是最常见的一种储氢技术，通常采用体积大、质量重的钢瓶作为容器，由于氢密度小，所以其储氢效率很低，加压到15MPa时，质量储氢密度不大于3%。对于移动用途而言，加大氢压来提高携氢量将有可能导致氢分子从容器壁逸出或者产生氢脆现象。为了解决上述问题，加压压缩储氢技术近年来的研究进展主要体现在改进容器材料和研究吸氢物质两个方面。

首先是对容器材料的改进，目标是使容器耐压更高，自身质量更轻，以减少氢分子透过容器壁，避免产生氢脆现象等。过去十多年来，在储氢容器研究方面，已经取得了重要进展，储氢压力和储氢效率不断得到提高，目前容器耐压与质量储氢密度分别可以达到70MPa和7%～8%。所采用的储氢容器通常以锻压铝合金为内胆，外面包覆浸有树脂的碳纤维。这类容器具有自身质量轻、抗压强度高和不产生氢脆等优点。

美国通用汽车公司首先开发出用于燃料电池、耐压达70MPa的双层结构储氢罐。其内层由无接缝内罐和碳复合材料组成，外层是可吸收冲击的坚固壳体，体积与以往耐压为35MPa的储氢罐相同，可以储存3.1kg的压缩氢。美国加利福尼亚州Irvine的Impco技术公司也研制出耐压达69MPa的超轻型Trishield储氢罐，质量储氢密度可以达到7.5%。加拿大的Dynetek公司也开发并商业化了耐压达70MPa、铝合金内胆和树脂碳纤维增强外包层的高压储氢容器，被广泛地应用于与氢能源有关的行业。美国福特公司也报道过类似的压缩储氢瓶，其成本比液氢储罐成本约低20%，但由于最大耐压为20MPa，所以储氢密度偏低。

德国基尔HDW造船厂研制的新型储氢罐内装有特种合金栅栏，气态氢被高度压缩进栅栏内，其储氢量要比其他容器大得多，另外这种储氢罐所用材料抗压性能好、可靠性高，理论使用寿命可以达到25年，是一种既安全又经济的压缩储氢工具。

研究进展的第二个方面是在容器中加入某些吸氢物质，大幅度地提高压缩储氢的储氢密度，甚至使其达到“准液化”的程度，当压力降低时，氢可以自动地释放出来。这项技术对于实现大规模、低成本、安全储氢具有重要的意义。

经过对储氢容器材质的改进及辅助储氢物质的添加，可以更好地发挥压缩储氢技术的优点。该技术凭借简单易行的特点，有望成为最普遍的氢能储运技术。

2. 液化储氢技术

液化储氢技术是将纯氢冷却到 20K，使之液化后，装到“低温储罐”中储存。为了避免或减少蒸发损失，储罐做成真空绝热的双层壁不锈钢容器，两层壁之间除保持真空外，还放置薄铝箔，以防止辐射。该技术具有储氢密度高的优点，对于移动用途的燃料电池而言，具有十分诱人的应用前景。然而，由于氢的液化十分困难，导致液化成本较高；其次是对容器绝热要求高，使得液氢低温储罐体积约为液氢的 2 倍，因此目前只有少数汽车公司推出的燃料电池汽车样车上采用该储氢技术。在实际应用中，液化储氢需要一个或多个冷却循环装置，导致成本偏高。墨西哥的 SS - Soluciones 公司发明了一种能循环冷却的装置，内部是特殊冷却材料 CRM，其最大特性是热焓变化大，该液化储氢系统有望很快应用到燃料电池车的供氢装置中。

总的来说，液化储氢技术是一种高效的储氢技术，优点非常明显。存在的问题主要是液化成本太高，目前制取 1L 液氢的能耗为 11～12kW・h。2004 年德国的 Linde 公司宣称可以使液氢制备价格与欧洲的石油价格相当，但这还未成为公认的事实。如果能够有效地降低氢的液化成本，液化储氢技术也将是一种非常有前景的储氢技术。

3. 金属氢化物储氢技术

可逆金属氢化物储氢的最大优势在于高体积储氢密度和高安全性，这是由于氢在金属氢化物中以原子形态储存的缘故。但该技术存在两个突出的问题：①由于金属氢化物自身质量大而导致其质量储氢密度偏低；②金属氢化物储氢成本偏高。目前金属氢化物储氢主要用于小型储氢场合，如二次电池、小型燃料电池等。

主要使用的储氢合金可以分为四类：①稀土镧镍，储氢密度大；②钛铁合金，储氢量大、价格低，可以在常温、常压下释放氢；③镁系合金，是吸氢量最大的储氢合金，但吸氢速率慢、放氢温度高；④钒、铌、锆等多元素系合金，由稀有金属构成。只适用于某些特殊场合。在将储氢合金用做规模储氢方面，很多公司正在做尝试性工作。

4. 有机化合物储氢技术

20 世纪 70 年代，有学者提出利用可循环液体化学氢载体储氢的构想，研究人员开始尝试这种新型储氢技术，其优点是储氢密度高、安全和储运方便；缺点是储氢及释氢均涉及化学反应，需要具备一定的条件，并消耗一定的能量，因此不像压缩储氢技术那样简便易行。

8.4 氢 能 应 用

氢能的应用主要是通过氢燃料电池来实现的。欧盟、欧洲工业委员会和欧洲研究社团于 2008 年 11 月初联合制定了 2020 年氢能与燃料电池发展计划，将在燃料电池和氢能研究、技术开发及验证方面投资近 10 亿欧元，并希望在 2020 年前实现这些技术的重大突破。这个技术行动计划旨在使燃料电池和氢能成为欧洲未来领先的战略能源技术之一。该行动参与者包括超过 60 家私营公司（从跨国公司到中小规模公司）以及约 60 所大学和研究院，主要目标是使氢能与燃料电池技术在欧洲于 2010—2020 年实现商业化应用。

该实施方案的第一步已经于2009年10月8日取得2810万欧元资金资助，涉足领域包括氢气的运输和充装基础设施，以及氢气的生产、储存和分配。欧盟战略能源技术行动计划的实施可望在加速开发和实现低碳经济方面，起到重要的作用。

8.4.1 燃料电池的应用

1. 燃料电池概述

燃料电池是一种电化学的发电装置，不同于常规意义上的电池。燃料电池等温地按照电化学方式，直接将化学能转化为电能。它不经过热机过程，因此不受到卡诺循环的限制，能量转化效率高（40%～60%）；环境友好，几乎不排放氮氧化物和硫氧化物；二氧化碳的排放量也比常规发电厂减少40%以上。正是由于这些突出的优越性，燃料电池技术的研究和开发备受各国政府与大公司的重视，被认为是21世纪首选的洁净、高效的发电技术。

燃料电池的最佳燃料为氢。当地球上化石燃料逐渐减少时，人类赖以生存的能量将是核能和太阳能。那时，可以用核能、太阳能发电，以电解水的方法来制取氢。利用氢作为载能体，采用燃料电池技术，将氢与大气中的氧转化为各种用途的电能，如汽车动力、家庭用电等，那时的世界即进入氢能时代。

燃料电池的历史可以追溯到19世纪英国法官和科学家威廉·格罗夫（William Robert Grove）爵士的工作。1839年，格罗夫进行了电解实验——使用电将水分解成氢和氧。格罗夫推想，如果将氧和氢反应，就有可能使电解过程逆转产生电。为了证实这一理论，他将两条铂金带分别放入两个密封的瓶中，一个瓶中盛有氢，另一个瓶中盛有氧。当将这两个盛器浸入稀释的硫酸溶液时，电流开始在两个电极之间流动，气体在瓶中生成了水。为了升高所产生的电压，格罗夫将几个这种装置串联起来，终于得到了所谓的“气体电池”。

从该实验开始，迄今对燃料电池的研究已经有近170年的历史。1889年英国人Mond和Langer首先采用燃料电池名称，他们用空气和工业煤气制造了第一个实用的装置，并获得0.2A/cm^{2}的电流密度。20世纪初，W. H. Nemst和F. Haber对碳的直接氧化式燃料电池进行了许多研究。20世纪中叶以来，燃料电池的研究得到迅速发展。20世纪50年代末，英国剑桥大学的培根教授用高压氢、氧气体演示了功率为5kW的燃料电池，工作温度为150℃。随后，建造了一个6kW的高压氢氧燃料电池的发电装置。进入60年代。由美国通用电气公司把该系统加以发展，成功地给阿波罗等登月飞船提供电力。随后，几兆瓦级的磷酸燃料电池的发电装置也研制成功，在日本东京湾附近示范。现在，200多台磷酸燃料电池电站在世界各地示范运行。日本前首相小泉纯一郎成为燃料电池轿车的第一位乘客。其官邸则使用质子交换膜燃料电池热电联供电站；燃料电池公共汽车在欧美十几个城市和中国北京进行预商业化示范；上千台燃料电池热电联供电站在日本的家庭示范工作，燃料电池已经站在商业化的门前。

2. 燃料电池的原理

对于一个氧化还原反应，如

$$[O] + [R] \longrightarrow P$$

式中　[O]——氧化剂；

[R]——还原剂；

P——反应产物。

原则上可以把上述反应分为两个半反应，一个为氧化剂［O］的还原反应，另一个为还原剂［C］的氧化反应，若 e^- 代表电子，即有

$$[R] \longrightarrow [R]^+ + e^+$$

$$[R]^+ + [O] + e^- \longrightarrow P$$

$$[O] + [R] \longrightarrow P$$

以最简单的氢氧反应为例，即为

$$H_2 \longrightarrow 2H^+ + 2e^-$$

$$1/2O_2 + 2H^+ + 2e^- \longrightarrow H_2O$$

$$H_2 + 1/2O_2 \longrightarrow H_2O$$

如图 8.1 所示，氢离子在将两个半反应分开的电解质内迁移，电子通过外电路定向流动、做功，并构成总的电的回路。氧化剂发生还原反应的电极称为阴极。其反应过程称为阴极过程，对外电路按照原电池定义为正极。还原剂或燃料发生氧化反应的电极称为阳极，其反应过程称为阳极过程，对外电路定义为负极。

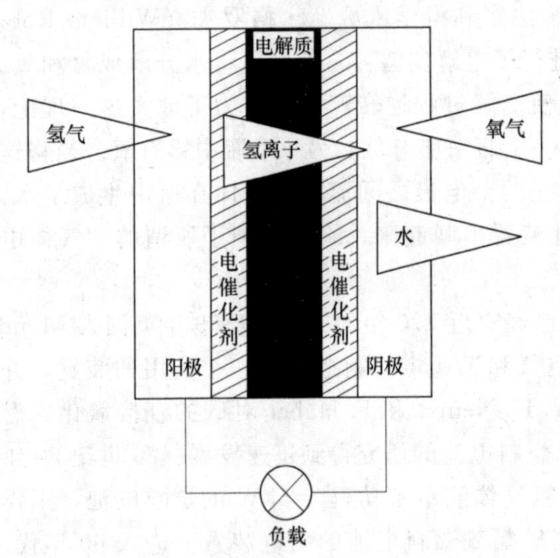

图 8.1　燃料电池工作原理示意图

燃料电池与常规电池不同，它的燃料和氧化剂不是储存在电池内，而是储存在电池外部的储罐中。当它工作（输出电流并做功）时，需要不间断地向电池内输入燃料和氧化剂，并同时排出反应产物。因此，从工作方式上看，它类似于常规的汽油或柴油发电机。

由于燃料电池工作时要连续不断地向电池内送入燃料和氧化剂，所以燃料电池使用的燃料和氧化剂均为流体（即气体和液体）。最常用的燃料为纯氢、各种富含氢的气体（如重整气）和某些液体（如甲醇水溶液）。常用的氧化剂为纯氧、净化空气等气体和某些液体（如过氧化氢和硝酸的水溶液等）。

3. 燃料电池的特点

（1）高效。燃料电池按照电化学原理，等温地直接将化学能转化为电能。在理论上，它的热电转化效率可达 85％～90％。但实际上，电池在工作时，由于受到各种极化的限制，目前各类电池实际的能量转化效率均在 40％～60％的范围内。若实现热电联供，燃料的总利用率可以高达 80％以上。

（2）环境友好。当燃料电池以富氢气体为燃料时，富氢气体是通过矿物燃料来制取的，由于燃料电池具有高的能量转换效率，所以其二氧化碳的排放量比热机过程减少 40％以上，这对于缓解地球的温室效应是十分重要的。

由于燃料电池的燃料气在反应前必须脱除硫及其化合物，而且燃料电池是按照电化学原理发电。不经过热机的燃烧过程，所以它几乎不排放氮氧化物和硫氧化物，减轻了对大气的污染。当燃料电池以纯氢为燃料时，它的化学反应产物仅为水，从根本上消除了氮氧化物、硫氧化物和二氧化碳等的排放。

（3）安静。燃料电池按照电化学原理工作，运动部件很少。因此它工作时安静，噪声很低。实验结果表明，距离 40kW 磷酸燃料电池电站 4.6m 的噪声水平是 60dB。而 4.5MW 和 11MW 的大功率磷酸燃料电池电站的噪声水平已经达到不高于 55dB 的水平。

（4）可靠性高。碱性燃料电池和磷酸燃料电池的运行均证明燃料电池的运行高度可靠，可以作为各种应急电源和不间断电源使用。

4. 燃料电池的分类

迄今已经研究开发出多种类型的燃料电池。最常用的分类方法是按照电池所采用的电解质分类。据此，可以将燃料电池分为碱性燃料电池，一般以氢氧化钾为电解质；磷酸型燃料电池，以浓磷酸为电解质；质子交换膜燃料电池。以全氟或部分氟化的磺酸型质子交换膜为电解质；熔融碳酸盐型燃料电池。以熔融的锉-钾碳酸盐或锂-钠碳酸盐为电解质；固体氧化物燃料电池，以固体氧化物为氧离子导体，如以氧化性稳定的氧化锆膜为电解质。有时也按照电池温度对电池进行分类，分为低温（工作温度低于 100℃）燃料电池，包括碱性燃料电池和质子交换膜燃料电池；中温燃料电池（工作温度为 100～300℃），包括培根型碱性燃料电池和磷酸型燃料电池；高温燃料电池（工作温度为 600～1000℃），包括熔融碳酸盐燃料电池和固体氧化物燃料电池。

5. 燃料电池的应用

燃料电池是电池的一种，它具有常规电池（如锌锰干电池）的积木特性，即可由多台电池按照串联、并联的组合方式向外供电。因此，燃料电池既适用于集中发电，也以可用作各种规格的分散电源和可移动电源。

以氢氧化钾为电解质的碱性燃料电池已经成功地应用于载人航天飞行，作为 Apollo 登月飞船和航天飞机的船上主电源，证明了燃料电池高效和高可靠性。

以磷酸为电解质的磷酸型燃料电池，至今已经有近百台。PC25（200kW）作为分散电站，在世界各地运行。不但为燃料电池电站运行取得了丰富的经验。而且证明燃料电池的高度可靠性，可以用做不间断电源。

质子交换膜燃料电池可以在室温快速启动，并可以按照负载要求，快速改变输出功率，它是电动车、不依赖空气推进的潜艇动力源和各种可移动电源的最佳候选者。

以甲醇为燃料的直接甲醇型燃料电池是单晶电源、笔记本电脑等供电的优选小型便携式电源。固体氧化物燃料电池可以与煤的气化构成联合循环，特别适宜于建造大型、中型电站。若将余热发电也计算在内，则其燃料的总发电效率可以达到 70%～80%。熔融碳酸盐燃料电池可以采用净化煤气或天然气作为燃料，适宜于建造区域性分散电站。若将它的余热发电与利用均考虑在内，则燃料的总热电利用效率可以达到 60%～70%。燃料电池的工作原理表明，当燃料电池发电机组以低功率运行时，它的能量转化效率不仅不会像热机过程那样降低，反而略有升高。因此，一旦采用燃料电池组向电网供电，那么如今令人头痛的电网调峰问题将得到解决。

8.4.2 其他应用

氢作为二次能源，得到了广泛的应用，其应用主要还有以下几个方面：氢作为一种高能燃料，用于航天飞机、火箭等航天行业及汽车中；氢气用作保护气应用于电子工业中，如在集成电路、电子管、显像管等的制备过程中，都是用氢做保护气的；在炼油工业中，用氢气对石脑油、燃料油、粗柴油、重油等进行加氢精制，提高产品的质量及除去产品中的有害物质，如硫化氢、硫醇、水、含氮化合物、金属等，还可以使不饱和烃进行加氢精制；氢气在冶金工业中可以作为还原剂，将金属氧化物还原为金属，在金属高温加工过程中，可以作为保护气；在食品工业中，食用的色拉油就是对植物油进行加氢处理的产物，植物油加氢处理后，性能稳定、易存放，且有抵抗细菌生长、易被人体吸收之功效；在精细有机合成工业中，氢气也是重要的合成原料之一；在合成氨工业中，氢气是重要的合成原料之一；氢气还可以作为填充气，如在气象观测中的气球就是用氢气填充的；在分析测试中，氢气可以作为标准气；在气相色谱中，氢气可以作为载气。

8.5 展 望

生活水平的提高使人们对生存环境的要求越来越高。而交通工具排放的 CO_2 等污染物对大气构成了严重的威胁。随着石油的日益枯竭，寻找清洁无污染的绿色燃料迫在眉睫。氢以其清洁、高效的特点，被视为未来交通的绿色燃料，在使用过程中，不会产生 CO_2 等污染物。随着对可再生能源的进一步开发利用，氢的制造成本会进一步降低，储存和运输也将更为方便，氢的大规模使用将使人类真正进入一个可持续发展的绿色时代。

目前。氢能利用技术开发已经在世界主要发达国家和发展中国家启动，并取得不同程度的成果。今后，氢能的开发利用技术主要从三方面开展：氢能的规模制备、储运和相关燃料电池的研究。氢的规模制备是氢能应用的基础，氢的规模储运是氢能应用的关键，氢燃料电池汽车是氢能应用的主要途径和最佳表现形式，只有这三方面有机结合，才能使氢能迅速走向实用化，而其中储氢研究的重大突破是整个研究体系的关键。

我国在发展氢能和燃料电池技术方面，同样需要根据国际氢能和燃料电池技术发展的趋势，结合我国的资源状况和具体情况，并在考虑到我国技术优势和现有基础的情况下，选择氢能和燃料电池技术开发的重点领域，形成具有中国特色和技术优势的氢能和燃料电池技术。如我国煤炭资源丰富，煤气化制氢技术应当成为开发重点；其他如生物制氢、氢燃料电池等，都可以考虑作为发展的重点领域。同时，国家政策性经济援助制度积极地推进将是很有效的。

习 题

1. 简述氢能的发展历史。
2. 氢气的制备方法都有哪些？
3. 氢气的储存运输技术有哪些？
4. 氢气主要应用在哪些方面？

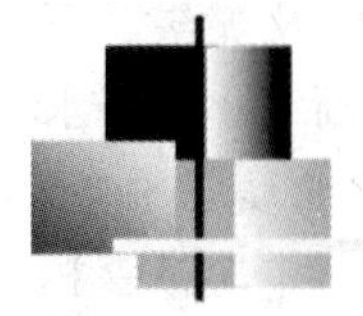

第9章

新能源与社会进步

9.1 环境问题

9.1.1 温室效应

温室效应是大气保温效应的俗称，它指透射阳光的密闭空间由于与外界缺乏热交换而形成的保温效应，就是太阳短波辐射可以透过大气射入地面，而地面增暖后放出的长波辐射却被大气中的二氧化碳等物质所吸收，这样就使地表与低层大气温度增高，从产生大气变暖的效应。因其作用类似于栽培农作物的温室，故名“温室效应”。

9.1.1.1 温室效应的特点

生活中我们可以见到的玻璃育花房和蔬菜大棚就是典型的温室。使用玻璃或透明塑料薄膜来做温室，是让太阳光能够直接照射进温室，加热室内空气，而玻璃或透明塑料薄膜又可以不让室内的热空气向外散发，使室内的温度保持高于外界的状态，以提供有利于植物快速生长的条件。

在空气中，氮和氧所占的比例是最高的，它们都可以透过可见光与红外辐射。但是，二氧化碳不能透过红外辐射，因此二氧化碳可以防止地表热量辐射会比目前降低20℃。然而，二氧化碳含量过高，又会使地球仿佛捂在一口锅里，温度逐渐升高，形成温室效应。

形成温室效应的气体中，二氧化碳约占75%，氯氟代烷占15%～20%，此外还有甲烷、一氧化氮等30多种气体。

温室效应主要是由于现代化工业社会过多燃烧煤炭、石油和天然气，这些燃料燃烧后放出大量的二氧化碳进入大气造成的。二氧化碳具有吸热和隔热的功能，它在大气中增多的结果是形成一个无形的玻璃罩，使太阳辐射到地球上的热量无法向外层空间发散，其结果是地球表面变热。因此，二氧化碳也被称为温室气体。

9.1.1.2 温室效应的后果

空气中的二氧化碳在过去很长一个时期中含量基本上保持恒定，这是由于大气中的二氧化碳始终处于边增长、边消耗的动态平衡状态。大气中的二氧化碳有80%来自人和动植物的呼吸，20%来自燃料的燃烧。散布在大气中的二氧化碳有75%被海洋、湖泊、河流等地面的水及空中降水吸收溶解于水中；还有5%的二氧化碳通过植物光合作用，转化为有机物质贮藏起来，这就是多年来二氧化碳始终保持占空气成分0.03%（体积分数）不变的原因。

一方面，随着人口的急剧增加，工业的迅速发展，呼吸产生的二氧化碳及煤炭、石油、天然气燃烧产生的二氧化碳远远超过了过去的水平，再加上地表水域逐渐缩小，降水量大大降低，减少了吸收溶解二氧化碳的条件，破坏了二氧化碳生成与转化的动态平衡，就使大气中的二氧化碳含量逐年增加；另一方面，由于对森林乱砍滥伐，大气中应被森林吸收的二氧化碳没有被吸收，加之大量农田建成城市和工厂，破坏了植被，减少了将二氧化碳转化为有机物的条件，二氧化碳逐渐增加，就使地球气温发生了改变，温室效应也不断增强。

温室效应会带来以下几种严重恶果：①地球上的病虫害和传染疾病增加；②海平面上升；③气候反常，海洋风暴增多；④土地干旱，沙漠化面积增大。

据分析，在过去的200年中，大气中二氧化碳浓度增加了25%，地球平均气温上升了0.5℃。估计到21世纪中叶，地球表面平均温度将上升1.5～4.5℃，在中高纬度地区温度上升更多。如果二氧化碳含量比现在增加1倍，全球气温将升高3～5℃，两极地区可能升高10℃，气候将明显变暖，不可避免地使极地冰层部分融解，引起海平面上升，许多沿海城市、岛屿或低洼地区将面临海水上涨的威胁，甚至被海水吞没。如果海平面升高1m，则直接受影响的土地约有500万km^2，人口约10亿，占世界耕地总量的1/3。如果考虑到特大风暴潮和盐水侵人，沿海海拔5m以下地区都将受到影响，而这些地区的人口和粮食产量约占世界的1/2。一部分沿海城市可能要迁入内地，大部分沿海平原将发生盐渍化或沼泽化，不适于粮食生产。同时，江河中下游地带也将造成灾害，当海水入侵后，会造成江水水位抬高，泥加速，洪水威胁加剧，使江河下游的环境急剧恶化。气温升高，将导致某些地区雨量增加，某些地区出现干旱，飓风力量增强，出现频率也将提高，自然灾害加剧。20世纪60年代末，非洲下撒哈拉牧区曾发生持续6年的干旱，由于缺少粮食和牧草，牲畜被宰杀，饥饿致死者超过150万人。这是温室效应给人类带来灾害的典型事例。因此，必须有效地控制二氧化碳含量的增加，控制人口增长，科学使用燃料，加强植树造林，绿化大地，防止温室效应给全球带来的巨大灾难。

科学家预测：如果地球表面温度的升高按现在的速度继续发展，到2050年，全球温度将上升2～4℃，南北极地冰山将大幅度融化，导致海平面大大上升，一些岛屿国家和沿海城市将淹于水中，其中包括几个著名的国际大城市：纽约、上海、东京和悉尼。

9.1.1.3 抑制温室效应的对策

虽然迄今为止，我们无法提出有效的解决对策，但是退而求其次，至少应该想尽办法努力抑制二氧化碳排放量的增长，不可听天由命、任其发展。首先，暂定2050年为目标。如果按照目前这种情势发展下去，综合各种温室效应气体的影响，预计地球的平均气温届时将要提升2℃以上。一旦气温发生如此大幅提升，地球的气候将会引起重大变化。因此，为今之计，莫过于竭尽所能采取对策，尽量抑制气温上升的趋势。目前国际舆论也在朝此方向不断进行呼吁，而各国的研究机构亦已提出各种具体的对策。

（1）全面禁用氟氯碳化物。这个方案最具实现可能性，倘若此方案能够实现，对于2050年为止的地球温暖化，估计可以发挥3%左右的抑制效果。

（2）保护森林的对策方案。今日以热带雨林为主的全球森林正在遭到人为持续不断的急剧破坏，有效的对策便是赶快停止这种毫无节制的森林破坏，同时实施大规模的造林工作，努力促进森林再生。倘若各国认真推动节制砍伐与森林再生计划，到了2050年，可能会使整个生物圈每年吸收的二氧化碳降低7%左右的温室效应。

(3) 汽车使用燃料状况的改善。此项努力所导致的结果是化石燃料消费削减，到2050年，可使温室效应降低5%左右。

(4) 改善其他各种场合的能源使用效率。今日人类生活到处都在大量使用能源，其中尤以住宅和办公室的冷暖气设备为最。因此，对于提升能源使用效率方面仍然具有大幅改善余地，这对2050年的地球温暖化，预计可以达到8%左右的抑制效果。

(5) 对石化燃料的生产与消费按比例征税。这个办法可以促使生产厂商及消费者在使用能源时有所警惕，避免无谓的浪费，而其税收可用于森林保护和替代能源的开发。

(6) 鼓励使用天然瓦斯作为当前的主要能源。天然瓦斯较少排放二氧化碳，但其抑制温室效应的效果并不太大，只有1%左右。

(7) 汽油机车的排气限制。由于汽油机车的排气中含有大量的氮氧化物与一氧化碳，因此希望减少其排放量。这种做法虽然无法达到直接削减二氧化碳的目的，但却能够产生抑制臭氧和甲烷等其他温室效应气体的效果。预计到2050年，可使温室效应降低2%左右。

(8) 鼓励使用太阳能。推动太阳能利用的"阳光计划"。这个办法能使化石燃料用量相对减少，因此对于降低温室效应具备直接效果。到2050年，有4%左右的抑制温室效应的效果。

(9) 开发替代能源。利用生物能源作为新的干净能源，以取代石油等既有的高污染性能源。

(10) 使用生物能源。燃烧生物能源也会产生二氧化碳，这点和化石燃料相同，不过生物能源是从大自然中不断吸取二氧化碳作为原料，故可成为重复循环的再生能源，达到抑制二氧化碳浓度增长的效果。

温室效应和全球气候变暖已经引起了世界各国的普遍关注，目前正在推进制定国际气候变化公约，减少二氧化碳的排放已经成为大势所趋。

9.1.2 酸雨

被大气中存在的酸性气体污染且pH值小于5.65的降水称为"酸雨"。

1. 酸雨的形成

酸雨是一种复杂的大气化学和大气物理现象。酸雨中含有多种无机酸和有机酸，绝大部分是氧化硫、燃烧石油以及汽车尾气排放出来的氮氧化物，经过云内成雨过程，即水汽凝结在硫酸根、硝酸根等凝结核上，发生液相氧化反应，形成硫酸雨和硝酸雨滴；又经过云下冲刷过程，即含酸雨滴在下降过程中不断合并吸附、冲刷其他含酸雨滴和含酸气体，形成较大雨滴，最后降落在地面上，形成了酸雨。我国的酸雨是硫酸型酸雨。

2. 酸雨的危害性

硫和氮是营养元素。弱酸性降水可溶解地面中的矿物质，供植物吸收。如酸度过高，pH值降到5.6以下时，就会产生严重危害。酸雨可以直接使大片森林死亡，农作物枯萎；也会抑制土壤中有机物的分解和氮的固定，淋洗与土壤离子结合的钙、镁、钾等营养元素，使土壤贫瘠化；还可使湖泊、河流酸化，并溶解土壤和淤泥中的重金属进入水中，毒害鱼类；同时，加速建筑物和文物古迹的腐蚀和风化过程；危及人体健康。

3. 酸雨的治理措施

控制酸雨的根本措施是减少二氧化硫和氮氧化物的排放。世界上酸雨最严重的欧洲和北美的许多国家在遭受多年的酸雨危害之后，终于都认识到，大气无国界，防治酸雨是一个国际性的环境问题，不能依靠一个国家单独解决；必须共同采取对策，减少硫氧化物和氮氧化物的排放量。经过多次协商，1979 年 11 月在日内瓦举行的联合国欧洲经济委员会的环境部长会议上，通过了《控制长距离越境空气污染公约》，并于 1983 年生效。该《公约》规定，到 1993 年年底，缔约国必须把二氧化硫排放量削减为 1980 年排放量的 70%。欧洲和北美（包括美国、加拿大）等 32 个国家都在公约上签了字。为了实现许诺，多数国家都已经采取了积极的对策，制定了减少致酸物排放量的法规。

目前，世界上减少二氧化硫排放量的主要措施有以下几种：

(1) 原煤脱硫技术。可以除去燃煤中 40%～60%的无机硫。

(2) 优先使用低硫燃料。如含硫较低的低硫煤和天然气等。

(3) 改进燃煤技术。减少燃煤过程中二氧化硫和氮氧化物的排放量。

(4) 对煤燃烧后形成的烟气在排放到大气中之前进行烟气脱硫。目前主要用石灰法，可以除去烟气中 85%～90%的二氧化硫气体。不过，该方法脱硫效果虽好，但十分费钱。例如，在火力发电厂安装烟气脱硫装置的费用达电厂总投资的 25%之多，这也是治理酸雨的主要困难之一。

(5) 开发新能源。如太阳能、风能、核能等。

9.1.3 臭氧层破坏

在距离地球表面 20～25km 的高空，因受太阳紫外线照射的缘故，形成了包围在地球外围空间的臭氧层，这臭氧层正是人类赖以生存的保护伞。人类真正认识臭氧还是在 150 多年以前，德国化学家先贝因首次提出，在水电解及火花放电中产生的臭味同在自然界闪电后产生的气味相同，他认为其气味类似于希腊文的 ozein（意为“难闻”），由此将其命名为 ozone（臭氧）。

自然界中的臭氧大多分布在距地面 20～50km 的大气中，我们称之为“臭氧层”。臭氧层中的臭氧主要是紫外线制造出来的。众所周知，太阳光线中的紫外线分为长波和短波两种，当大气中的氧气分子（含量为 21%）受到短波紫外线照射时会分解成原子状态。氧原子的不稳定性极强，极易与其他物质发生反应，如与氢反应生成水，与碳反应生成二氧化碳。同样，与氧分子（O_2）反应时就形成了臭氧（O_3）。臭氧形成后，由于其相对密度大于氧气，会逐渐地向臭氧层的底层降落。在降落过程中，随着温度的变化（上升），臭氧的不稳定性日趋明显，再受到长波紫外线的照射，再度还原为氧。臭氧层就是保持了这种氧气与臭氧相互转换的动态平衡。

在这么广大的区域内到底有多少臭氧呢？估计小于大气的 1/10 万。如果把大气中所有的臭氧集中在一起，仅仅有 3cm 厚的一层。那么，地球表面是否有臭氧存在呢？回答是肯定的。太阳的紫外线大概有近 1%部分可达地面，尤其是在大气污染较轻的森林、山间、海岸周围的紫外线较多，存在比较丰富的臭氧。

此外，雷电作用也会产生臭氧，分布于地球的表面。正因为如此，雷雨过后，人们会感到空气格外清新。人们也愿意到郊外的森林、山间、海岸去呼吸大自然清新的空气，在享受自然美景的同时，让身心来一次“洗浴”，这就是臭氧的功效。所以有人说，臭氧是一种干净清爽的气体（臭氧有极强的氧化性，少量的臭氧会使人感到精神振奋，但过强的氧化性也使其具有杀伤作用）。

在距离地球表面15～50km的平流层中含有大量的臭氧，能有选择地吸收短波太阳辐射能，这种吸收作用将对人体和其他生物有致癌和杀伤作用的紫外线和X射线等短波辐射能在到达地面前大部分加以吸收，从而使人类免受其伤害。近年来，由于氟利昂的大量使用，使臭氧层的平衡受到干扰。氟利昂到达大气上层后，在紫外线照射下分解出自由氯原子，氯原子能与臭氧发生反应，使臭氧分解，从而使臭氧层受到严重破坏。据分析，平流层中的臭氧减少1%，到达地面的紫外线强度便增加2%。由于人类活动的影响，目前大气中的臭氧含量已减少了3%，到2025年可能减少10%。臭氧层的破坏，将使紫外线等短波辐射增强，导致皮肤癌患者增加，同时给自然生态系统带来严重影响。因此，维护臭氧层的平衡已成为一个全球性的环境问题。

9.1.4 热污染

环境污染是现代热点问题之一，它越来越成为影响人类生存、制约社会进步的一个重要因素。毒液、毒气、噪声、电磁、放射、光、重金属、废水等污染源是人们所熟知的。近年来，人们又注意到另一种污染已悄悄走到了身边，这就是热污染。

热污染是异常热量的释放或被迫吸收产生的环境“不适”造成的，它包括异常气候变化带来的多余热量，也包括各种有害的人为热。它的存在，导致了变暖、干旱地区增多、沙化严重、气候变异等危害。因此，热污染将成为一种更可怕的污染源。

1. 异常气候变化能够导致强大的热浪侵袭

（1）近年来，太阳活动频繁，到达地球的太阳辐射发生改变，大气环流运行状况随之亦发生变化。太阳黑子活动强烈时，经向环流活跃，南北气流交换频繁，冬冷夏热。如在1987年7月，一场持续8d的热浪袭击希腊，使雅典郊区温度猛增至45℃，从而导致900余人丧生。这是由于太阳活动变异导致的。

（2）由于全球气候变暖，空气中水汽相对较少，干旱地区明显增多，土地干裂，河流干涸，沙化严重。全世界每年都有超过600多万hm^2的土地变成沙漠，尤其是在副热带干旱区和温带干旱区，由于地面状况的改变，使这些地区的太阳辐射强度大，而且地表对太阳辐射的吸收作用明显增强，实质上又为地球大面积的增温起到了一定的推动作用。因此，从某种意义上说，全球变暖与干旱地区日益扩大有着很大的关系。

（3）随全球平均温度的上升，森林出现自燃现象并引发森林大火，同时向大气释放大量热量和二氧化碳，最终又直接或间接地导致全球大气总热量的增加，破坏了生态平衡，并给人类带来无法估量的损失。全世界每年有几百万公顷的原始森林被破坏，从而极大地削弱了森林对气候的调节作用。我国是森林火灾的多发地区，仅1987年大兴安岭森林大火，过火面积就达101万hm^2，70万hm^2原始森林毁于一旦，经济损失达5亿元之多。

（4）由于大气环流原因，改变了大气正常的热量输送，赤道东太平洋海水异常增温，厄尔尼诺现象增强，导致地球大面积天气异常，旱涝等灾害性天气增多。

（5）火山爆发频繁，大量的地热和温室气体的释放也直接或间接地对地球气温变化起到了推波助澜的作用，而地震、风暴潮等灾害又严重影响了人类的生产和生活。

2. 直接或间接人为热的释放是另一种重要原因

（1）二氧化碳等温室气体的释放。工业的迅速发展，使各种燃料消费剧增，其产生的大量二氧化碳等温室气体被释放到大气之中，温室效应显著增加，加速了地球大气平均温度的增高，造成了全球热量平衡的紊乱。例如，南极浮动冰山顶部大量积雪融化，企鹅失去了赖以产卵和孵化幼仔的地方，致使群居在此处的企鹅数目大减。

（2）工业生产（如钢铁厂、化工厂、染布厂、造纸厂等）和居民生活（如电或气等燃料）向大气排放了大量的废热水、废热气等，它们含有大量的废热，排放后可以使地面、水面等下垫面增温，还可以直接使大气增温，从而影响局地气候。不仅如此，因废热水中含氧量很低，可导致水生生物的死亡，但厌氧菌却能适应这种环境而大量繁殖，并使有机物腐败，影响生态平衡，危害严重。如由于发电厂排放的废热水，导致四川沱江白马河段数十万条鱼缺氧致死或被热水烫死。

随着全球经济的发展，必然会有更多形式的多余热量释放到大自然中，将直接或间接影响到人类的生存空间，严重者甚至会危及人类的生命，如近几年曾出现过的很多致死、致病病毒（如某种脑膜炎变形虫、疯牛病毒等）的滋生繁衍。这使我们意识到，在发展的同时，应注意控制热污染。

9.1.5 新能源与环境保护

一路攀升的油价迫使人们将目光聚集到寻找替代能源上，而新能源产业正迎合了这种高速增长的需求。值得关注的是：政府多次出台政策支持我国新能源的发展，尤其是在党的十七大上，更是明确提出要大力发展可再生能源。现在投资者每年都要在可再生能源上投入数十亿美元，乙醇、生物柴油以及太阳能等能源能够减少世界对石油的依赖。相信在政策推动下，太阳能、风能、生物能、核能等新能源的产业化规模将不断扩大，具有规模优势及资源优势的新能源企业将有更大的发展空间。可以预见，蕴涵着巨大财富的新能源产业即将呈现高速增长态势。根据我国的发展规划测算，可再生能源产业将培育近2万亿元的新兴市场。面对潜在的广阔市场，新能源产业的未来发展无疑一片坦途。

但是，开发这些替代能源无意中可能会产生一些环境及经济后果，这些副作用甚至会抵消它们所保护环境有什么重能带来的种种益处。如果发展新能源不按照《环境保护法》行事，同样也存在环境保护危机。

资料显示，世界的多晶硅严重短缺，过去几年，其价格从每千克20美元上升到每千克300美元。中国的企业急于填补这个缺口。由于有大量风险投资，加上有急于寻找干净的替代能源的政府所提供的优厚条件，20多家公司开始在中国兴建多晶硅生产厂。这些新厂的总生产能力估计有8万～10万t，几乎是目前全球产量的两倍多。然而，生产多晶硅的副产品——四氯化硅却是高毒物质。专家说，用于倾倒或掩埋四氯化硅的土地将变成不毛之地，草和树都不会在这里生长，它具有潜在的极大危险，不仅有毒，还污染环境。除此之外，硅电池的前道工艺涉及扩散炉，带酸性和碱性的气体会直接排放到空气中。正如业内专家所指出的，无论是什么企业，只要生产，就必须清洁生产，保护环境，绝不能因为是国家鼓励的新能源企业就忽视对环境的投入，任何企业都必须按照环境保护的法律法规行事。

政府部门在加强环境治理上要下工夫、动真格，不仅要抓产业调整和科技创新，还要抓环境执法；不仅要切实关停那些污染严重的企业，就是对新能源的发展同样也要进行环评，对其污染行为更不能听之任之；要彻底清理地方政府制定的环境保护土政策，并加强环境保护的监督管理，对情节严重的责任人追究刑事责任。只有在实际工作中不折不扣地贯彻落实中央的环境保护方针政策和法律法规，才能不断推进资源节约型、环境友好型社会建设的进程，才能实现经济又好又快发展。

9.2 新能源与经济发展

目前，中国正处于经济高速增长期，对能源需求呈现出大数量、高质量、多种类的态势。新中国成立 60 多年来，能源工业取得了长足发展，为国家经济建设做出了重大贡献。20 世纪 90 年代以来，随着我国国民经济持续、快速发展，经济增长对能源提出了更高要求。

在 2003 年，对中国的“环境污染是否严重影响经济发展的基础”这一调查指标中，中国排名第 27 位；到了 2004 年，排名下降到了第 59 位。因此，我们不得不承认一个基本事实：中国的经济增长是以牺牲环境和对资源、能源的过度消耗为代价的。依据 1999 年的数据，中国每百万美元 GDP 的二氧化碳工业排放量是 3077.7t，是同期日本的 11.8 倍、印度的 1.4 倍。可见，中国的环境竞争力是非常低下的。可以想见，中国未来的经济增长若继续依靠这种环境污染、能源消耗和低工资所支持的发展道路，是难以维系的、不可持续的。在这一背景下，党的十六大报告提出“走新型工业化的道路，创建循环经济与节约型社会”的发展战略已是迫在眉睫的必要选择。随着科学技术的进步，对能源要求的标准越来越高，清洁能源日益受到人们的欢迎。

经济社会的发展必然伴随着能源消费的快速增长。中国人口众多，能源消耗基数巨大，能源问题对中国而言显得尤为紧迫且必须面对。能源保障的压力很大，只有通过不断开发利用新能源的方式，开辟新的能源供应途径，有效增加新能源供应量，才能从根本上保障能源供应，缓解能源供给压力。

1. 新能源为经济发展提供重要支撑

新能源除具有清洁环保的特征外，还可以降低对煤炭、石油运输的过分依赖，保障能源安全。在石油危机频频出现后，发达国家通过实施能源多元化战略，积极促进可再生能源和新能源的发展，降低石油在能源结构中的比重。目前，新能源产业在我国还是新兴的弱小产业。国家环保总局副局长潘岳曾在《环境保护与社会公平》一文中指出，中国新能源的发展缓慢：以核能、太阳能、风能和沼气为代表的新能源年增长速度虽然已超过 30%，但是，“中国的能源消费结构仍以煤为主，新能源的发展速度和水平远远低于大多数发达国家”。

为什么会出现这种现象呢？其根本原因是新能源生产成本高。以太阳能为例，它的生产成本是传统能源的 5～10 倍，在没有额外补贴时，企业是没有能力和动力去做这样的非理性投资的。与此相应，太阳能、风能所带来的电力在市场上更是不具备竞争力。有人曾经测算，风力发电要在每度电价格为0.6元以上才具有投资吸引力，但是这样高的价格早吓跑了消费者。

为推动新能源发展，促进我国经济实现又好又快发展，不少专家学者建议，可以设立新能源专项发展基金，倡导绿色消费，实行“有保有压”政策，即今后一方面通过抑制属于污染型的化石能源的发展来促进绿色新能源产业的大发展，另一方面积极开展对新能源高新技术企业的认定，通过税收优惠政策鼓励新能源企业加大研发投入。例如，加大能源领域的研发投入，通过招标形式调动产学研各方的力量攻克新能源关键技术；与先进国家签订新能源技术交流与合作协定，为新能源技术的引进创造良好的国际合作环境；对新能源技术的引进实行进口税减免政策，对于引进的新能源高端技术人才给予优厚补贴。除了政府的引导和投入外，还应完善新能源高科技企业的融资机制，帮助这些企业突破发展瓶颈。对于发展较好的新能源企业，可予以重点扶持，为其在国内外上市融资创造条件。

其实，我国新能源分布广泛，根据初步的资源评价，我国可再生能源资源潜力巨大，主要有水能、风能、太阳能和生物能。其中，可开发水能资源约4亿kW，5万kW及以下的小水电资源量为1.25亿kW，遍及全国的1600多个县市；我国的风能资源也比较丰富，主要分布在东南沿海及附近岛屿，以及内蒙古、新疆、东北、华北北部、甘肃、宁夏和青藏高原部分地区，海上风能资源也非常丰富，总计可安装风力发电机组10亿kW；我国2/3国土面积年日照时间在2200h以上，属于太阳能利用条件较好地区；农业废弃物等生物能资源也分布广泛，每年可作为能源使用的数量相当于5亿t标准煤。既然新能源代表着发展的方向是不容置疑的，我国又有丰富的新能源，那么当前的关键就是要提高认识，加大投入，提升新能源的研发能力，不断降低新能源的生产成本，让广大消费者自觉地选用新能源。这不仅可以有效降低环境污染，有利于我国建设环境友好型社会，还可以促进我国经济实现又好又快发展，最终造福于人民。

2. 解读《可再生能源中长期发展规划》

2007年8月31日，国家发展改革委员会下发了《关于印发〈可再生能源中长期发展规划〉的通知》。国家已制定了《“十一五”能源发展规划》，为什么又要单独针对可再生能源颁布一个中长期规划呢？

制定《可再生能源中长期发展规划》对我国的未来非常重要。《“十一五”能源发展规划》与《可再生能源中长期发展规划》的区别是：前者是5年时间的规划，包括所有的不可再生能源和可再生能源；后者着重讲可再生能源的利用问题，并且是15年左右的长期规划。目前，我国能源结构以煤为主，资源、环境问题突出，为贯彻落实科学发展观，实现可持续发展，专门制定一个中长期可再生能源发展规划，对我们国家的未来非常重要。

过去的100多年中，在西方工业化进程中消耗的资源量已经占全球的60%左右。中国现在将近70%的能源消费依靠煤，这样的能源结构给我国带来很大压力，包括减少温室气体排放的压力。人类面临着可持续发展能源的挑战，中国是一个负责任的大国，必须充分利用可再生能源调整能源结构。《可再生能源中长期发展规划》提出了从现在到2020年期间我国可再生能源发展的目标，2020年提高到15%。

可再生能源对我国来讲有一些特别的意义：①中国幅员辽阔，很多边远地区和农村还没有纳入电网的覆盖中，所以可再生能源的使用可以带动这些农村地区的发展；②中国的经济结构要转型，增长方式要转变，发展可再生能源是产业和技术发展的一个新的重点；③在可再生能源领域，世界面临着很多共同的新技术创新问题，中国在建设创新型国家的过程中有条件抓住机遇，在可再生能源技术领域实现较快发展。

按照近期通过的《可再生能源中长期发展规划》，今后15年，我国可再生能源发展的总目标是：提高可再生能源在能源消费中的比重，解决偏远地区无电人口用电问题和农村生活燃料短缺问题，推行有机废弃物的能源化利用，推进可再生能源技术的产业化发展。

根据《可再生能源中长期发展规划》，今后一个时期，我国可再生能源发展的重点是水能、生物能、风能和太阳能。

近年来，世界经济发展速度加快，全球能源需求迅速增长，能源、环境和气候变化问题日益突出，我国可再生能源将大力开发利用可再生能源资源，减少化石能源消耗，保护生态环境，减缓全球气候变暖，共同推进人类社会可持续发展，已成为世界各国的共识。

进入21世纪以来，我国的工业化、城镇化进程加快，经济持续较快增长，能源需求不断增加。2006年，我国能源消费总量为24.6亿t标准煤，其中煤炭消费量占69%，能源消耗和环境污染成为制约我国发展的重要因素。

为了促进可再生能源发展，增加能源供应，优化能源结构，保护环境，积极应对气候变化，我国颁布实施了《可再生能源法》，制定了《可再生能源中长期发展规划》，提出了可再生能源发展的指导思想、基本原则、发展目标、重点领域和保障措施。

中国政府将采取强制性市场份额、优惠电价和费用分摊、资金支持和税收优惠、建立产业服务体系等政策和措施，积极支持可再生能源的技术进步、产业发展和开发利用，努力实现《可再生能源中长期发展规划》提出的到2020年可再生能源消费量达到总能源消费量15%的目标。

有人担心大规模发展生物液体燃料会影响粮食供应和价格，产生与民争粮问题，影响粮食安全。那么，该如何处理好发展生物液体燃料和粮食安全问题呢？

世界上用玉米生产生物燃料的做法比较普遍，而我国的土地资源非常有限，应通过发展非粮作物和植物发展生物燃料，做到不占用粮田，不影响粮食安全。

我国发展乙醇等生物燃料，不是用玉米，而主要是用非粮食的物质，例如，甜高粱、小桐籽、文冠果等植物。这些植物大多生长在盐碱地、荒地、荒山上，可将它们转变成生物柴油、生物乙醇等生物燃料。

发展可再生能源意义重大，但我国可再生能源产业规模还很小。试问，我国可再生能源发展面临哪些困难和问题？国家将如何确保规划目标的实现？

我国现在的可再生能源规模很小，只有约8%。发展中的困难也很大，这些困难概括起来有两个：一是资源分散，能量密度低，如秸秆生物原料分散在农村的千家万户；二是技术不够成熟，开发利用成本高，所以比化石能源的价格要贵一点。

我国政府主要采取以下五项措施来应对以上困难：

(1) 在政策上加以积极引导，这包括价格政策。政府鼓励使用风能和太阳能，成本高出常规能源的部分在全国分摊，这就是费用分摊机制。

(2) 采取财政和税收的优惠政策，包括建立了专项基金给予补助，也包括减免税收。

(3) 培育市场。市场是十分关键的，市场的培育也包括对市场份额的强制和对市场环境的改善。例如，建筑商、房地产开发商要逐步在房地产开发中安装一些利用太阳能的构件等。

(4) 加强可再生能源开发的能力建设，主要是指对这个方面的科研的投入、教育的投入以及人才的培养。

(5) 加强对可再生能源的意义和利用方法、途径的宣传，提高全社会公民的意识，提高全民参与的程度。

水电是重要的可再生能源，中国将如何开发好水电能源?

大型水电建设有利于减少大气污染，对环境的影响是可控的。中国将在非常注意环保和解决好移民的前提下，有规划地开发水电。

中国的水能资源能够用于发电的在5.4亿kW左右，主要分布在中国的西南部，如四川、云南、广西、贵州，还有西藏的部分地区。到2006年年底，实际开发的水电在1.29亿kW左右。按照《可再生能源中长期发展规划》，中国计划到2020年开发3亿kW左右的水电。

3. 新能源与资源节约型社会和环境友好型社会

(1) 资源节约型社会。资源节约型社会是指在生产、流通、消费等领域，通过采取法律、经济和行政等综合性措施，提高资源利用效率，以最少的资源消耗获得最大的经济和社会收益，保障经济社会可持续发展。建设资源节约型社会，其目的在于追求更少的资源消耗、更低的环境污染、更大的经济和社会效益，实现可持续发展。此中“节约”具有双重含义：其一，是相对浪费而言的节约；其二，是要求在经济运行中对资源、能源需求实行减量化，即在生产和消费过程中，用尽可能少的资源、能源（或用可再生资源），创造相同的财富甚至更多的财富，最大限度地充分回收利用各种废弃物。这种节约要求彻底转变现行的经济增长方式，进行深刻的技术革新，真正推动经济社会的全面进步。

(2) 环境友好型社会。环境友好型社会就是一种以环境资源承载力为基础、以自然规律为准则、以可持续社会经济文化政策为手段，致力于倡导人与自然、人与人和谐的社会形态。全社会都采取有利于环境保护的生产方式、生活方式、消费方式，建立人与环境良性互动的关系。就中国而言，环境友好型社会的基本目标就是建立一种低消耗的生产体系、适度消费的生活体系、持续循环的资源环境体系、稳定高效的经济体系、不断创新的技术体系、开放有序的贸易金融体系、注重社会公平的分配体系和开明进步的社会主义民主体系。

环境友好型社会提倡经济和环境双赢，实现社会经济活动对环境负荷的最小化，并将这种负荷和影响控制在资源供给能力和环境自净容量之内，形成良性循环。反过来，良好的环境也会促进生产，改善生活，实现人与自然和谐。建设环境友好型社会，就是要以环境承载力为基础，以遵循自然规律为准则，以绿色科技为动力，倡导环境文化和生态文明，构建经济社会环境协调发展的社会体系，实现可持续发展。

习　题

1. 温室效应的特点及后果是什么？
2. 如何抑制温室效应？
3. 概述新能源以后的发展趋势。

参 考 文 献

[1] 王革华．新能源概论［M］．北京：化学工业出版社，2012.

[2] 杨天华．新能源概论［M］．北京：化学工业出版社，2013.

[3] 刘洪恩，刘晓艳．新能源概论［M］．北京：化学工业出版社，2013.

[4] 张志军．新能源［M］．南京：东南大学出版社，2010.

[5] 刘琳．新能源［M］．沈阳：东北大学出版社，2009.

[6] 刘庆玉，李轶，谷士艳．风能工程［M］．沈阳：辽宁民族出版社，2008.

[7] 中国气象局风能太阳能资源评估中心．中国风能资源评估2009［M］．北京：气象出版社，2010.

[8] 王志娟．太阳能光伏技术［M］．杭州：浙江科学技术出版社，2009.

[9] 吴占松，马润田，赵满成．生物质能利用技术［M］．北京：化学工业出版社，2010.

[10] 梁栢强．生物质能产业与生物质能源发展战略［M］．北京：北京工业大学出版社，2013.

[11] 于永合．生物质能电厂开发、建设及运营［M］．武汉：武汉大学出版社，2012.

[12] 王传昆，卢苇．海洋能资源分析方法及储量评估［M］．北京：海洋出版社，2009.

[13] 朱永强．新能源与分布式发电技术［M］．北京：北京大学出版社，2010.

[14] 肖钢．低碳经济与氢能开发［M］．武汉：武汉理工大学出版社，2011.

[15] 王成孝．核能与核技术应用［M］．北京：原子能出版社，2002.

[16] 朱华．核电与核能［M］．杭州：浙江大学出版社，2009.

[17] 张晓东，杜云贵，郑永刚．核能及新能源发电技术［M］．北京：中国电力出版社，2008.

[18] 张军．地热能、余热能与热泵技术［M］．北京：化学工业出版社，2014.